U0476932

"十二五"国家重点出版规划项目
雷达与探测前沿技术丛书

极化合成孔径雷达图像解译技术

Interpretation Techniques in Polarimetic Synthetic Apture Radar Imagery

刘　涛　崔浩贵　谢　恺　著
张嘉峰　朱　博　张　鹏

国防工业出版社
·北京·

内 容 简 介

本书旨在和读者一起深入探讨极化合成孔径雷达(PolSAR)图像解译涉及的关键技术及其应用。全书共分7章,包括PolSAR图像经典统计模型及其辨识方法、全新的统计建模方法、协方差矩阵行列式值的统计特性及其应用、多变量乘积模型的等效视图数和纹理参量估计方法、相干斑抑制方法及基于多视白化滤波的恒虚警检测解析方法等内容。

本书适用于遥感图像信息处理、雷达、图像判读专业的研究人员、工程技术人员、高等院校教师等,亦可作为高等院校雷达、遥感信息处理等有关专业的博士或者硕士研究生课程教材。

图书在版编目(CIP)数据

极化合成孔径雷达图像解译技术/刘涛等著. —北京:国防工业出版社,2017.12
(雷达与探测前沿技术丛书)
ISBN 978-7-118-11517-8

Ⅰ. ①极… Ⅱ. ①刘… Ⅲ. ①合成孔径雷达-图象处理-研究 Ⅳ. ①TN958

中国版本图书馆 CIP 数据核字(2018)第 007798 号

※

国防工业出版社出版发行
(北京市海淀区紫竹院南路23号 邮政编码100048)
天津嘉恒印务有限公司印刷
新华书店经售

*

开本 710×1000 1/16 印张15 字数247千字
2017年12月第1版第1次印刷 印数1—3000册 定价45.00元

(本书如有印装错误,我社负责调换)

国防书店:(010)88540777 发行邮购:(010)88540776
发行传真:(010)88540755 发行业务:(010)88540717

"雷达与探测前沿技术丛书"
编审委员会

主　　　任	左群声				
常务副主任	王小谟				
副　主　任	吴曼青	陆　军	包养浩	赵伯桥	许西安
顾　　　问	贲　德	郝　跃	何　友	黄培康	毛二可
（按姓氏拼音排序）	王　越	吴一戎	张光义	张履谦	
委　　　员	安　红	曹　晨	陈新亮	代大海	丁建江
（按姓氏拼音排序）	高梅国	高昭昭	葛建军	何子述	洪　一
	胡卫东	江　涛	焦李成	金　林	李　明
	李清亮	李相如	廖桂生	林幼权	刘　华
	刘宏伟	刘泉华	柳晓明	龙　腾	龙伟军
	鲁耀兵	马　林	马林潘	马鹏阁	皮亦鸣
	史　林	孙　俊	万　群	王　伟	王京涛
	王盛利	王文钦	王晓光	卫　军	位寅生
	吴洪江	吴晓芳	邢海鹰	徐忠新	许　稼
	许荣庆	许小剑	杨建宇	尹志盈	郁　涛
	张晓玲	张玉石	张召悦	张中升	赵正平
	郑　恒	周成义	周树道	周智敏	朱秀芹

编辑委员会

主　　　编	王小谟	左群声			
副　主　编	刘　劲	王京涛	王晓光		
委　　　员	崔　云	冯　晨	牛旭东	田秀岩	熊思华
（按姓氏拼音排序）	张冬晔				

总　序

雷达在第二次世界大战中初露头角。战后,美国麻省理工学院辐射实验室集合各方面的专家,总结战争期间的经验,于1950年前后出版了一套雷达丛书,共28个分册,对雷达技术做了全面总结,几乎成为当时雷达设计者的必备读物。我国的雷达研制也从那时开始,经过几十年的发展,到21世纪初,我国雷达技术在很多方面已进入国际先进行列。为总结这一时期的经验,中国电子科技集团公司曾经组织老一代专家撰著了"雷达技术丛书",全面总结他们的工作经验,给雷达领域的工程技术人员留下了宝贵的知识财富。

电子技术的迅猛发展,促使雷达在内涵、技术和形态上快速更新,应用不断扩展。为了探索雷达领域前沿技术,我们又组织编写了本套"雷达与探测前沿技术丛书"。与以往雷达相关丛书显著不同的是,本套丛书并不完全是作者成熟的经验总结,大部分是专家根据国内外技术发展,对雷达前沿技术的探索性研究。内容主要依托雷达与探测一线专业技术人员的最新研究成果、发明专利、学术论文等,对现代雷达与探测技术的国内外进展、相关理论、工程应用等进行了广泛深入研究和总结,展示近十年来我国在雷达前沿技术方面的研制成果。本套丛书的出版力求能促进从事雷达与探测相关领域研究的科研人员及相关产品的使用人员更好地进行学术探索和创新实践。

本套丛书保持了每一个分册的相对独立性和完整性,重点是对前沿技术的介绍,读者可选择感兴趣的分册阅读。丛书共41个分册,内容包括频率扩展、协同探测、新技术体制、合成孔径雷达、新雷达应用、目标与环境、数字技术、微电子技术八个方面。

(一) 雷达频率迅速扩展是近年来表现出的明显趋势,新频段的开发、带宽的剧增使雷达的应用更加广泛。本套丛书遴选的频率扩展内容的著作共4个分册:

(1)《毫米波辐射无源探测技术》分册中没有讨论传统的毫米波雷达技术,而是着重介绍毫米波热辐射效应的无源成像技术。该书特别采用了平方千米阵的技术概念,这一概念在用干涉式阵列基线的测量结果来获得等效大口径阵列效果的孔径综合技术方面具有重要的意义。

(2)《太赫兹雷达》分册是一本较全面介绍太赫兹雷达的著作,主要包括太赫兹雷达系统的基本组成和技术特点、太赫兹雷达目标检测以及微动目标检测技术,同时也讨论了太赫兹雷达成像处理。

(3)《机载远程红外预警雷达系统》分册考虑到红外成像和告警是红外探测的传统应用,但是能否作为全空域远距离的搜索监视雷达,尚有诸多争议。该书主要讨论用监视雷达的概念如何解决红外极窄波束、全空域、远距离和数据率的矛盾,并介绍组成红外监视雷达的工程问题。

(4)《多脉冲激光雷达》分册从实际工程应用角度出发,较详细地阐述了多脉冲激光测距及单光子测距两种体制下的系统组成、工作原理、测距方程、激光目标信号模型、回波信号处理技术及目标探测算法等关键技术,通过对两种远程激光目标探测体制的探讨,力争让读者对基于脉冲测距的激光雷达探测有直观的认识和理解。

(二) 传输带宽的急剧提高,赋予雷达协同探测新的使命。协同探测会导致雷达形态和应用发生巨大的变化,是当前雷达研究的热点。本套丛书遴选出协同探测内容的著作共 10 个分册:

(1)《雷达组网技术》分册从雷达组网使用的效能出发,重点讨论点迹融合、资源管控、预案设计、闭环控制、参数调整、建模仿真、试验评估等雷达组网新技术的工程化,是把多传感器统一为系统的开始。

(2)《多传感器分布式信号检测理论与方法》分册主要介绍检测级、位置级(点迹和航迹)、属性级、态势评估与威胁估计五个层次中的检测级融合技术,是雷达组网的基础。该书主要给出各类分布式信号检测的最优化理论和算法,介绍考虑到网络和通信质量时的联合分布式信号检测准则和方法,并研究多输入多输出雷达目标检测的若干优化问题。

(3)《分布孔径雷达》分册所描述的雷达实现了多个单元孔径的射频相参合成,获得等效于大孔径天线雷达的探测性能。该书在概述分布孔径雷达基本原理的基础上,分别从系统设计、波形设计与处理、合成参数估计与控制、稀疏孔径布阵与测角、时频相同步等方面做了较为系统和全面的论述。

(4)《MIMO 雷达》分册所介绍的雷达相对于相控阵雷达,可以同时获得波形分集和空域分集,有更加灵活的信号形式,单元间距不受 $\lambda/2$ 的限制,间距拉开后,可组成各类分布式雷达。该书比较系统地描述多输入多输出(MIMO)雷达。详细分析了波形设计、积累补偿、目标检测、参数估计等关键技术。

(5)《MIMO 雷达参数估计技术》分册更加侧重讨论各类 MIMO 雷达的算法。从 MIMO 雷达的基本知识出发,介绍均匀线阵,非圆信号,快速估计,相干目标,分布式目标,基于高阶累计量的、基于张量的、基于阵列误差的、特殊阵列结构的 MIMO 雷达目标参数估计的算法。

(6)《机载分布式相参射频探测系统》分册介绍的是 MIMO 技术的一种工程应用。该书针对分布式孔径采用正交信号接收相参的体制,分析和描述系统处理架构及性能、运动目标回波信号建模技术,并更加深入地分析和描述实现分布式相参雷达杂波抑制、能量积累、布阵等关键技术的解决方法。

(7)《机会阵雷达》分册介绍的是分布式雷达体制在移动平台上的典型应用。机会阵雷达强调根据平台的外形,天线单元共形随遇而布。该书详尽地描述系统设计、天线波束形成方法和算法、传输同步与单元定位等关键技术,分析了美国海军提出的用于弹道导弹防御和反隐身的机会阵雷达的工程应用问题。

(8)《无源探测定位技术》分册探讨的技术是基于现代雷达对抗的需求应运而生,并在实战应用需求越来越大的背景下快速拓展。随着知识层面上认知能力的提升以及技术层面上带宽和传输能力的增加,无源侦察已从单一的测向技术逐步转向多维定位。该书通过充分利用时间、空间、频移、相移等多维度信息,寻求无源定位的解,对雷达向无源发展有着重要的参考价值。

(9)《多波束凝视雷达》分册介绍的是通过多波束技术提高雷达发射信号能量利用效率以及在空、时、频域中减小处理损失,提高雷达探测性能;同时,运用相位中心凝视方法改进杂波中目标检测概率。分册还涉及短基线雷达如何利用多阵面提高发射信号能量利用效率的方法;针对长基线,阐述了多站雷达发射信号可形成凝视探测网格,提高雷达发射信号能量的使用效率;而合成孔径雷达(SAR)系统应用多波束凝视可降低发射功率,缓解宽幅成像与高分辨之间的矛盾。

(10)《外辐射源雷达》分册重点讨论以电视和广播信号为辐射源的无源雷达。详细描述调频广播模拟电视和各种数字电视的信号,减弱直达波的对消和滤波的技术;同时介绍了利用 GPS(全球定位系统)卫星信号和 GSM/CDMA(两种手机制式)移动电话作为辐射源的探测方法。各种外辐射源雷达,要得到定位参数和形成所需的空域,必须多站协同。

（三）以新技术为牵引，产生出新的雷达系统概念，这对雷达的发展具有里程碑的意义。本套丛书遴选了涉及新技术体制雷达内容的 6 个分册：

（1）《宽带雷达》分册介绍的雷达打破了经典雷达 5MHz 带宽的极限，同时雷达分辨力的提高带来了高识别率和低杂波的优点。该书详尽地讨论宽带信号的设计、产生和检测方法。特别是对极窄脉冲检测进行有益的探索，为雷达的进一步发展提供了良好的开端。

（2）《数字阵列雷达》分册介绍的雷达是用数字处理的方法来控制空间波束，并能形成同时多波束，比用移相器灵活多变，已得到了广泛应用。该书全面系统地描述数字阵列雷达的系统和各分系统的组成。对总体设计、波束校准和补偿、收/发模块、信号处理等关键技术都进行了详细描述，是一本工程性较强的著作。

（3）《雷达数字波束形成技术》分册更加深入地描述数字阵列雷达中的波束形成技术，给出数字波束形成的理论基础、方法和实现技术。对灵巧干扰抑制、非均匀杂波抑制、波束保形等进行了深入的讨论，是一本理论性较强的专著。

（4）《电磁矢量传感器阵列信号处理》分册讨论在同一空间位置具有三个磁场和三个电场分量的电磁矢量传感器，比传统只用一个分量的标量阵列处理能获得更多的信息，六分量可完备地表征电磁波的极化特性。该书从几何代数、张量等数学基础到阵列分析、综合、参数估计、波束形成、布阵和校正等问题进行详细讨论，为进一步应用奠定了基础。

（5）《认知雷达导论》分册介绍的雷达可根据环境、目标和任务的感知，选择最优化的参数和处理方法。它使得雷达数据处理及反馈从粗犷到精细，彰显了新体制雷达的智能化。

（6）《量子雷达》分册的作者团队搜集了大量的国外资料，经探索和研究，介绍从基本理论到传输、散射、检测、发射、接收的完整内容。量子雷达探测具有极高的灵敏度，更高的信息维度，在反隐身和抗干扰方面优势明显。经典和非经典的量子雷达，很可能走在各种量子技术应用的前列。

（四）合成孔径雷达（SAR）技术发展较快，已有大量的著作。本套丛书遴选了有一定特点和前景的 5 个分册：

（1）《数字阵列合成孔径雷达》分册系统阐述数字阵列技术在 SAR 中的应用，由于数字阵列天线具有灵活性并能在空间产生同时多波束，雷达采集的同一组回波数据，可处理出不同模式的成像结果，比常规 SAR 具备更多的新能力。该书着重研究基于数字阵列 SAR 的高分辨力宽测绘带 SAR 成像、极化层析 SAR 三维成像和前视 SAR 成像技术三种新能力。

（2）《双基合成孔径雷达》分册介绍的雷达配置灵活，具有隐蔽性好、抗干扰能力强、能够实现前视成像等优点，是 SAR 技术的热点之一。该书较为系统地描述了双基 SAR 理论方法、回波模型、成像算法、运动补偿、同步技术、试验验证等诸多方面，形成了实现技术和试验验证的研究成果。

（3）《三维合成孔径雷达》分册描述曲线合成孔径雷达、层析合成孔径雷达和线阵合成孔径雷达等三维成像技术。重点讨论各种三维成像处理算法，包括距离多普勒、变尺度、后向投影成像、线阵成像、自聚焦成像等算法。最后介绍三维 MIMO-SAR 系统。

（4）《雷达图像解译技术》分册介绍的技术是指从大量的 SAR 图像中提取与挖掘有用的目标信息，实现图像的自动解译。该书描述高分辨 SAR 和极化 SAR 的成像机理及相应的相干斑抑制、噪声抑制、地物分割与分类等技术，并介绍舰船、飞机等目标的 SAR 图像检测方法。

（5）《极化合成孔径雷达图像解译技术》分册对极化合成孔径雷达图像统计建模和参数估计方法及其在目标检测中的应用进行了深入研究。该书研究内容为统计建模和参数估计及其国防科技应用三大部分。

（五）雷达的应用也在扩展和变化，不同的领域对雷达有不同的要求，本套丛书在雷达前沿应用方面遴选了 6 个分册：

（1）《天基预警雷达》分册介绍的雷达不同于星载 SAR，它主要观测陆海空天中的各种运动目标，获取这些目标的位置信息和运动趋势，是难度更大、更为复杂的天基雷达。该书介绍天基预警雷达的星星、星空、MIMO、卫星编队等双/多基地体制。重点描述了轨道覆盖、杂波与目标特性、系统设计、天线设计、接收处理、信号处理技术。

（2）《战略预警雷达信号处理新技术》分册系统地阐述相关信号处理技术的理论和算法，并有仿真和试验数据验证。主要包括反导和飞机目标的分类识别、低截获波形、高速高机动和低速慢机动小目标检测、检测识别一体化、机动目标成像、反投影成像、分布式和多波段雷达的联合检测等新技术。

（3）《空间目标监视和测量雷达技术》分册论述雷达探测空间轨道目标的特色技术。首先涉及空间编目批量目标监视探测技术，包括空间目标监视相控阵雷达技术及空间目标监视伪码连续波雷达信号处理技术。其次涉及空间目标精密测量、增程信号处理和成像技术，包括空间目标雷达精密测量技术、中高轨目标雷达探测技术、空间目标雷达成像技术等。

(4)《平流层预警探测飞艇》分册讲述在海拔约 20km 的平流层,由于相对风速低、风向稳定,从而适合大型飞艇的长期驻空,定点飞行,并进行空中预警探测,可对半径 500km 区域内的地面目标进行长时间凝视观察。该书主要介绍预警飞艇的空间环境、总体设计、空气动力、飞行载荷、载荷强度、动力推进、能源与配电以及飞艇雷达等技术,特别介绍了几种飞艇结构载荷一体化的形式。

(5)《现代气象雷达》分册分析了非均匀大气对电磁波的折射、散射、吸收和衰减等气象雷达的基础,重点介绍了常规天气雷达、多普勒天气雷达、双偏振全相参多普勒天气雷达、高空气象探测雷达、风廓线雷达等现代气象雷达,同时还介绍了气象雷达新技术、相控阵天气雷达、双/多基地天气雷达、声波雷达、中频探测雷达、毫米波测云雷达、激光测风雷达。

(6)《空管监视技术》分册阐述了一次雷达、二次雷达、应答机编码分配、S 模式、多雷达监视的原理。重点讨论广播式自动相关监视(ADS-B)数据链技术、飞机通信寻址报告系统(ACARS)、多点定位技术(MLAT)、先进场面监视设备(A-SMGCS)、空管多源协同监视技术、低空空域监视技术、空管技术。介绍空管监视技术的发展趋势和民航大国的前瞻性规划。

(六)目标和环境特性,是雷达设计的基础。该方向的研究对雷达匹配目标和环境的智能设计有重要的参考价值。本套丛书对此专题遴选了 4 个分册:

(1)《雷达目标散射特性测量与处理新技术》分册全面介绍有关雷达散射截面积(RCS)测量的各个方面,包括 RCS 的基本概念、测试场地与雷达、低散射目标支架、目标 RCS 定标、背景提取与抵消、高分辨力 RCS 诊断成像与图像理解、极化测量与校准、RCS 数据的处理等技术,对其他微波测量也具有参考价值。

(2)《雷达地海杂波测量与建模》分册首先介绍国内外地海面环境的分类和特征,给出地海杂波的基本理论,然后介绍测量、定标和建库的方法。该书用较大的篇幅,重点阐述地海杂波特性与建模。杂波是雷达的重要环境,随着地形、地貌、海况、风力等条件而不同。雷达的杂波抑制,正根据实时的变化,从粗犷走向精细的匹配,该书是现代雷达设计师的重要参考文献。

(3)《雷达目标识别理论》分册是一本理论性较强的专著。以特征、规律及知识的识别认知为指引,奠定该书的知识体系。首先介绍雷达目标识别的物理与数学基础,较为详细地阐述雷达目标特征提取与分类识别、知识辅助的雷达目标识别、基于压缩感知的目标识别等技术。

（4）《雷达目标识别原理与实验技术》分册是一本工程性较强的专著。该书主要针对目标特征提取与分类识别的模式，从工程上阐述了目标识别的方法。重点讨论特征提取技术、空中目标识别技术、地面目标识别技术、舰船目标识别及弹道导弹识别技术。

（七）数字技术的发展，使雷达的设计和评估更加方便，该技术涉及雷达系统设计和使用等。本套丛书遴选了3个分册：

（1）《雷达系统建模与仿真》分册所介绍的是现代雷达设计不可缺少的工具和方法。随着雷达的复杂度增加，用数字仿真的方法来检验设计的效果，可收到事半功倍的效果。该书首先介绍最基本的随机数的产生、统计实验、抽样技术等与雷达仿真有关的基本概念和方法，然后给出雷达目标与杂波模型、雷达系统仿真模型和仿真对系统的性能评价。

（2）《雷达标校技术》分册所介绍的内容是实现雷达精度指标的基础。该书重点介绍常规标校、微光电视角度标校、球载BD/GPS（BD为北斗导航简称）标校、射电星角度标校、基于民航机的雷达精度标校、卫星标校、三角交会标校、雷达自动化标校等技术。

（3）《雷达电子战系统建模与仿真》分册以工程实践为取材背景，介绍雷达电子战系统建模的主要方法、仿真模型设计、仿真系统设计和典型仿真应用实例。该书从雷达电子战系统数学建模和仿真系统设计的实用性出发，着重论述雷达电子战系统基于信号/数据流处理的细粒度建模仿真的核心思想和技术实现途径。

（八）微电子的发展使得现代雷达的接收、发射和处理都发生了巨大的变化。本套丛书遴选出涉及微电子技术与雷达关联最紧密的3个分册：

（1）《雷达信号处理芯片技术》分册主要讲述一款自主架构的数字信号处理（DSP）器件，详细介绍该款雷达信号处理器的架构、存储器、寄存器、指令系统、I/O资源以及相应的开发工具、硬件设计，给雷达设计师使用该处理器提供有益的参考。

（2）《雷达收发组件芯片技术》分册以雷达收发组件用芯片套片的形式，系统介绍发射芯片、接收芯片、幅相控制芯片、波速控制驱动器芯片、电源管理芯片的设计和测试技术及与之相关的平台技术、实验技术和应用技术。

（3）《宽禁带半导体高频及微波功率器件与电路》分册的背景是，宽禁带材料可使微波毫米波功率器件的功率密度比Si和GaAs等同类产品高10倍，可产生开关频率更高、关断电压更高的新一代电力电子器件，将对雷达产生更新换代的影响。分册首先介绍第三代半导体的应用和基本知识，然后详细介绍两大类各种器件的原理、类别特征、进展和应用：SiC 器件有功率二极管、MOSFET、JFET、BJT、IBJT、GTO 等；GaN 器件有 HEMT、MMIC、E 模 HEMT、N 极化 HEMT、功率开关器件与微功率变换等。最后展望固态太赫兹、金刚石等新兴材料器件。

  本套丛书是国内众多相关研究领域的大专院校、科研院所专家集体智慧的结晶。具体参与单位包括中国电子科技集团公司、中国航天科工集团公司、中国电子科学研究院、南京电子技术研究所、华东电子工程研究所、北京无线电测量研究所、电子科技大学、西安电子科技大学、国防科技大学、北京理工大学、北京航空航天大学、哈尔滨工业大学、西北工业大学等近 30 家。在此对参与编写及审校工作的各单位专家和领导的大力支持表示衷心感谢。

2017 年 9 月

前 言

极化合成孔径雷达(PolSAR)具有全天时全天候条件下的陆海多维信息遥感能力,已经成为民用地球观测和军事情报获取的重要信息源。由于开发和利用了散射回波中的极化信息,使得 PolSAR 系统具有很强的目标信息获取能力和复杂战场环境感知能力。但是不同于光学图像,任何相干成像技术都固有的相干斑噪声显著增加了 PolSAR 图像解译及其潜在信息提取的难度。如何从复杂相干斑背景中检测出感兴趣的目标是 PolSAR 图像解译技术基础,也是 PolSAR 图像解译的研究热点和难点问题。建立精确的 PolSAR 图像统计模型并进行准确的参数估计是解决该问题的途径。以此为导向,本书对 PolSAR 图像统计建模、参数估计方法及其在目标检测中的应用进行了深入研究。本书研究内容可以分为统计建模、参数估计及其应用三大部分。

第一部分为 PolSAR 图像统计建模。分别对 PolSAR 数据的统计分布模型辨识和建模新方法等问题进行了研究,具体内容如下:

(1)多变量乘积模型在 PolSAR 图像建模领域中应用广泛,其纹理分量统计模型的选择直接影响到拟合的准确性。针对多变量乘积模型纹理分量分布的选择问题,提出了一种基于协方差矩阵 Mellin 变换矩阵对数累积量(MLC)的 PolSAR 图像统计模型无监督辨识方法。该方法首先将二阶和三阶 MLC 平面进行着色,然后将 PolSAR 数据投射到该平面上,根据像素点所在区域的颜色来辨识其对应的统计分布模型。新方法的优点是对全图中各区域的统计模型有简洁、宏观的辨识结果,能为后续的分类识别和目标检测等图像解译手段提供重要支撑。最后,用仿真数据和实测数据对该方法进行了分析,实验结果表明该方法能实现对图像中不同区域分布模型的有效辨识。

(2)针对现有纹理变量分布模型适应性较差的问题,提出以广义伽马分布作为纹理变量分布模型进行建模。推导了其乘积模型 L 分布的概率密度函数(PDF),分析了其高阶矩和对数累积量特性。通过二阶、三阶对数累积量关系图分析了常用纹理变量分布模型与广义伽马分布的内在关系,指出广义伽马分布建模的普适性优势。同时根据其对数累积量表达式提出了 PolSAR 多视图像 L 分布参数的估计方法,并进行了仿真和实测数据验证 L 分布模型及其参数估计的正确性。

(3)针对高分辨雷达下散射回波的尖峰和长拖尾特性使得 K 分布等经典

模型失效的问题,指出满足广义中心极限定理的稳定分布能够保持自然噪声过程的产生机制和传播条件,用该分布进行建模是解决问题的途径。研究发现对称稳定分布(幅度为重尾瑞利分布)本身就可以表示成正值稳定分布和高斯分布的乘积,满足 PolSAR 图像的乘积模型。根据乘积模型对数累积量的关系,给出了基于对数累积量的参数估计方法,并用仿真数据和实测数据进行了分析验证。

第二部分为参数估计方法研究。分别对多视协方差矩阵高斯情形下的等效视图数(ENL)估计和非高斯乘积模型下的 ENL、纹理变量参数估计方法进行了研究,具体内容如下:

(1) 分析了协方差矩阵行列式值的物理意义,指出其实际上代表了目标散射极化散布程度。将行列式值与表征目标随机特性的极化熵和极化散度进行比较,得出它们的本质区别在于极化方向随机度和平面极化度的加权方法的差异。推导了 Wishart 分布行列式值的最大似然(ML)估计方法,并用查表法解决了该方法计算的复杂性。针对高斯情形下 ENL 的 ML 估计方法中的矩阵行列式值的估计存在偏差的问题,指出用行列式值 ML 估计方法代替传统的求均值方法可以有效提高 ENL 的估计精度。

(2) 针对现有的乘积模型的 ENL 估计方法都是基于特定的纹理变量分布模型推导得到的,使得在实测数据中纹理变量分布模型的错误选择将导致 ENL 估计存在较大偏差问题,指出寻求一种适用于任意纹理变量分布模型的 ENL 参数估计方法是解决该问题的途径。分别给出了基于矩阵迹特征、二阶子矩阵 MLC 和一阶子矩阵 MLC 的 ENL 参数估计方法。仿真数据和实测数据分析表明这 3 种方法对于纹理变量分布具有很强的适应性,在不同纹理变量分布下都能得到正确的结果。

(3) 针对乘积模型纹理参数的快速、准确估计问题,提出了 3 种新的估计方法:基于混合矩的纹理参数估计方法、基于多视极化白化滤波器(MPWF)对数累积量方法和基于 MPWF 混合矩的纹理参数估计方法。其中基于混合矩的纹理参数估计方法具有表达式解析,计算速度快的优点;基于 MPWF 对数累积量的方法具有计算精度高的优点;基于 MPWF 混合矩的纹理参数估计方法是结合上述 2 种方法推导得到的,同时具有速度快和精度高的优点。

第三部分为模型与参数估计方法在目标检测中的应用。主要针对多视极化白化滤波特性和统计检测器做了具体分析:

(1) 阐释了联合多视处理和极化白化滤波器在目标检测预处理中的重要作用,并且实验验证了多视处理与极化白化滤波的实施步骤与预处理效果的影响,为多视极化白化滤波的方案选择提供了依据。

(2) 研究了基于多视极化白化滤波方法的 PolSAR 图像目标恒虚警

(CFAR)检测方法,针对检测门限确定困难的难题,推导了基于 Wishart 分布、伽马纹理分布、逆伽马纹理分布以及 Fisher 纹理分布的多视极化白化检测量的概率密度函数的解析表达式,给出了检测门限的确定方法,最后实验验证了方法的有效性。

  本书第一作者所在的研究团队,是由教授、副教授、博士生和硕士生等数十人组成的中、青年学术梯队,在雷达极化理论和 PolSAR 图像解译技术领域具有坚实的知识积累,已在 *IEEE Transactions* 系列、*Science in China* 系列和《中国科学》系列等权威期刊发表学术论文 100 余篇。本书的研究成果先后得到国家高技术研究发展计划(863 计划)项目、国家自然科学基金、中国博士后特别资助基金、湖北省自然科学基金和海军工程大学博士生创新基金的资助,作者对此致以诚挚的谢意。

  本书适用于遥感图像信息处理、雷达、图像判读专业的研究人员、工程技术人员、高等院校教师等,亦可作为高等院校雷达、遥感信息处理等有关专业的博士或者硕士研究生课程教材。

  在本书的编写过程中,作者阅读和引用了大量国内外专家学者的论文和书籍,既介绍了名家大师的学术成果,也兼顾有闪光点的研究报道,同时重点结合自身的研究成果,使写作能够一气呵成,一脉相承。然而我们深知,本书所反映的研究成果虽然取得了一定的研究进展,然而对于雷达极化信息处理而言,只是很小的一部分,未能完整地展示其全貌。同时囿于作者水平,书中难免有不妥甚至错误之处,恳请读者批评指正。

作者

2017 年 1 月。于海军工程大学

目 录

第1章 绪论 ·· 001
   1.1 极化合成孔径雷达图像的精准建模内涵 ··· 001
   1.2 PolSAR 系统的发展概述 ··· 002
   1.3 PolSAR 图像统计建模与参数估计方法研究现状 ·· 005
   1.4 PolSAR 目标检测技术研究现状 ··· 009
   1.5 本书的主要内容 ··· 011

第2章 PolSAR 图像经典统计模型及其辨识方法 ··· 014
   2.1 PolSAR 图像基础知识概述 ··· 014
   2.2 PolSAR 数据的表征形式 ·· 015
      2.2.1 极化散射矩阵与散射矢量 ·· 015
      2.2.2 多视协方差矩阵 ··· 017
   2.3 PolSAR 图像统计模型 ··· 018
      2.3.1 高斯模型 ·· 018
      2.3.2 乘积模型 ·· 020
   2.4 PolSAR 乘积模型的对数累积量 ··· 022
      2.4.1 基于矩阵 Mellin 变换的统计量及其性质 ·· 022
      2.4.2 PolSAR图像乘积模型的对数累积量 ·· 025
   2.5 基于对数累积量的PolSAR图像统计模型辨识方法 ·· 025
      2.5.1 PolSAR图像经典统计模型的对数累积量 ·· 026
      2.5.2 基于对数累积量的模型辨识方法 ·· 027
      2.5.3 仿真数据分析 ·· 028
      2.5.4 实测数据分析 ·· 030
   2.6 本章小结 ··· 032

第3章 PolSAR 图像统计建模方法研究 ··· 033
   3.1 PolSAR 图像统计建模概述 ··· 033
   3.2 3 类复杂纹理分布统计模型特征分析 ··· 034
   3.3 基于广义伽马分布纹理分布的PolSAR图像 L 分布建模 ··································· 036
      3.3.1 纹理分量 GΓD 分布的统计特性 ··· 036
      3.3.2 协方差矩阵 L 分布统计建模 ·· 037

XVII

3.3.3　仿真数据分析⋯⋯⋯⋯⋯⋯⋯⋯⋯⋯⋯⋯⋯⋯⋯⋯⋯⋯⋯⋯⋯⋯　040
　　　3.3.4　实测数据分析⋯⋯⋯⋯⋯⋯⋯⋯⋯⋯⋯⋯⋯⋯⋯⋯⋯⋯⋯⋯⋯⋯　042
　3.4　基于重尾瑞利分布的PolSAR图像建模⋯⋯⋯⋯⋯⋯⋯⋯⋯⋯⋯⋯⋯⋯　046
　　　3.4.1　PolSAR多视数据重尾瑞利建模⋯⋯⋯⋯⋯⋯⋯⋯⋯⋯⋯⋯⋯⋯　047
　　　3.4.2　仿真数据分析⋯⋯⋯⋯⋯⋯⋯⋯⋯⋯⋯⋯⋯⋯⋯⋯⋯⋯⋯⋯⋯⋯　050
　　　3.4.3　实测数据分析⋯⋯⋯⋯⋯⋯⋯⋯⋯⋯⋯⋯⋯⋯⋯⋯⋯⋯⋯⋯⋯⋯　052
　3.5　本章小结⋯⋯⋯⋯⋯⋯⋯⋯⋯⋯⋯⋯⋯⋯⋯⋯⋯⋯⋯⋯⋯⋯⋯⋯⋯⋯　054

第4章　协方差矩阵行列式值的统计特性及其应用⋯⋯⋯⋯⋯⋯⋯⋯⋯⋯　055
　4.1　协方差矩阵行列式值的应用概述⋯⋯⋯⋯⋯⋯⋯⋯⋯⋯⋯⋯⋯⋯⋯⋯　055
　4.2　协方差矩阵行列式值的物理意义分析⋯⋯⋯⋯⋯⋯⋯⋯⋯⋯⋯⋯⋯⋯　056
　　　4.2.1　多视协方差矩阵的特征值⋯⋯⋯⋯⋯⋯⋯⋯⋯⋯⋯⋯⋯⋯⋯⋯　056
　　　4.2.2　行列式值的物理意义⋯⋯⋯⋯⋯⋯⋯⋯⋯⋯⋯⋯⋯⋯⋯⋯⋯⋯　057
　　　4.2.3　实验分析⋯⋯⋯⋯⋯⋯⋯⋯⋯⋯⋯⋯⋯⋯⋯⋯⋯⋯⋯⋯⋯⋯⋯　060
　4.3　Wishart分布矩阵行列式值的统计特性⋯⋯⋯⋯⋯⋯⋯⋯⋯⋯⋯⋯⋯　062
　　　4.3.1　矩阵行列式值的分布⋯⋯⋯⋯⋯⋯⋯⋯⋯⋯⋯⋯⋯⋯⋯⋯⋯⋯　062
　　　4.3.2　矩阵行列式值的最大似然估计⋯⋯⋯⋯⋯⋯⋯⋯⋯⋯⋯⋯⋯⋯　064
　　　4.3.3　ENL与行列式值的联合最大似然估计⋯⋯⋯⋯⋯⋯⋯⋯⋯⋯⋯　068
　　　4.3.4　实验分析⋯⋯⋯⋯⋯⋯⋯⋯⋯⋯⋯⋯⋯⋯⋯⋯⋯⋯⋯⋯⋯⋯⋯　069
　4.4　本章小结⋯⋯⋯⋯⋯⋯⋯⋯⋯⋯⋯⋯⋯⋯⋯⋯⋯⋯⋯⋯⋯⋯⋯⋯⋯⋯　073

第5章　PolSAR图像多变量乘积模型的等效视图数估计方法⋯⋯⋯⋯⋯　074
　5.1　PolSAR图像等效视图数估计方法概述⋯⋯⋯⋯⋯⋯⋯⋯⋯⋯⋯⋯⋯　074
　5.2　基于协方差矩阵迹特征迹的ENL估计⋯⋯⋯⋯⋯⋯⋯⋯⋯⋯⋯⋯⋯　075
　　　5.2.1　基于矩阵迹的ENL估计⋯⋯⋯⋯⋯⋯⋯⋯⋯⋯⋯⋯⋯⋯⋯⋯　075
　　　5.2.2　仿真数据分析⋯⋯⋯⋯⋯⋯⋯⋯⋯⋯⋯⋯⋯⋯⋯⋯⋯⋯⋯⋯⋯　076
　　　5.2.3　实测数据分析⋯⋯⋯⋯⋯⋯⋯⋯⋯⋯⋯⋯⋯⋯⋯⋯⋯⋯⋯⋯⋯　079
　5.3　基于子矩阵二阶MLC的ENL估计⋯⋯⋯⋯⋯⋯⋯⋯⋯⋯⋯⋯⋯⋯⋯　082
　　　5.3.1　基于二阶MLC的ENL估计⋯⋯⋯⋯⋯⋯⋯⋯⋯⋯⋯⋯⋯⋯⋯　082
　　　5.3.2　仿真数据分析⋯⋯⋯⋯⋯⋯⋯⋯⋯⋯⋯⋯⋯⋯⋯⋯⋯⋯⋯⋯⋯　084
　　　5.3.3　实测数据分析⋯⋯⋯⋯⋯⋯⋯⋯⋯⋯⋯⋯⋯⋯⋯⋯⋯⋯⋯⋯⋯　085
　5.4　基于子矩阵一阶MLC的ENL估计⋯⋯⋯⋯⋯⋯⋯⋯⋯⋯⋯⋯⋯⋯⋯　086
　　　5.4.1　基于子矩阵一阶MLC的ENL估计⋯⋯⋯⋯⋯⋯⋯⋯⋯⋯⋯⋯　087
　　　5.4.2　不同分布下MLC的方差⋯⋯⋯⋯⋯⋯⋯⋯⋯⋯⋯⋯⋯⋯⋯⋯　090
　　　5.4.3　仿真数据分析⋯⋯⋯⋯⋯⋯⋯⋯⋯⋯⋯⋯⋯⋯⋯⋯⋯⋯⋯⋯⋯　091
　　　5.4.4　实测数据分析⋯⋯⋯⋯⋯⋯⋯⋯⋯⋯⋯⋯⋯⋯⋯⋯⋯⋯⋯⋯⋯　094
　5.5　本章小结⋯⋯⋯⋯⋯⋯⋯⋯⋯⋯⋯⋯⋯⋯⋯⋯⋯⋯⋯⋯⋯⋯⋯⋯⋯⋯　098

第6章　PolSAR图像多变量乘积模型的纹理参数估计方法 …… 100
6.1　PolSAR图像模型参数估计概述 …… 100
6.2　基于混合矩的纹理参数估计 …… 101
6.2.1　基于混合矩的纹理参数估计方法 …… 102
6.2.2　仿真数据分析 …… 104
6.2.3　实测数据分析 …… 108
6.3　基于MPWF对数累积量的纹理参数估计 …… 112
6.3.1　基于MPWF-LC的参数估计 …… 112
6.3.2　仿真数据分析 …… 114
6.3.3　实测数据分析 …… 115
6.4　基于MPWF混合矩的纹理参数估计 …… 119
6.4.1　基于MPWF混合矩的纹理参数估计方法 …… 119
6.4.2　仿真数据分析 …… 121
6.4.3　实测数据分析 …… 124
6.5　本章小结 …… 127

第7章　PolSAR相干斑抑制及目标检测方法 …… 128
7.1　相干斑形成机理及其抑制方法概述 …… 128
7.1.1　相干斑抑制效果评价指标 …… 129
7.1.2　PolSAR图像相干斑抑制方法 …… 129
7.2　PolSAR联合多视与白化滤波的相干斑抑制 …… 133
7.2.1　频域与空域多视处理过程与影响分析 …… 133
7.2.2　联合多视与白化滤波的相干斑抑制比较分析 …… 134
7.3　典型PolSAR图像目标检测方法 …… 139
7.3.1　最优目标检测器(OPD) …… 140
7.3.2　极化匹配滤波检测器(PMF) …… 141
7.3.3　极化白化滤波检测器(PWF) …… 143
7.3.4　单位似然比检验(ILR) …… 145
7.3.5　张量检测器(SD)及其分支 …… 146
7.3.6　各检测器性能比较 …… 147
7.4　基于MPWF的PolSAR目标CFAR检测方法 …… 150
7.4.1　常数纹理假设下检测门限确定 …… 151
7.4.2　伽马分布假设下检测门限确定 …… 155
7.4.3　逆伽马分布假设下检测门限确定 …… 160
7.4.4　Fisher分布假设下检测门限确定 …… 165
7.5　本章小结 …… 172

参考文献 …………………………………………………… 173
主要符号表 ………………………………………………… 184
缩略语 ……………………………………………………… 186

第 1 章 绪论

1.1 极化合成孔径雷达图像的精准建模内涵

合成孔径雷达(Synthetic Aperture Radar, SAR)是一种主动式的微波成像设备,具有全天时且分辨率不受雷达传感器高度影响的优点。SAR 信号能穿透云层,因此还具有全天候条件下的陆海信息遥感能力[1]。另外,波长较长的 L 波段信号能穿透森林和地表植被覆盖,在军事上能够用于发现丛林中或者浅埋地表的隐藏目标信息,这些是光学等其他传感器无法实现的。目前,SAR 已成为一种不可或缺的地理遥感和军事侦察手段,在植被分析、地形测绘、环境与灾害监视等民用领域以及精确制导、战略战术目标探测、海面舰船目标检测等军用方面都获得了广泛应用[2]。

极化 SAR(PolSAR)系统是在单通道 SAR 系统的基础上发展得到的,它能提供目标多维的遥感信息。PolSAR 系统通过发射和接收不同极化组合的电磁波实现目标相干散射特性的测量。与传统的单通道 SAR 相比,PolSAR 不仅利用了目标散射回波的幅度、相位和频率特性,还利用了其极化特性[3]。由于保留了更完整的目标极化散射特性,使得 PolSAR 在采集地物目标的物理介电属性、几何形状和目标取向等众多细节信息方面都起着越来越重要的作用,极大地增强了雷达对目标信息的获取能力[4]。

由于 PolSAR 的探测性能要优于传统的 SAR 系统,目前的研究已突破了长期以来对散射波的研究基本上局限于其幅度和相位等特性的限制,逐渐成为雷达领域的研究热点。另外,任何相干成像技术都固有的相干斑噪声显著增加了 PolSAR 图像解译及其潜在信息提取的难度。从这种复杂相干斑背景中检测出感兴趣的目标是 PolSAR 图像解译技术的基础,也是研究中的热点和难点问题。解决该难题的一个可行途径是建立准确的 PolSAR 图像统计分布模型并进行精确的参数估计。

统计建模和参数估计是模式识别、图像处理、信号分析、概率统计理论和目标电磁散射特征分析等 PolSAR 图像处理方法的基础性研究[5]。目前,PolSAR

图像解译处理中一类重要方法是基于通用图像处理方法的贝叶斯理论得到理论上的最优解。在利用该方法前,特别是低分辨情形下,一般需要用合适的统计模型对图像进行建模和参数估计[6]。因此,在过去的10年间,PolSAR图像统计建模和参数估计的研究成为一个热门的研究领域,并且在PolSAR信息处理中有着非常重要的地位。其重要性主要体现在以下几个方面:首先,建立精确的模型有助于加深对目标散射机理的理解;其次,它是相干斑抑制[7-13]、图像分割[14-16]、图像分类[17-19]、边缘检测[20-23]、目标的检测与识别[24-28]等研究的基础;最后,根据统计模型可以得到PolSAR图像的仿真数据,能为后续的算法分析提供数据支撑。

1.2 PolSAR系统的发展概述

20世纪80年代初,利用高分辨成像技术以及雷达极化测量技术,美国航空航天局(National Aeronautics and Space Administration,NASA)下属的喷气推进实验室(Jet Propulsion Laboratory,JPL)研制出世界上第一部实用化的的L波段机载PolSAR系统,该系统搭载于CV900平台,也是后来所有PolSAR系统的原型[29]。但是在1985年的一次事故中,该系统被彻底摧毁。JPL又重新研制了新的AIRSAR系统,并将其搭载于DC-8飞机上。该系统可以在P、L和C这3个波段上进行全极化测量成像,并且于1987年进行了首飞。AIRSAR系统自首飞后每年至少执行一次测量任务,成为验证新开发雷达技术的主要实测数据来源[30]。1987年,在防御先进技术研究署的资助下,美国的密歇根大学和密歇根环境研究所成功研制了PolSAR系统ERIMSAR。

继美国的研究之后,加拿大遥感中心对其Convair 580飞机上搭载的C/X-SAR系统进行了更新,加入了C波段全极化的模式[31]。丹麦的EMISAR是一种L和C波段的双频率PolSAR,该系统有单极化、双极化和全极化3种运行模式[32]。德国的ESAR系统也包含了PolSAR运行模式,该系统可在S、L和P这3个波段实现全极化测量。日本研制的PiSAR系统工作于X波段和L波段,该系统可以获取高分辨率的极化数据[33]。法国宇航局开发的RAMSES PolSAR系统具有高度模块化和灵活性的特点,该系统有6个波段可以工作于全极化测量模式[34]。另外还有专为民用领域服务的法国SETHI系统,该系统已于2009年完成了P、L和C这3个波段的全极化测量实验[29,35]。

星载PolSAR系统也是由美国率先研制成功。1994年4月和10月,NASA的"奋进"号航天飞机上搭载的C波段和X波段的成像雷达SIR-C/X进行了星载PolSAR成像实验。SIR-C/X是最早的星载SAR系统,该系统能在较短的时间内提供区域尺度级的数据,这是原有的机载系统无法达到的[36]。2006年,日本成功发射了对地观测卫星 ALOS,该系统具有 L 波段全极化观测模式。2007 年 6 月,德国成功发射了雷达成像卫星 TerraSAR-X,其搭载的 PolSAR 系统具有 L 波段全极化观测模式。2007 年 6 月,德国成功发射了雷达成像卫星 Terra SAR-X,该系统工作在 X 波段,在多种操作模式下都可以进行全极化成像。同年 9 月,加拿大成功发射了雷达卫星 Radarat-2,该卫星是目前世界上最先进的商用卫星之一,并可工作于全极化模式[37]。表 1.1 给出了现有主要的机载和星载 PolSAR 系统的参数[38,39]。图 1.1 和图 1.2 给出了部分机载和星载 PolSAR 系统的图片。

表 1.1 主要 PolSAR 系统及其参数[38]

名称	国家	首飞时间	波段	搭载平台	极化方式	分辨率/m
CV990	美国	1985 年	L	CV990	全极化	10×10
AIRSAR	美国	1988 年	P/L/C	DC-8	全极化	3.75/7.5×(1~12)
ERIM SAR	美国	—	L/C/X	P-3	全极化	1.6/(3.2×2.2)
E-SAR	德国	1987 年	P/L/S/C/X	DO228	全极化	(2~12)×(1~12)
CCRS CV580 SAR	加拿大	1988 年	C/X	CV580	全极化	(4.8~2)×(0.16~10)
DOSAR	德国	1989 年	S/C/X/Ka	DO228	全极化 Ka:VV	(<0.5/<2)×(<0.5/<2)
EMISAR	丹麦	1993 年	L/C	G-3	全极化	(2~8)×(2~8)
ERIM P-3 UWBSAR	美国	1995 年	VHF/UHF/L/C/X	P-3	全极化	(0.33~3)×0.66
PHARUS	荷兰	1995 年	C	Cessna Cirarion II	全极化	(4~16)×(4~16)
PiSAR	日本	1995 年	L/X	G-2	全极化	1.5/3~1.5/3
RAMSES SAR	法国	—	P/L/S/C/X/Ku/Ka/W	C-160	全极化 Ka:VV W:LR,LL	(0.13~0.63)×0.13/0.63
MEMPHIS	德国	—	X/Ka/W	C-160	全极化	
SIR-C/X	美国/德国/意大利	1994 年	L/C/X	"奋进"号航天飞机	全极化	(13~26)×30
ASAR	欧空局	2002 年	C	ENVISAT-1	HH/HV HH/VV VH/VV	(9~450)×(6~450)
PALSAR	日本	2006 年	L	ALOS	全极化 HH/HV VH/VV	距离向:14~89
RADARSAT-2	加拿大	2007 年	C		全极化	(12~25)×8
TerraSAR-X	德国	2007	X	—	全极化	(1~16)×(0.6~3.5)

(a) ESAR

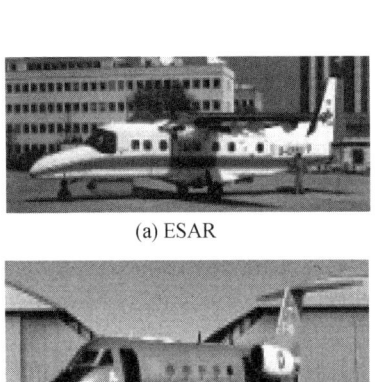

(b) CONVAIR

(c) EMISAR

(d) AIRSAR

(e) BIOMASS

(f) PISAR

(g) RAMSES

(h) CONVAIR

(i) CV990

图 1.1　机载 PolSAR 系统(见彩图)

(a) TerraSAR-X (b) RADARSAT-2

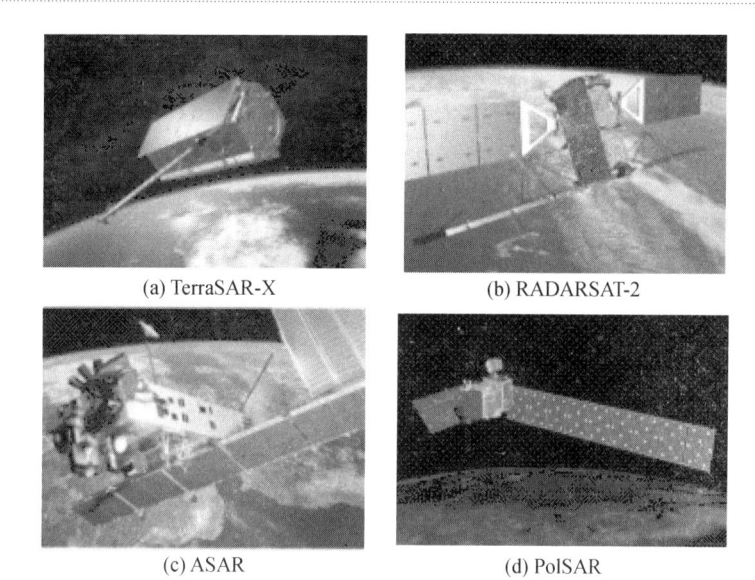

(c) ASAR (d) PolSAR

图 1.2 星载 PolSAR 系统（见彩图）

我国 SAR 技术的研究开始于 20 世纪 70 年代中期，早期的研究主要由中国科学院电子学研究所进行。电子学研究所取得的阶段性研究成果主要有：1979 年，成功研制了我国第一台机载 SAR 系统的原理样机，获取了国内第一张 SAR 图像；1983 年，首次成功实现了 SAR 系统的大面积连续成像；1987 年，成功研制了我国第一台机载多 PolSAR 系统原理样机；1994 年成功研制了多极化、多通道的机载 SAR 系统，其工作频率为 X 波段并且分辨率达到 10m[40]。近年来，中国电子科技集团公司第 38 研究所在国内首先进行了高分辨率、多频段、多极化机载 SAR 系统试验并获得了大量试验数据；中国电子科技集团公司第 14 研究所和航天科技集团 504 所等科研单位也进行了多极化、多频段的机载 SAR 系统试验。目前，中国测绘科学院牵头研制成功了机载 PolSAR 测绘系统，该系统具有自主知识产权的机载 PolSAR 数据获取集成能力，开发了工作站和地面数据处理系统，显著提升了我国 PolSAR 遥感数据获取与处理能力。

另外，清华大学、国防科技大学、西安电子科技大学、武汉大学、北京航空航天大学和北京理工大学等单位对 PolSAR 图像统计建模、相干斑滤波、极化分解和目标检测等理论开展了深入的研究，极大地促进了 PolSAR 图像解译技术的发展。

1.3 PolSAR 图像统计建模与参数估计方法研究现状

PolSAR 图像统计模型和参数估计方法是后续数据处理及应用的基础。最近几年来,关于 PolSAR 图像建模领域已有了很多研究论文[6,41-49]。根据建模对象的不同,PolSAR 统计模型的研究可以分为单极化通道建模和多极化通道建模。前者对协方差矩阵的对角元素进行建模,该过程等价于传统的单 PolSAR 强度图像的建模。后者针对多极化通道图像,单视情形下建模对象是目标散射矢量,多视情形下一般是协方差矩阵或者相干矩阵。单 PolSAR 图像统计模型按其建模方法来分主要可以分为 3 类:非参量模型、半参量模型和参量模型。

非参量模型事先并不假定 SAR 图像服从某种分布模型,而是直接基于数据驱动的方式获取最优的 PDF。其中比较常用的方法有 Parzen 窗[50,51]、k 阶最优邻域法[52]、人工神经网络[53]、支持矢量机[54,55]与相关矢量机[56]等。非参量模型的优点在于不用选择固定的 PDF,具有很好的灵活性和适应性。但是它在建模过程中需要大量样本数据的支持并且涉及到复杂的逼近操作,计算复杂度高,不能满足实际的应用需求。

半参量模型是介于非参量模型和参量模型之间的一种建模方法,它利用有限参量模型混合(Finite Model Mixed,FMM)来实现对 SAR 图像 PDF 的最优拟合[57-59]。其建模过程为首先给出几种参数待定的统计模型,然后通过实测数据对各模型的参数进行估计,最后按照一定的准则选择各统计模型的加权系数组合得到最优的 PDF。FMM 的参数估计是一个不完备数据问题,一般采用期望最大化(Expectation Maximization,EM)算法进行迭代求解[60-63]。文献[49]采用对数正态分布和 Weibull 分布等统计分布模型对 SAR 幅度图像进行半参量建模。其中统计分布模型的数量、模型的最优加权值和参数估计都采用基于二阶对数累积量的 EM 算法迭代得到。研究表明半参量模型能够很好地拟合中高分辨率图像,并且适用于不同纹理混合图像的建模[49,62]。

参量模型假定 SAR 图像服从某一特定的数学模型。由于该方法简单实用,并且是半参量模型的基础,因此近 30 年来大部分统计建模方法的研究都集中于参量模型。参量模型的研究方向主要可分为 3 个方面:经验模型、SAR 散射模型和多变量乘积模型。其中经验模型是指根据实测数据的经验分析直接得到相应的模型,与其物理散射机理无关。常用的经验模型主要有 Fisher 分布[19],对数正态分布[64],Weibull 分布[65]和广义伽马分布[66]等。第二种参量模型是基于 SAR 散射机理的分布模型,针对 SAR 的电磁散射回波的物理特性进行建模。1976 年,Arsenault 等根据中心极限定理提出了 SAR 图像的高斯相干斑模型,即幅度瑞利分布,该方法为后续的研究奠定了理论基础[67]。另外由广义中心极限理论,Kuruoglu 和 Moser 分别推导出复散射信号幅度的重尾瑞利分布和广义高斯瑞利分布模型[42,43]。

第三种参量模型为多变量乘积模型,简称乘积模型。本书的研究主要基于高斯分布模型和代表非高斯分布的多变量乘积模型,因此在这里将对其进行重点介绍。乘积模型由 Ward 等在 1981 年首次提出,该模型将 SAR 图像散射回波表示为相干斑变量和纹理变量的乘积,其中纹理变量代表目标雷达散射截面积(Radar Cross Section,RCS)的变化[68]。上述 Arseoault 等提出的高斯相干斑模型是该模型的特殊情形。SAR 图像乘积模型的提出具有里程碑式的意义,它简化了 SAR 统计模型的分析过程,为 SAR 图像非高斯建模提供了新的途径。1989 年,Novak 根据乘积模型推导得到了著名的 K 分布统计模型[69]。到了 20 世纪 90 年代,一系列机载和星载 SAR 系统的出现为理论研究提供了大量的实测数据,这极大地促进了 SAR 信息处理技术的发展。为了更好地对图像数据进行分析与解译,越来越多的人开始研究 SAR 统计建模这一基础性课题。例如英国的剑桥大学、美国的空军实验室和林肯实验室等机构都在统计建模的研究上投入了大量的精力。1994 年,Lee 等推导了多视情形下的 K 分布模型,扩展了 K 分布的适用范围[70]。1997 年,Frery 等给出了 G 分布统计模型,指出其特殊形式 G0 分布模型适合 SAR 图像极不均匀区域的统计建模[48]。2004 年,Oliver 出版的专著中对单通道 SAR 图像统计建模和图像理解等领域的研究进行了总结分析,对后续研究具有指导性的意义[6]。

多极化通道 SAR 图像的建模思路与单 PolSAR 类似。但是由于数据维数的增加,其统计建模过程更为复杂。为了叙述简单,下面所述的 PolSAR 图像建模特指多极化通道图像的建模。与单通道 SAR 一样,PolSAR 图像的建模过程也是沿着高斯到非高斯,单视到多视的过程发展。在高斯模型假设下,PolSAR 图像单视目标散射矢量和多视协方差矩阵分别满足多元复高斯分布和复 Wihsart 分布[71,72]。复高斯分布和复 Wishart 一般来说适用于均匀区域的建模,对于非均匀区域则需要用非高斯分布进行建模。与 SAR 图像类似,PolSAR 图像非高斯建模通常采用乘积模型。PolSAR 图像乘积模型将目标的散射矢量表示为纹理变量和服从复高斯分布的相干斑变量的乘积,其对应的协方差矩阵可表示为纹理变量和复 Wishart 分布相干斑变量的乘积。基于该模型,Lee 等用伽马分布对纹理变量进行建模得到了 PolSAR 图像的 K 分布模型,实验表明对均匀区域和一般不均匀区域的建模该分布能取得很好的拟合效果[70]。为了解决 K 分布对城区等极不均匀区域拟合效果较差的问题,Freitas 等推导了纹理变量服从逆伽马分布时 PolSAR 图像的 G0 分布模型[73]。但是 G0 分布模型对一般不均匀区域建模效果不如 K 分布。Gambini 等假设纹理变量服从逆高斯分布,推导出适合于对一般不均匀区域和极不均匀区域的数据进行描述的 G_H 分布模型[74]。周晓光等根据倒逆高斯分布和双曲分布的乘积模型推导出协方差矩阵 G_2 分布[39]。上述的乘积模型中纹理变量都只包含 2 个纹理参数,其覆盖范围具有一定的局限性。针对该问题,广义逆高斯分布、Fisher 分布、Beta 分布和逆 Beta 分布等具有 3 个纹理参数的纹理变量被用在 PolSAR 图像乘积模型中[48,73,75-80]。

上述纹理变量对应的乘积模型的分布分别为 G 分布、Kummer-U 分布、W 分布和 M 分布。纹理变量中参数个数的增加一方面提高了统计模型的适用范围与建模的灵活性,但是另一方面也增加了统计模型的复杂度和其参数估计的难度。

寻找快速、准确的参数估计方法是极化统计建模的核心问题,参数估计结果的精度将直接影响到模型拟合的准确性。这里主要讨论以乘积模型为代表的参量模型的参数估计问题。根据采用的数据源,可将参数估计方法分为单极化估计方法和全极化估计方法。其中单极化估计方法是分别估计出每个极化通道的参数,然后将各通道的参数求平均。该方法在进行参数估计时可以直接应用单 PolSAR 的处理方法,因此早期的 PolSAR 数据的参数估计基本都采用这一方法。在单通道 SAR 的参数估计方法中,传统的方法主要是最大似然(ML)估计[81,82]和矩估计方法[6,48,83]。另外,Iskander 和 Frery 等将矩估计方法推广到分数阶矩(Fractional Moment,FM)的情形,得到了分数阶矩估计方法[84,85]。Kuruoglu 等将矩估计的阶数推广到负数,给出了负数阶矩的估计方法[42,86]。最近的研究表明基于对数累积量的参数估计方法在单通道 SAR 图像统计模型的参数估计中性能优于 ML 和 MOM 方法[19,43,80,87]。

上述单通道的估计方法只用了协方差矩阵的对角元素,没有充分利用协方差矩阵的所有元素。而全极化估计方法利用了各通道之间的极化信息,其估计性能要优于单极化的方法[79]。在全极化估计方法中,首先想到的是将 ML 方法和 MOM 方法推广到矩阵变量的情形。但是研究发现 ML 方法在全极化情形下计算复杂,需借助数值计算的方法,运算量很大不利于快速求解。另外 MOM 方法局限于高阶矩或者分数阶矩存在的情况,并且受噪声的影响较大,较小的噪声扰动也会引起参数估计较大的偏差。并且和 ML 方法一样,矩估计也有可能产生较为复杂的数学表达式而造成计算复杂度的增加。在全极化估计方法的研究中,Doulgeris 等推导了 MPWF 的统计特性,得到了基于 MPWF 方差的全极化参数估计方法[88]。Khan 等提出了基于 MPWF 分数阶矩的参数估计方法,并且实验结果表明其性能优于基于 MPWF 方差的方法[89]。Anfinsen 等在极化对数变换方面做出了里程碑式的贡献,提出了基于梅林变换对数累积量的 PolSAR 协方差矩阵的统计模型分析新方法,首次将基于一维 Mellin 变换的参数估计方法拓展到基于协方差矩阵 Mellin 变换的参数估计方法,开辟了利用 PolSAR 图像协方差矩阵的 Mellin 变换方法进行模型参数估计的新领域[90-92]。其协方差矩阵的 Mellin 变换的本质是协方差矩阵行列式值的对数累积量的计算。Anfinsen 等尝试将该方法应用到 PolSAR 图像等效视图数估计、模型拟合度分析和目标检测等领域,取得了相当理想的结果。本书的大部分研究都基于矩阵形式的 Mellin 变换及其对数累积量这一理论框架。

1.4 PolSAR 目标检测技术研究现状

随着 PolSAR 系统的迅速发展，PolSAR 数据解译得到了越来越广泛的关注。PolSAR 图像包含比单通道 SAR 图像更加丰富的信息，能有效提高目标检测性能。基于 PolSAR 图像的目标检测是 SAR 信息处理领域的前沿课题。国内外许多研究机构针对 PolSAR 目标检测做出了卓有成效的工作。美国林肯实验室、挪威特隆姆瑟大学以及国内中国科学院、清华大学、国防科技大学、哈尔滨工业大学、电子科技大学、西安电子科技大学等研究单位都做出了突出的贡献[93,94]。寻找舰船目标与海洋杂波的极化特征差异是 PolSAR 舰船目标有效检测的关键步骤[3,95]，目前 PolSAR 主要通过极化统计分布、极化目标分解以及极化子孔径分解等途径实现目标极化特征参数的选择和目标检测[3]。它们存在的共性问题是对图像模型以及对协方差矩阵、等效视图数等关键参数准确估计的依赖性。在极化统计分布方面的代表性算法是最优极化检测（OPD）、极化匹配滤波器（PMF）、极化白化滤波器（PWF）、极化功率合成（SPAN）以及最优极化对比增强（OPCE）等[3,94]。相干斑协方差矩阵等参数的准确估计可以提高上述算法的目标检测效果。经过研究发现将 PWF 与 PMF 联合起来建立极化白化-匹配滤波器（PW-PMF）可以有效地增强目标的极化对比度，对目标检测非常有利，这种思路同样适用于 OPCE 方法。但是 OPD、PMF 以及 OPCE 都需要目标和杂波分布的先验信息，因此使用上仍受到较大限制。极化熵描述了目标的散射随机性，已经证明在舰船检测中基于极化熵的舰船目标检测算法效果明显。由于传统熵概率分布难以确定，以致其检测算法门限的确定基本上没有统一的表达形式（已经研究了传统极化熵分解（H/A）的统计分布特性[96,97]）。矩阵行列式值和三维极化度都是极化散射随机性的有效表征手段。备受关注的三维极化度是为了研究近场三维电磁波的极化分布特性而提出的，是国内外学者近期关注的热点问题[98]。学者们将它成功引入到三维甚至更高维 PolSAR 数据特征描述，成为表征 PolSAR 目标散射随机性的关键参数，并有取代传统熵描述方法的趋势[99,100]。表征三维或更高维散射矩阵的平面极化度和极化方向的三维极化度子参数具有明确的物理意义，但是在目标检测领域并没有引起足够的重视。在极化目标分解方面主要利用 Cameron 分解和 Cloude 分解等方法提取目标的极化熵和极化散射相似性系数等散射机制差异特征进行舰船目标的极化检测。值得一提的是西班牙学者 G. Margarit 等开展了 PolSAR 船只的散射机制研究，通过 SDH 分解，即分解成球体、二面角和螺旋体[101]，将船只结构与极化散射特征联系起来，提出了船只的极化检测和辨识方法，取得了较好的效果[102]。遗憾的是，SDH 分解只能利用极化散射矩阵,不能用于多视的 PolSAR 图像数据。如何将符合舰船散射机制的 SDH 分解方法应用到多视 PolSAR 图像的非相干分解领域是一个非常值得研究的问题。利用特征值和特征矢量的 Cloude 非相干分解方法,可以将目标散射协方差矩阵(或者相干矩阵)分解为相互正交的 3 个或者多个不同特征矢量所构成协方差矩阵的和[96]。这里特征矢量都是相互正交的,同时都在物理上代表了目标的散射机理。如果将特征矢量构成的散射矩阵进行相干分解,那么极化分解就会更加精细化,更能表征目标的散射特性。如果将 3 个或者多个特征矢量都进行相同的相干分解,譬如进行 SDH 相干分解,最后将每一个特征矢量分解的 SDH 系数进行聚类相加,就成功地实现了目标散射协方差矩阵的 SDH 分解。不同 SDH 类别的系数可以看作是新的复相似性系数[38,103,104],使雷达目标具有了"空域超分辨能力",更加明确地表征了不同于具有反射对称性的海洋杂波(SSCM)的舰船目标空间结构和散射特性。同时利用球和螺旋体的旋转不变特性,可使极化方位角的求取变得简单,简化并拓展相似性系数的基本概念和物理内涵,使相似性系数的描述更加系统完整。在极化子孔径分解理论方面,Souyris 等将两子孔径(子带)分解技术从单极化数据推广到多极化数据情况,然后采用与极化干涉相干最优技术相同的思想,在整个极化空间寻找最优的极化组合,从而可以获得两组极化子视图之间的最优相关函数,最大化目标与背景的对比度,从而实现雷达目标的有效检测[105]。Laurent Ferro-Famil、皮亦鸣教授等在 PolSAR 图像子孔径分解方法及目标各向异性度方面做了大量工作[106,107]。Wang 提出了单极化下多子带划分的联合子孔径相关函数的概念,将子孔径的相关性计算提升到了多维情形[108],这种方法可以借鉴到 PolSAR 多子带划分的相关函数的计算中。针对舰船目标的子孔径间相关性的减弱,Greidanus 指出其主要原因在于舰船散射中心的相干回波叠加[109],但并未定量地深入分析。这其实就是舰船目标的空域瞬态极化特性[4,110]。在著者的博士论文里对雷达目标空域瞬态极化特性做了初步研究[110],徐牧博士在此基础上研究了目标的空频域瞬态极化特性并将其用于人造目标几何结构反演,取得了较好的效果[4]。舰船目标一般由一些贡献显著的散射中心和无数个贡献稍小的散射源组成[3],在运算较为复杂的时候,可以采用适合描述舰船散射机理的 SDH 分解或者融合极化分解理论进行空域瞬态极化特性的计算。因此在已知成像参数条件下可以利用舰船空域瞬态极化特性补偿由于方位角变化引起的极化特性变化,增强子孔径间的相关性;在成像参数未知的情况下,可以通过极化比模型和时频分析的方法反演其方位角[105,106]和入射角[111],为其空域瞬态极化子孔径分解及后续补偿奠定基础。本书所提的检测方法也是遵循以上研究进展分析而做的尝试。

1.5 本书的主要内容

本书以国家自然科学基金项目(61372165 和 61771483)为依托,研究工作主要围绕 PolSAR 图像统计建模、参数估计及其在目标检测中的应用三方面进行。在统计建模方面主要研究了 PolSAR 数据的模型辨识方法和寻找更具普适性的纹理变量分布模型。在参数估计方法中:一方面研究了高斯情形下基于矩阵行列式值 ML 估计方法、乘积模型下基于矩阵迹特性和子矩阵 MLC 的等效视图数的最大似然,(ENL)估计方法;另一方面研究了基于混合矩特征、基于 MPWF 对数累积量和基于 MPWF 混合矩的纹理参数估计方法。在目标检测方面主要针对多视极化白化滤波的检测方法推导了 SAR 图像不同数学模型下恒虚警检测的概率密度函数及其门限的解析表达式,给出了简单高效的目标检测手段。本书的研究按照问题分析、理论研究、算法创新、仿真数据实验和实测数据实验分析的步骤进行。本书的主要内容具体安排如下:

第1章首先介绍了课题研究的背景和意义,针对 PolSAR 图像解译方面存在的困难,提出建立精确的统计分布模型并进行准确的参数估计是解决该问题的途径,从而将课题分为统计建模和参数估计方法研究两方面。概述了国内外机载和星载 PolSAR 系统的发展历程,给出了现有主要系统的参数对比。回顾了 SAR 系统从单极化到多极化发展过程中统计建模与参数估计方法的发展,并对主要的统计模型及参数估计方法进行了综述。最后给出了本书的主要研究内容和各章节安排。

第2章首先介绍了 PolSAR 数据的表征形式,给出了高斯情形和非高斯乘积模型下经典的统计分布模型及其 PDF。其次,将单极化通道的 Mellin 变换推广到全极化的情形,给出了基于协方差矩阵行列式值 Mellin 变换的对数累积量。推导了乘积模型对数累积量的关系式,为本书的研究奠定了理论基础。最后,针对多变量乘积模型中纹理分量分布的选择问题,提出了一种基于 MLC 的 PolSAR 图像统计模型无监督辨识方法。其优点是对全图中各区域的统计模型有简洁、宏观的辨识结果,能为后续的分类识别和目标检测等图像解译手段提供重要支撑。

第3章针对现有 PolSAR 图像乘积模型存在适用范围较窄的问题,提出寻求一种更具普适性的统计分布模型及基于该模型的参数估计方法是解决该问题的途径。

(1)给出了目前用来统一目标纹理分量后向散射统计特性的3类统计模型:广义逆伽马(Generalized Inverse Gamma,GIG)分布、广义伽马分布和正值稳定分布。分析了这3类模型的统计特性及其在 MLC 域的覆盖范围,指出现有的大部分纹理变量统计分布模型都是这3类模型的特例。

（2）提出以广义伽马分布作为纹理变量分布模型进行建模，推导了其乘积模型 L 分布的 PDF，分析了其高阶矩和对数累积量特性。通过二阶、三阶对数累积量关系图辨析了常用分布模型与 L 分布的内在关系，指出 L 分布建模的普适性优势。同时根据其对数累积量表达式提出了 L 分布的参数估计方法，并用仿真和实测数据实验验证了 L 分布建模及其参数估计的优越性。

（3）针对高分辨雷达下陆海散射回波的尖峰和长拖尾特性使得 K 分布等经典模型失效的问题，指出满足广义中心极限定理的稳定分布能够保持自然噪声过程的产生机制和传播条件，用其建模可解决该问题。研究发现对称稳定分布（幅度为重尾瑞利分布）本身就可以表示成正值稳定分布和高斯分布的乘积，满足 PolSAR 图像的乘积模型假设。根据乘积模型对数累积量的关系，给出了重尾瑞利分布基于对数累积量的参数估计方法，并用仿真数据和实测数据进行了分析验证。

第4章主要分析了协方差矩阵行列式值的特性，推导了高斯情形下行列式值的 ML 估计方法，并将其应用于 PolSAR 图像 Wishart 分布模型的 ENL 估计。

（1）分析了协方差矩阵行列式值的统计特性和物理意义，指出行列式值实际上代表了目标散射的极化散布程度。将行列式值与表征目标随机特性的极化熵和极化散度进行比较，得出其本质区别在于3个随机性描述参数对极化方向随机度和平面极化度的加权方法的差异。

（2）针对高斯情形下现有的 ENL 参数 ML 估计方法中矩阵行列式值的估计存在偏差的问题，指出用行列式值 ML 估计方法代替传统的求均值方法可以有效提高 ENL 的估计精度。推导了 Wishart 分布矩阵行列式值的 ML 估计方法，并用查表法降低了该方法计算的复杂度。最后用仿真数据和实测数据验证了新方法的性能优势。

第5章针对纹理变量分布模型的错误选择会导致实测数据的 ENL 估计值偏差较大的问题，指出其根本原因在于现有的基于乘积模型的 ENL 估计方法都是在特定纹理变量分布模型下推导得到的，无法适应纹理变量分布模型的改变。因此，找到一种适用于任意纹理变量分布的 ENL 参数估计方法是解决该问题的途径。

（1）分析了 Wishart 分布下协方差矩阵迹的特性，利用乘积模型纹理变量与相干斑变量统计独立的假设，给出了基于协方差矩阵迹的乘积模型 ENL 估计新方法。理论分析和仿真实验的结果表明该方法适用于不同分布类型纹理变量下的 ENL 估计。

（2）针对现有的基于 MLC 的参数估计方法未充分利用协方差矩阵及其子矩阵全部信息的问题，提出可以利用子矩阵的 MLC 来消除纹理变量对 ENL 估计的影响。首先推导了基于子矩阵二阶 MLC 的参数估计方法,该方法的优点是表达式中不包含方差参数,计算复杂度低。实验结果验证了该方法能适用于不同纹理变量分布,但是存在随着真值的增大 ENL 估计偏差变大的问题。针对该问题,提出用方差更小的一阶 MLC 统计量进行 ENL 估计。推导了基于协方差矩阵及其子矩阵一阶 MLC 的 ENL 估计方法。仿真数据和实测数据表明该方法不仅具有与纹理变量分布无关的特性,并且估计性能优于子矩阵二阶 MLC 的方法。

第 6 章针对如何实现乘积模型纹理参数快速、准确估计的问题,提出了 3 种纹理参数估计新方法。

(1)以协方差矩阵行列式值的混合矩特征为基础,推导了一种 K 分布参数估计新方法,并通过仿真分析了混合矩的阶数对估计性能的影响。另外在混合矩的阶数为 $r=1/d$ 时可以得到一个解析形式的表达式,实验结果表明该表达式的计算速度优势明显并且估计精度与原有方法相当,能实现 ENL 参数的快速估计。

(2)为了提高纹理参数估计结果的准确性,提出先进行 MPWF 滤波,然后基于滤波后数据的统计特性进行参数估计的方法。对基于 MPWF 滤波器 FM 矩特征的参数估计方法进行了改进,提出用对数累积量代替 FM,得到了 MPWF-LC 方法。用 K 分布和 G0 分布数据进行了实验分析,结果表明 MPWF-LC 方法的方差和均方误差(Mean Square Error,MSE)都要小于几种常用的估计方法。

(3)综合本章基于混合矩特征方法计算速度快和 MPWF 方法估计精度高的优点,提出了基于 MPWF 混合矩的参数估计方法。该方法首先将 PolSAR 数据进行 MPWF 处理,然后根据滤波后数据的混合矩特征得到了解析形式的纹理参数估计表达式。仿真数据和实测数据的实验表明,该方法同时具有计算简单和估计准确的优点。

第 7 章针对 Wishart 模型以及乘积模型下的恒虚警(CFAR)检测做了深入研究。首先分析评价了多视处理的不同方法和步骤对多视处理效果的影响;然后针对 Wishart 模型、伽马分布乘积模型、逆伽马分布乘积模型以及 Fisher 分布乘积模型,推导了其检测量的概率密度函数和检测门限的解析表达式,给出了简单高效的目标检测手段,并用仿真和实测数据进行了验证,结果证明了新方法的有效性。

第 ❷ 章
PolSAR 图像经典统计模型及其辨识方法

2.1 PolSAR 图像基础知识概述

极化表征理论主要探讨描述目标极化散射特性的概念和方法,是目前研究最广泛和深入的基础理论之一。传统的单 PolSAR 一般用散射回波的强度或幅度来描述目标的散射特性,而在 PolSAR 系统中目标的极化散射特性往往需要用矢量或者矩阵形式来描述。在目标极化表征方面,极化散射矩阵常用来描述确定性目标的变极化效应。而对于分布式目标,常采用极化协方差矩阵、相干矩阵、Mueller 矩阵和 Kennaugh 矩阵等高阶统计量来表征其变极化效应。实际上,不同高阶统计量的表征形式可由极化基的变换相互推导得到。由于本书对 PolSAR 图像的建模和参数估计都是基于极化散射矩阵和协方差矩阵,因此本章主要介绍这两种数据表征形式。

PolSAR 图像统计建模是其图像解译方法的基础性研究,其目的是通过构建统计分布模型来揭示 PolSAR 图像的统计特性。最常用的 PolSAR 数据统计模型是基于散射矢量复高斯分布推导得到的协方差矩阵 Wishart 分布模型。随着雷达分辨率和电磁波频率的提高,其散射矢量不再满足复高斯分布,需要借助非高斯模型来进行建模。最常用的非高斯模型是乘积模型,很多经典的非高斯分布都是基于乘积模型推导得到的,例如 K 分布和 G0 分布等。Anfinsen 等发现基于 Mellin 变换的对数累积量能将乘积模型的对数累积量分解为纹理变量对数累积量和相干斑变量对数累积量之和,具有广泛的应用前景。另外,研究发现将基于 Mellin 变换的对数累积量方法用于解决常用 PolSAR 分布的模型辨识和参数估计等问题能取得很好的效果。

本章结构安排如下:

2.2 节介绍 PolSAR 数据的表征形式。首先根据雷达极化方程导出极化散射矩阵和散射矢量,介绍其测量方法。由于极化散射矩阵不利于目标物理散射特性的分析,并且不能进行多视处理,因此在极化散射矩阵的基础上导出多视协方差矩阵。2.3 节给出几种 PolSAR 图像的经典统计模型,包括高斯模型和代表非高斯情形的乘积模型,并给出常用分布模型的 PDF。2.4 节给出矩阵变量 Mellin 变换的定义及其性质,推导了 2.3 节中给出的乘积模型中纹理变量和相干斑变量对数累积量的关系式。2.5 节针对乘积模型纹理变量分布的选择问题,提出了一种基于对数累积量的 PolSAR 图像统计模型无监督辨识方法。用仿真数据和实测数据对该方法进行分析,实验结果表明该方法能实现对图像中不同区域分布模型的有效辨识。

2.2　PolSAR 数据的表征形式

在雷达目标电磁散射特性的研究中,雷达散射截面积(RCS)是最常使用的特征量。RCS 表征了目标的散射波和入射波之间的幅度变换特性,描述了目标对入射波的散射效率。虽然 RCS 与入射波的极化方式相关,但是无法表征目标的极化特性。本节将在 RCS 的基础上引入新的特征量来描述目标的极化散射特性,并对 PolSAR 系统中常用的数据格式进行简要介绍。

2.2.1　极化散射矩阵与散射矢量

任意单色波的电磁矢量均可分解为两个相互正交的 Jones 矢量的线性组合,这两个正交 Jones 矢量构成了该单色波的极化基。选定极化基 x 和 y 之后,入射波和散射波可分别表示为

$$\boldsymbol{E}^{\mathrm{s}} = E_{\mathrm{h}}^{\mathrm{s}} \boldsymbol{x}_{\mathrm{s}} + E_{\mathrm{v}}^{\mathrm{s}} \boldsymbol{y}_{\mathrm{s}}, \quad \boldsymbol{E}^{\mathrm{i}} = E_{\mathrm{h}}^{\mathrm{i}} \boldsymbol{x}_{\mathrm{i}} + E_{\mathrm{v}}^{\mathrm{i}} \boldsymbol{y}_{\mathrm{i}} \tag{2.1}$$

这里 $\boldsymbol{E}^{\mathrm{s}}$ 和 $\boldsymbol{E}^{\mathrm{i}}$ 分别为散射波和入射波的 Jones 矢量,极化基 x 和 y 一般取水平极化 h 和垂直极化 v。

理论上我们可以将远场区的电磁散射现象描述为一个数学上的线性变换,该线性变换将一个二维复矢量(入射波)变换为另外一个二维复矢量(散射波)。该线性变换可由下式来表示:

$$\begin{bmatrix} E_{\mathrm{h}}^{\mathrm{s}} \\ E_{\mathrm{v}}^{\mathrm{s}} \end{bmatrix} = \frac{\mathrm{e}^{jk\rho}}{\rho} \begin{bmatrix} S_{\mathrm{hh}} & S_{\mathrm{hv}} \\ S_{\mathrm{vh}} & S_{\mathrm{vv}} \end{bmatrix} \begin{bmatrix} E_{\mathrm{h}}^{\mathrm{i}} \\ E_{\mathrm{v}}^{\mathrm{i}} \end{bmatrix} = \frac{\mathrm{e}^{jk\rho}}{\rho} \boldsymbol{S} \begin{bmatrix} E_{\mathrm{h}}^{\mathrm{i}} \\ E_{\mathrm{v}}^{\mathrm{i}} \end{bmatrix} \tag{2.2}$$

式中:$j = \sqrt{-1}$;k 表示电磁波的波数;ρ 表示雷达目标到接收天线之间的距离;$\boldsymbol{S}$ 表示极化散射矩阵,$\boldsymbol{S}$ 中的元素 S_{xy} 表示发射极化方式为 y,接收极化方式为 x 时的复散射系数;电场分量 E 的下标 h 和 v 分别表示水平和垂直极化方式,上标 s 和 i 分别表示散射波和入射波。

图 2.1 给出了 PolSAR 测量系统的组成框图,该系统通过分时发送水平极化波和垂直极化波两种脉冲信号,并且同时接收这两种极化方式的电磁波来实现极化散射矩阵各个元素的测量。在发射时刻,只发送一种极化方式的电磁波,极

化方式由图中的发射极化方式切换开关来控制；在接收时刻，同时用水平极化天线和垂直极化天线进行接收。

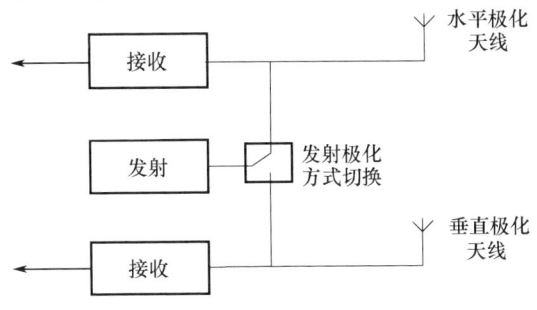

图 2.1 PolSAR 测量系统的组成框图

图 2.2 给出了极化散射矩阵的测量时序图。PolSAR 系统首先发射某一种极化方式的电磁波，在同一时刻接收到一对正交极化回波；随后发射另外一种极化方式的电磁波，同样地同时接收到一组正交极化回波。采用该测量方法的 PolSAR 系统实际上得到的是 4 幅图像，其区别在于接收天线和发射天线的极化方式的组合，分别为：水平极化接收/水平极化发射（HH），水平极化接收/垂直极化发射（HV），垂直极化接收/水平极化发射（VH），垂直极化接收/垂直极化发射（VV）。因此，PolSAR 图像中每个像素的测量结果可以用一个 2×2 的复散射矩阵 S 来表示，如式（2.2）所示，极化散射矩阵 S 也称辛克莱矩阵。

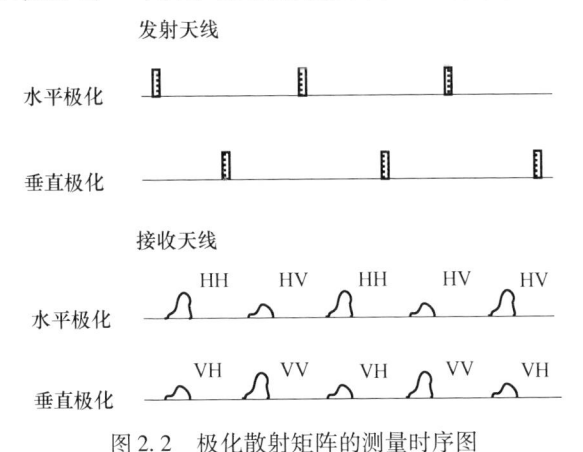

图 2.2 极化散射矩阵的测量时序图

将极化散射矩阵 S 矢量化，可以得到对应的散射矢量，其定义为

$$s = \text{vec}(S^{\text{T}}) = \begin{bmatrix} S_{\text{hh}} \\ S_{\text{hv}} \\ S_{\text{vh}} \\ S_{\text{vv}} \end{bmatrix} \tag{2.3}$$

式中:vec(·)表示列矢量化运算。

如果 PolSAR 成像系统工作在单站后向散射的模式下,根据互易性原理有 $S_{hv}=S_{vh}$,此时散射矢量中的元素减少为 3 个。实际中散射系数 S_{hv} 和 S_{vh} 是由不同的接收机在不同的时刻测量获得的,因此不同系统中热噪声的差异将导致两者的测量结果并不一致。在满足互易性的条件下,我们可以将 S_{hv} 和 S_{vh} 进行平均,从而减小交叉极化通道图像的噪声以提高其信噪比。进行该操作后,极化散射矢量 s 变为

$$s = \begin{bmatrix} S_{hh} & \frac{1}{\sqrt{2}}(S_{hv}+S_{vh}) & S_{vv} \end{bmatrix}^T \tag{2.4}$$

式(2.4)中的系数 $\frac{1}{\sqrt{2}}$ 是为了保持总能量不变,即总能量始终为

$$P_{tot} = |S_{hh}|^2 + |S_{hv}|^2 + |S_{vh}|^2 + |S_{vv}|^2 \tag{2.5}$$

2.2.2 多视协方差矩阵

PolSAR 数据的协方差矩阵可由上节中定义的极化散射矢量与自身的共轭转置矢量的外积求得,协方差矩阵定义为

$$C = s \cdot s^H = \begin{bmatrix} |S_{hh}|^2 & S_{hh}S_{hv}^* & S_{hh}S_{vh}^* & S_{hh}S_{vv}^* \\ S_{hv}S_{hh}^* & |S_{hv}|^2 & S_{hv}S_{vh}^* & S_{hv}S_{vv}^* \\ S_{vh}S_{hh}^* & S_{vh}S_{hv}^* & |S_{vh}|^2 & S_{vh}S_{vv}^* \\ S_{vv}S_{hh}^* & S_{vv}S_{hv}^* & S_{vv}S_{vh}^* & |S_{vv}|^2 \end{bmatrix} \tag{2.6}$$

任何相干成像系统都会受到相干斑噪声的影响,它是由单个分辨单元内多个散射体散射回波的相干叠加形成的。实际中往往通过对邻近像素点的功率进行平均的方式减小相干斑噪声,该过程也称为多视处理。多视处理不仅可以抑制相干斑,还能够保留原有极化信息。多视处理一般基于协方差矩阵进行,该过程如下式所示:

$$C_L = \frac{1}{MN}\sum_{j=1}^{M}\sum_{i=1}^{N} C_{i,j} = \begin{bmatrix} \langle|S_{hh}|^2\rangle & \langle S_{hh}S_{hv}^*\rangle & \langle S_{hh}S_{vh}^*\rangle & \langle S_{hh}S_{vv}^*\rangle \\ \langle S_{hv}S_{hh}^*\rangle & \langle|S_{hv}|^2\rangle & \langle S_{hv}S_{vh}^*\rangle & \langle S_{hv}S_{vv}^*\rangle \\ \langle S_{vh}S_{hh}^*\rangle & \langle S_{vh}S_{hv}^*\rangle & \langle|S_{vh}|^2\rangle & \langle S_{vh}S_{vv}^*\rangle \\ \langle S_{vv}S_{hh}^*\rangle & \langle S_{vv}S_{hv}^*\rangle & \langle S_{vv}S_{vh}^*\rangle & \langle|S_{vv}|^2\rangle \end{bmatrix}$$

$$\tag{2.7}$$

式中:i 和 j 分别表示对距离向和方位向求平均;角括号〈·〉表示空间平均;$L=$

MN 为参与平均的像素点个数,也称名义视图数。由式(2.7)可知多视协方差矩阵为酉对称矩阵,并且矩阵的特性值为非负实数。另外,协方差矩阵的对角元素为实数,其对角元素实际上对应于单 PolSAR 系统中的回波强度。

在互易性条件下,即 $S_{hv} = S_{vh}$ 时,上述的四维协方差矩阵简化为三维协方差矩阵

$$C_L = \begin{bmatrix} \langle |S_{hh}|^2 \rangle & \sqrt{2}\langle S_{hh}S_{hv}^* \rangle & \langle S_{hh}S_{vv}^* \rangle \\ \sqrt{2}\langle S_{hv}S_{hh}^* \rangle & 2\langle |S_{hv}|^2 \rangle & \sqrt{2}\langle S_{hv}S_{vv}^* \rangle \\ \langle S_{vv}S_{hh}^* \rangle & \sqrt{2}\langle S_{vv}S_{hv}^* \rangle & \langle |S_{vv}|^2 \rangle \end{bmatrix} \quad (2.8)$$

2.3 PolSAR 图像统计模型

PolSAR 图像统计建模是进行 SAR 图像解译的基础性研究,对于 PolSAR 图像相干斑抑制、目标检测、图像分割等方面具有重大的指导意义,其目的是通过构建统计分布模型来揭示 PolSAR 图像的统计特性。本节简要介绍各种数据格式下常用的 PolSAR 数据统计模型,并且给出其对应的 PDF。

2.3.1 高斯模型

粗糙面是指起伏程度远大于雷达波长的散射表面。当雷达波束照射到粗糙面时,一个分辨单元内大量散射单元的电磁回波的相干叠加将引起相干斑现象。相干斑的存在使相邻像素间的信号强度发生变化,在视觉上呈现为颗粒状的噪声。由于分辨单元内有大量的散射单元,并且无法准确获得其位置信息,一般来说我们都需要借助统计模型来描述接收到的回波信号。某一时刻雷达接收到的信号可由下式所示的"随机游走"模型来表示:

$$S = \sum_{k=1}^{N} S^{(k)} = \sum_{k=1}^{N} A^{(k)} e^{j\theta(k)} \quad (2.9)$$

式中: $S^{(k)}$ 表示第 k 个散射单元的散射系数,并且其对应的幅度分量为 $A^{(k)}$,相位分量为 $\theta(k) = \angle S^k$;N 表示分辨单元内散射体的个数。

这里我们假设散射回波满足以下 3 个条件:①散射系数的幅度分量 $\{A^{(k)}\}_{k=1}^{N}$ 和相位分量 $\{\theta(k)\}_{k=1}^{N}$ 分别都是独立同分布的;②幅度分量 $A^{(k)}$ 和相位分量 $\theta(k)$ 相互统计独立;③相位分量 $\theta(k)$ 满足 $(-\pi,\pi)$ 上的均匀分布。满足上述条件的相干斑被称为"完全发展的相干斑"。当 $N\to\infty$ 时,根据中心极限定理,散射系数 S 服从复高斯分布,并且其均值为 0,方差为 σ^2。此时,散射系数 S 的 PDF 为

$$f_S(S;\sigma^2) = \frac{1}{\pi\sigma^2}\exp\left(-\frac{S^2}{\sigma^2}\right) \quad (2.10)$$

式中:σ^2 为散射体的平均雷达截面。

在全极化情形下,散射矢量 s 服从均值为 0,协方差矩阵为 $\boldsymbol{\Sigma} = E\{ss^H\}$ 的复高斯分布。协方差矩阵真值 $\boldsymbol{\Sigma}$ 的元素中包含了不同极化通道散射系数间的复互相关系数。这里令 S_i 和 S_k 分别为两个极化通道的复散射系数,并且有 $S_i = x_i + jy_i$ 和 $S_k = x_k + jy_k$。由复高斯分布的循环特性,可得其相关系数存在如下关系:[112]

$$E\{x_ix_k\} = E\{y_iy_k\} \quad (2.11)$$
$$E\{x_iy_k\} = -E\{x_ky_i\} \quad (2.12)$$

上述性质是基于散射回波 3 个假设条件得到的。由上述性质可知其互相关系数存在以下特性:

$$E\{S_iS_k\} = 0 \quad (2.13)$$

因此,可得高斯情形下散射矢量 s 的 PDF 为[113]

$$f_y(s;\boldsymbol{\Sigma}) = \frac{1}{\pi^d|\boldsymbol{\Sigma}|}\exp(-s^H\boldsymbol{\Sigma}^{-1}s) \quad (2.14)$$

这里 d 是复高斯矢量的维数,$\boldsymbol{\Sigma} = E\{ss^H\}$。

下面我们来讨论多视处理后协方差矩阵的 PDF。假设将 L 个相互统计独立维数为 $d \times d$ 的协方差矩阵进行平均,可得多视后的协方差矩阵 $\boldsymbol{C}$ 是非奇异的,其定义域为正定的复厄米特矩阵域 Ω_+。在高斯假设下 $\boldsymbol{Z} = L\boldsymbol{C}$ 服从复 Wishart 分布,记为 $\boldsymbol{Z}:W_d(L,\boldsymbol{\Sigma})$,其 PDF 为

$$f_Z(\boldsymbol{Z};L,\boldsymbol{\Sigma}) = \frac{|\boldsymbol{Z}|^{L-d}\exp(-\mathrm{tr}(\boldsymbol{\Sigma}^{-1}\boldsymbol{Z}))}{\Gamma_d(L)|\boldsymbol{\Sigma}|^L} \quad (2.15)$$

式中:$L \geq d$;$|\cdot|$ 表示矩阵的行列式值运算;$\mathrm{tr}(\cdot)$ 为矩阵的迹运算;$\Gamma_d(L)$ 为多变量伽马函数,其定义为

$$\Gamma_d(L) = \pi^{\frac{1}{2}d(d-1)}\Gamma(L)\cdots\Gamma(L-d+1) \quad (2.16)$$

式(2.16)中 $\Gamma(L)$ 为伽马函数。另外,多视后的协方差矩阵 $\boldsymbol{C}$ 服从归一化的复 Wishart 分布,即 $\boldsymbol{C}:sW_d^C(L,\boldsymbol{\Sigma})$,利用雅克比行列式 $|J_{Z \to C}| = L^{d^2}$ 可得 $\boldsymbol{C}$ 的 PDF 为

$$f_C(\boldsymbol{C};L,\boldsymbol{\Sigma}) = f_Z(L\boldsymbol{C})|J_{Z \to C}| = \frac{L^{Ld}|\boldsymbol{C}|^{L-d}\exp(-L\mathrm{tr}(\boldsymbol{\Sigma}^{-1}\boldsymbol{C}))}{\Gamma_d(L)|\boldsymbol{\Sigma}|^L} \quad (2.17)$$

在上述分布中名义视图数 L 表示参与平均的像素点的个数。实际中为了避免混叠效应并保证距离向和方位向的分辨率,SAR 系统通常采用略微过采样,导致相邻像素点之间存在相关性。由于像素点间存在相关性,为了准确地描述 PolSAR 数据的统计特性,通常采用 ENL 来代替名义视图数。在相干斑完全发展

的均匀区域,ENL 与标准差和均值的比值直接相关。例如,Lee 等研究表明在 AIRSAR 系统中,一幅像素空间相关的 4 视图像的 ENL 接近 3 视[114]。

2.3.2 乘积模型

上节所述的高斯统计模型是基于分辨单元内包含大量随机散射体的粗糙面的散射推导得到的。但是,对于城区、森林和植被等非均匀区域,该假设不再成立,因此需借助非高斯模型来对 PolSAR 图像进行建模。目前,最常用的 PolSAR 图像非高斯模型为乘积模型,该模型将 PolSAR 数据表征为纹理变量和相干斑矢量的乘积。其中纹理变量代表平均雷达散射截面积,而相干斑矢量表示由散射波相干叠加引起的噪声状的变化。对于极化散射矢量 s,乘积模型可表示为

$$s = \sqrt{\tau} y \tag{2.18}$$

式中:标量 τ 为纹理变量;矢量 y 为相干斑矢量。这里一般认为相干斑矢量 y 服从复高斯分布。

实际中我们往往通过将 PolSAR 图像中邻近像素点的协方差矩阵进行平均的方法来抑制相干斑,该方法被称为多视处理。根据极化散射矢量的乘积模型,多视处理后的协方差矩阵可由下式表示:

$$C = \frac{1}{L} \sum_{k=1}^{L} s(k) s^{H}(k) = \frac{1}{L} \sum_{k=1}^{L} \tau(k) y(k) y^{H}(k) \tag{2.19}$$

式中:L 为名义视图数,即进行平均的像素点的个数;k 为第 k 个像素点。由于纹理变量的变化要远慢于相干斑矢量,因此我们往往假设进行多视处理的像素点具有相同的纹理变量,即 $X(k)$ 独立于 k,此时上式可简化为

$$C = \tau Y \tag{2.20}$$

其中

$$Y = \frac{1}{L} \sum_{k=1}^{L} y(k) y^{H}(k) \tag{2.21}$$

式中:Y 为相干斑矢量 y 对应的协方差矩阵,Y 服从归一化 Wishart 分布,其 PDF 如式(2.17)所示。

由于相干斑矢量服从 Wishart 分布,因此乘积模型的分布取决于纹理变量分布模型的选择。常用的纹理变量分布模型有伽马分布、逆伽马分布、Fisher 分布、Beta 分布和逆 Beta 分布等,其对应的乘积模型分别为 K 分布、G0 分布、Kummer-U 分布[48,70,115-117]。这里我们对纹理变量进行了归一化处理,即满足 $E\{\tau\}=1$。进行归一化后,K 分布和 G0 分布中只有 1 个纹理参数,而 Wishart 分布是其特殊情形。K 分布模型适用于一般不均匀区域的统计建模,例如植被、森林等。而 G0

分布模型适用于如城区等极度不均匀区域的统计建模。Kummer-U 分布有 2 个纹理参数,K 分布和 G0 分布是它们的特殊情形。

在确定纹理变量和相干斑矢量的分布后,乘积模型的 PDF 可由下式推导得到,即

$$f_C(\boldsymbol{C}) = \int_0^\infty f_{C|\tau}(\boldsymbol{C} \mid \tau) f_\tau(t) \mathrm{d}t \tag{2.22}$$

式中:$\boldsymbol{C}|\tau : sW_d^C(L,\boldsymbol{\Sigma})$。

下面我们将给出几种常用乘积模型分布类型的统计特性,其中乘积模型的 PDF 基于式(2.22)推导得到。

1) K 分布

当纹理变量服从伽马分布,即 $\tau \sim \gamma(1,\alpha)$ 时,其乘积模型服从 K 分布。伽马分布 $\gamma(\mu,\alpha)$ 的 PDF 为

$$p_\tau(\mu,\alpha) = \frac{1}{\Gamma(\alpha)} \frac{\alpha}{\mu} \left(\frac{\alpha\tau}{\mu}\right)^{\alpha-1} \mathrm{e}^{-\frac{\alpha\tau}{\mu}} \tag{2.23}$$

式中:μ 为尺度参数;α 为伽马分布的形状参数。此时协方差矩阵服从 K 分布,即 $\boldsymbol{C}:K(L,\boldsymbol{\Sigma},\alpha)$,根据式(2.22)可得其 PDF 为

$$f_C(\boldsymbol{C}) = \frac{2|\boldsymbol{C}|^{L-d}(L\alpha)^{\frac{\alpha+Ld}{2}} \mathrm{tr}(\boldsymbol{\Sigma}^{-1}\boldsymbol{C})^{\frac{\alpha-Ld}{2}} K_{\alpha-Ld}(2\sqrt{L\alpha\mathrm{Tr}(\boldsymbol{\Sigma}^{-1}\boldsymbol{C})})}{\Gamma_d(L)\Gamma(\alpha)|\boldsymbol{\Sigma}|^L} \tag{2.24}$$

式中:L 为名义视图数;$\boldsymbol{\Sigma} = E\{\boldsymbol{C}\}$;$\alpha$ 为 K 分布的形状参数;$K_{\alpha-Ld}(\cdot)$ 为 $\alpha-Ld$ 阶的第二类修正贝塞尔函数,其定义为

$$K_v(z) = \frac{\Gamma(v+1/2)(2z)^v}{\sqrt{\pi}} \int_0^\infty \frac{\cos u}{(u^2+z^2)^{v+1/2}} \mathrm{d}u \tag{2.25}$$

2) G0 分布

当纹理变量服从逆伽马分布,即 $\tau \sim \gamma^{-1}((\lambda-1)/\lambda,\lambda)$ 时,其乘积模型服从 G0 分布。逆伽马分布 $\gamma^{-1}(\mu,\lambda)$ 的 PDF 为

$$p_\tau(\mu,\lambda) = \frac{1}{\Gamma(\lambda)} \frac{1}{\lambda\mu} \left(\frac{\lambda\mu}{\tau}\right)^{\lambda+1} \mathrm{e}^{-\frac{\lambda\mu}{\tau}} \tag{2.26}$$

式中:μ 为尺度参数;λ 为形状参数。此时协方差矩阵服从 G0 分布,即 $\boldsymbol{C}:G^0(L,\boldsymbol{\Sigma},\lambda)$,可得其 PDF 为

$$f_C(\boldsymbol{C}) = \frac{L^{Ld}|\boldsymbol{C}|^{L-d}\Gamma(Ld+\lambda)(\lambda-1)^\lambda (L\mathrm{Tr}(\boldsymbol{\Sigma}^{-1}\boldsymbol{C})+\lambda-1)^{-\lambda-Ld}}{\Gamma_d(L)\Gamma(\lambda)|\boldsymbol{\Sigma}|^L} \tag{2.27}$$

3) Kummer-U 分布

当纹理变量服从 Fisher 分布时,其乘积模型服从 Kummer-U 分布,归一化的

Fisher 分布 $\tau \sim \tilde{F}(\xi,\varsigma)$ 的 PDF 为

$$p_\tau(\xi,\varsigma) = \frac{\Gamma(\xi+\varsigma)}{\Gamma(\xi)\Gamma(\varsigma)} \frac{\xi}{\varsigma-1} \frac{\left(\dfrac{\xi t}{\varsigma-1}\right)^{\xi-1}}{\left(\dfrac{\xi t}{\varsigma-1}+1\right)^{\xi+\varsigma}} \tag{2.28}$$

此时协方差矩阵服从 Kummer-U 分布,即 $\boldsymbol{C} : G^0(L,\boldsymbol{\Sigma},\xi,\varsigma)$,其 PDF 为

$$f_C(\boldsymbol{C}) = \frac{L^{Ld}|\boldsymbol{C}|^{L-d}}{\Gamma_d(L)|\boldsymbol{\Sigma}|^L} \frac{\Gamma(\xi+\varsigma)}{\Gamma(\xi)\Gamma(\varsigma)} \frac{\xi}{\varsigma-1} \cdot$$
$$\Gamma(Ld+\varsigma)U(Ld+\varsigma,Ld-\xi+1,L\mathrm{tr}(\boldsymbol{\Sigma}^{-1}\boldsymbol{C})\xi/(\varsigma-1)) \tag{2.29}$$

其中,函数 U 为第二类合流超线几何函数,也称 Kummer-U 函数,其定义为

$$U(a,b,z) = \frac{1}{\Gamma(a)} \int_0^\infty e^{-zu} u^{a-1}(1+u)^{b-a-1}\mathrm{d}u \tag{2.30}$$

2.4 PolSAR乘积模型的对数累积量

特征函数(Characteristic Function,CF)是研究随机变量 PDF 的一个重要工具。有些随机变量要确定其分布比较困难,但是其特征函数却可能比较简单。平常所指的特征函数实际上是随机变量 PDF 的逆傅里叶变换。文献[87]中 Nicolas 提出了用 Mellin 变换代替傅里叶变换来分析随机变量的分布,该方法在单 PolSAR 参数估计和拟合度(Goodness of Fit,GoF)等领域效果显著。Anfinsen 等将该方法扩展到全极化领域,推导了矩阵变量 Mellin 变换及其性质,并且指出基于矩阵变量 Mellin 变换的第二类对数累积量在 PolSAR 图像参数估计和假设检验等领域有很大的应用潜力。本节主要给出矩阵变量的 Mellin 变换及其对数累积量的定义,并推导乘积模型的对数累积量的性质。本节的内容为后续的参数估计和模型辨识等方法提供了理论支撑。

2.4.1 基于矩阵 Mellin 变换的统计量及其性质

对于随机变量 $X \in R^+$,定义其基于 Mellin 变换的特征函数(Mellin Characteristic Function,MCF)为[118]

$$\phi_X(s) = E\{x^{s-1}\} = \mathcal{M}\{p_X(x)\}(s) = \int_0^\infty x^{s-1}p(x)\mathrm{d}x \tag{2.31}$$

式中:$p(x)$ 为随机变量 X 的 PDF。其对应的逆变换为

$$p(x) = \mathcal{M}^{-1}\{\phi_X(s)\}(x) = \int_{a-i\cdot\infty}^{a+i\cdot\infty} x^{-s}\phi_X(s)\mathrm{d}s \tag{2.32}$$

对于PolSAR图像,其研究对象为协方差矩阵。假设$f(\boldsymbol{C})$的定义域为维数$d \times d$的正定复厄米特矩阵,并且满足对称性$f(\boldsymbol{CV}) = f(\boldsymbol{VC})$,则基于矩阵变量Mellin变换的特征函数定义为

$$\phi_{\boldsymbol{C}}(s) = E\{|\boldsymbol{C}|^{s-d}\} = \mathcal{M}\{p_{\boldsymbol{C}}(\boldsymbol{C})\}(s) = \int_{\Omega_+} \boldsymbol{C}^{s-d} p(\boldsymbol{C}) \mathrm{d}\boldsymbol{C} \quad (2.33)$$

对上述基于Mellin变换的特征函数在$s=1$处求各阶导,可得对数矩

$$\mu_v\{\boldsymbol{C}\} = \frac{d^v}{ds^v} \phi_{\boldsymbol{C}}(s) \bigg|_{s=d} \quad (2.34)$$

如果所有阶的对数矩都存在,则基于Mellin变换的特征函数可展开为

$$\phi_{\boldsymbol{C}}(s) = \int_{\Omega_+} \mathrm{e}^{(s-d)\ln|\boldsymbol{C}|} p(\boldsymbol{C}) \mathrm{d}\boldsymbol{C} = \sum_{v=0}^{\infty} \frac{(s-d)^v}{v!} \mu_v\{\boldsymbol{C}\} \quad (2.35)$$

由式(2.35)的推导过程可得

$$\mu_v\{\boldsymbol{C}\} = E\{(\ln|\boldsymbol{C}|^v)\} = \int_{\Omega_+} (\ln|\boldsymbol{C}|)^v p(\boldsymbol{C}) \mathrm{d}\boldsymbol{C} \quad (2.36)$$

由式(2.36)可知$\mu_v\{\boldsymbol{C}\}$实际上等于行列式值取对数后的均值,这也是我们将$\mu_v\{\boldsymbol{C}\}$称为矩阵对数矩(Matrix Log Moment,MLM)的原因。

累积量产生函数(Cumulant Generating Function,CGF)定义为

$$\varphi_{\boldsymbol{C}}(s) = \ln \phi_{\boldsymbol{C}}(s) \quad (2.37)$$

因此,基于Mellin变换的矩阵对数累积量可表示为

$$k_v\{\boldsymbol{C}\} = \frac{d^v}{ds^v} \varphi_{\boldsymbol{C}}(s) \bigg|_{s=d} \quad (2.38)$$

其逆变换为

$$\varphi_{\boldsymbol{C}}(s) = \sum_{v=0}^{\infty} \frac{(s-d)^v}{v!} k_v\{\boldsymbol{C}\} \quad (2.39)$$

对数累积量可由对数矩计算得到,其公式为[119]

$$k_v\{\boldsymbol{C}\} = \mu_v\{\boldsymbol{C}\} - \sum_{i=1}^{v-1} \binom{v-1}{i-1} k_v\{\boldsymbol{C}\} \mu_{v-i}\{\boldsymbol{C}\} \quad (2.40)$$

其逆变换为

$$\mu_v\{\boldsymbol{C}\} = B_v(k_1\{\boldsymbol{C}\}, \cdots, k_v\{\boldsymbol{C}\}) \quad (2.41)$$

式中:$B_v(\cdot)$为v阶完全Bell多项式[120]。

基于协方差矩阵Mellin变换的统计量之间的关系如图2.3所示,图中以协方差矩阵的概率分布为起点,给出了各统计量之间的内在联系。该图是本书中基于对数累积量的统计分布辨识、参数估计和模型拟合度分析等研究的基础。

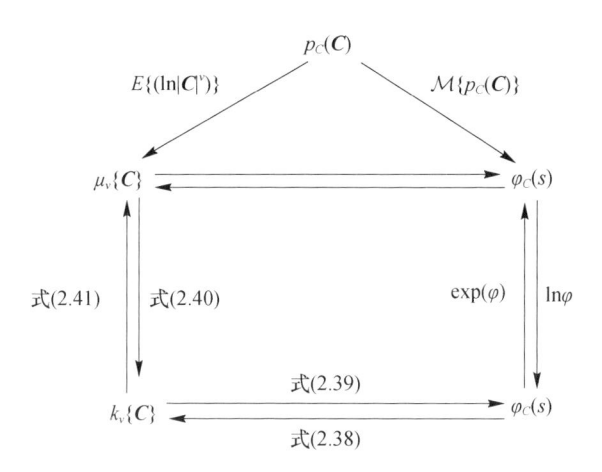

图 2.3 矩阵 Mellin 变换的统计量之间的关系

下面讨论 Mellin 变换及其统计量的性质。假设 $f(U)$ 和 $g(V)$ 的定义域都为正定的复厄米特矩阵,并且满足交换律 $f(UV)=f(VU)$,则矩阵变量的 Mellin 卷积定义为

$$(f \hat{*} g)(U) = \int_{\Omega_+} |V|^{-d} g(V^{-1/2} U V^{-1/2}) f(V) dV \qquad (2.42)$$

矩阵变量 Mellin 卷积具有如下性质:

$$\mathcal{M}\{(f \hat{*} g)(U)\}(s) = \mathcal{M}\{f(U)\}(s) \mathcal{M}\{g(U)\}(s) \qquad (2.43)$$

考虑如下乘积模型:

$$X = UV \qquad (2.44)$$

式中:U、V、X 都为正定的复厄米特矩阵。根据式(2.22)可得乘积模型的 PDF 为

$$\begin{aligned} p_X(X) &= \int_{\Omega_+} p_{X|V}(X|V) p_V(V) dV = \\ & \int_{\Omega_+} |V|^{-d} p_U(V^{-1/2} X V^{-1/2}) p_V(V) dV = \\ & (p_U \hat{*} p_V)(X) \end{aligned} \qquad (2.45)$$

由式(2.45)和式(2.43)以及矩阵 Mellin 变换的统计量之间的关系,可得对于如式(2.44)所示的乘积模型,其基于矩阵变量 Mellin 变换的各种统计量之间存在如下关系:

$$\phi_X(s) = \phi_U(s) \cdot \phi_V(s) \qquad (2.46)$$

$$\varphi_X(s) = \varphi_U(s) + \varphi_V(s) \qquad (2.47)$$

$$k_v\{X\} = k_v\{U\} + k_v\{V\} \qquad (2.48)$$

2.4.2 PolSAR图像乘积模型的对数累积量

我们注意到,如果假设 $\boldsymbol{T} = \tau \boldsymbol{I}_d$,其中 $\boldsymbol{I}_d$ 是维数为 $d \times d$ 的单位矩阵,那么式(2.20)PolSAR图像的乘积模型,可转变为两个矩阵变量的乘积,即

$$\boldsymbol{C} = \boldsymbol{TY} \tag{2.49}$$

矩阵变量 $\boldsymbol{T}$ 和变量 τ 的 Mellin 变换特征函数之间存在如下关系:

$$\phi_T(s) = \phi_\tau(d(s-d)+1) \tag{2.50}$$

利用式(2.34)和式(2.38)可知,矩阵变量 $\boldsymbol{T}$ 和变量 τ 的对数矩以及对数累积量的关系如下:

$$\mu_v\{\boldsymbol{T}\} = d^v \mu_v\{\tau\} \tag{2.51}$$

$$k_v\{\boldsymbol{T}\} = d^v k_v\{\tau\} \tag{2.52}$$

根据式(2.20)所示的乘积模型,利用式(2.48)和式(2.52),可得协方差矩阵的对数累积量可分解为

$$k_v\{\boldsymbol{C}\} = d^v k_v\{\tau\} + k_v\{\boldsymbol{Y}\} \tag{2.53}$$

对数累积量可由对数矩计算得到,见式(2.40),这里给出前三阶对数累积量关于对数矩的表达式为

$$k_1\{\boldsymbol{C}\} = \mu_1\{\boldsymbol{C}\} \tag{2.54}$$

$$k_2\{\boldsymbol{C}\} = \mu_2\{\boldsymbol{C}\} - \mu_1^2\{\boldsymbol{C}\} \tag{2.55}$$

$$k_3\{\boldsymbol{C}\} = \mu_3\{\boldsymbol{C}\} - 3\mu_1\{\boldsymbol{C}\}\mu_2\{\boldsymbol{C}\} + 2\mu_1^3\{\boldsymbol{C}\} \tag{2.56}$$

对于PolSAR实测数据,协方差矩阵的样本对数累积量 $\langle k_v\{\boldsymbol{C}\}\rangle$ 同样可由样本的对数矩 $\langle \mu_v\{\boldsymbol{C}\}\rangle$ 计算得到,其中 $\langle \mu_v\{\boldsymbol{C}\}\rangle$ 的计算公式如下:

$$\langle \mu_v\{\boldsymbol{C}\}\rangle = \frac{1}{N}\sum_{i=1}^{N}(\ln|\boldsymbol{C}_i|)^v \tag{2.57}$$

式中,$\{\boldsymbol{C}_1, \boldsymbol{C}_2, \cdots, \boldsymbol{C}_N\}$ 为样本协方差矩阵;N 为协方差矩阵的样本数。

2.5 基于对数累积量的PolSAR图像统计模型辨识方法

由2.3节的分析可知,乘积模型中纹理分量统计分布模型的选择直接影响到数据拟合的准确性。因此,针对特定区域如何选择合适的纹理变量统计模型的问题是本节的研究重点。李旭涛等提出了根据 α 稳定分布的模型参数来辨识雷达杂波统计模型的方法,该方法的缺点是对参数估计的精度要求高并且计

算复杂[121]。斜度和峭度常用来辨识模型的分布,其实质是基于矩特征的模型辨识[78,122]。Anfinsen 等基于 Mellin 变换的对数累积量取代斜度和峭度,提出了基于二阶和三阶 MLC(k_2/k_3)统计模型的假设检验方法,结果表明其检验效果要优于矩的方法[92]。但是该方法存在的问题是无法自动识别统计模型,并且只讨论了 K 分布和 G0 分布的情形。另外,Bombrum 等指出用 5 种纹理分量统计分布可以覆盖整个 k_2/k_3 平面[78]。

本节提出了一种基于 k_2/k_3 的PolSAR图像统计模型无监督辨识方法,该方法首先将 k_2/k_3 平面着色,然后将PolSAR数据投射到该平面上,根据像素点对应的颜色来辨识其对应的统计分布模型。并用仿真数据和实测数据实验分析了不同滑窗大小下的统计模型辨识,结果表明该方法能实现对图像中不同区域分布模型的有效辨识。新方法的优点是对全图中各区域的统计模型有简洁、宏观的辨识结果,能为后续的分类识别和目标检测等图像解译手段提供重要支撑。

2.5.1 PolSAR图像经典统计模型的对数累积量

从式(2.53)可以看到,基于协方差矩阵的 Mellin 变换可将纹理变量和高斯分布模型相干斑变量的乘积转换为其对应的对数累积量之和。由式(2.17)可知相干斑分量 Y 服从归一化 Wishart 分布,即 $Y:sW_d^C(L,\Sigma)$,其对数累积量为[91]

$$\begin{cases} k_1\{Y\} = \psi_d^{(0)}(L) + \ln|\Sigma| - d\ln L \\ k_v\{Y\} = \psi_d^{(v-1)}(L), v>1 \end{cases} \quad (2.58)$$

式中,矩阵 Y 的维数为 $d \times d$,$\psi_d^{(v)}(L)$ 为 v 阶多变量 polygamma 函数,其定义为

$$\psi_d^{(v)}(L) = \sum_{i=0}^{d} \psi^{(v)}(L-i) \quad (2.59)$$

将式(2.58)代入式(2.53),可得协方差矩阵 C 的对数累积量为[91]

$$\begin{cases} k_1\{C\} = \psi_d^{(0)}(L) + \ln|\Sigma| - d(\ln L - k_1\{\tau\}) \\ k_v\{C\} = \psi_d^{(v-1)}(L) + d^v k_v\{\tau\}, v>1 \end{cases} \quad (2.60)$$

由式(2.60)可知,只要得到纹理分量的对数累积量,就能推导得到整个协方差矩阵的对数累积量。表 2.1 给出了 5 种常用的纹理分量分布模型的对数累积量,即伽马分布、逆伽马分布、Fisher 分布、Beta 分布和逆 Beta 分布,其对应的乘积模型分别为 K 分布、G0 分布、Kummer-U 分布、W 分布和 M 分布。其中在 2.2 节中已经给出了前 3 种分布的 PDF。最近也得到了 W 分布和 M 分布 PDF 的解析表达式,并且其对数累积量的形式相对较简单。注意这里同样对纹理分量的均值进行了归一化,即 $E\{\tau\} = 1$。

表 2.1 常用纹理分布的对数累积量

纹理分量分布类型	纹理分量对数累积量($k_v \mid \tau$)	乘积模型分布类型
伽马分布	$k_1 = \psi^{(0)}(\alpha) - \ln\alpha$ $k_v = \psi^{(v-1)}(\alpha), v > 1$	K 分布 $K(L, \Sigma, \alpha)$
逆伽马分布	$k_1 = -\psi^{(0)}(\lambda) + \ln(\lambda - 1)$ $k_v = (-1)^v \psi^{(v-1)}(\lambda), v > 1$	G0 分布 $G(L, \Sigma, \lambda)$
Fisher 分布	$k_1 = \psi^{(0)}(\alpha) - \ln\alpha - \psi^{(0)}(\lambda) + \ln(\lambda - 1)$ $k_v = \psi^{(v-1)}(\alpha) + (-1)^v \psi^{(v-1)}(\lambda), v > 1$	Kummer-U 分布 $U(L, \Sigma, \alpha, \lambda)$
Beta 分布	$k_1 = \psi^{(0)}(\alpha) - \ln\alpha - \psi^{(0)}(\lambda) + \ln(\lambda - 1)$ $k_v = \psi^{(v-1)}(\alpha) - \psi^{(v-1)}(\lambda), v > 1$	W 分布 $W(L, \Sigma, \alpha, \lambda)$
逆 Beta 分布	$k_1 = -\psi^{(0)}(\alpha) + \ln(\alpha - 1) + \psi^{(0)}(\lambda) - \ln(\lambda - 1)$ $k_v = (-1)^v [\psi^{(v-1)}(\alpha) - \psi^{(v-1)}(\lambda)], v > 1$	M 分布 $M(L, \Sigma, \alpha, \lambda)$

2.5.2 基于对数累积量的模型辨识方法

图 2.4 给出了 5 种常用的纹理分量分布以及 Wishart 分布的二、三阶对数累积量覆盖范围，从图中可以看出这 5 种分布刚好可以覆盖整个 k_2/k_3 平面。图中的原点为 Wishart 分布，伽马分布和逆伽马分布只有一个纹理参数，其覆盖范围分别为一条曲线。Fisher 分布、Beta 分布和逆 Beta 分布的覆盖范围为二维平面。

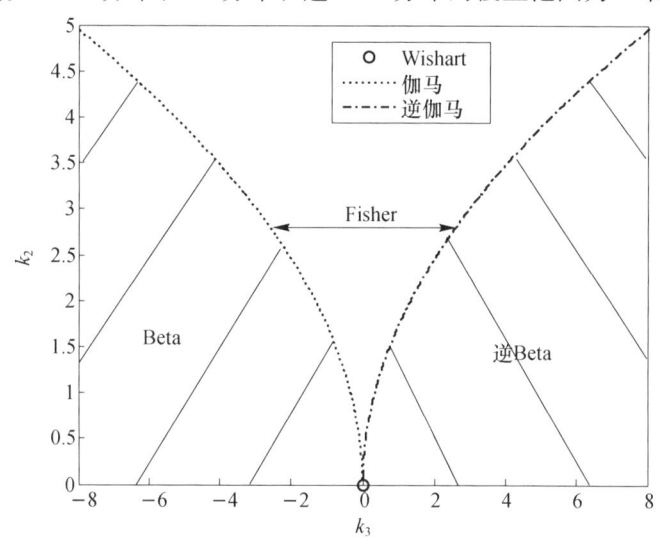

图 2.4 常用纹理分布的 k_2/k_3 平面覆盖情况（见彩图）

从图 2.4 可以看出，表 2.1 所列的 5 种分布其 k_2/k_3 参数差异明显。Anfinsen 等用 k_2/k_3 参数对选定的区域进行统计模型的假设检验，结果表明其效果明显优于单通道的 K-S 检验和 χ^2 检验等方法[92]。这里基于各分布的对数累积量覆盖范围的差异,提出了一种基于 k_2/k_3 的 PolSAR 图像统计模型无监督辨识方法,该方法能为图像的统计建模和参数估计提供关键的信息支持。基于对数累积量的模型辨识方法的基本思想是:首先将纹理分量对数累积量 k_2/k_3 平面进行着色,然后将 PolSAR 数据投射到该平面上,根据像素点所在的区域颜色可分辨出其对应的分布模型。

图 2.5 给出了 k_2/k_3 平面的着色方案。这里去除了相干斑分量的影响,因此 Wishart 分布一直在原点位置,与 L 的取值无关。结合图 2.4 可以看出 K 分布和 Beta 分布区域偏蓝色,G0 分布和逆 Beta 分布偏红色,Fisher 分布靠近 K 分布的区域偏绿色,其靠近 G0 分布区域偏桔黄色。

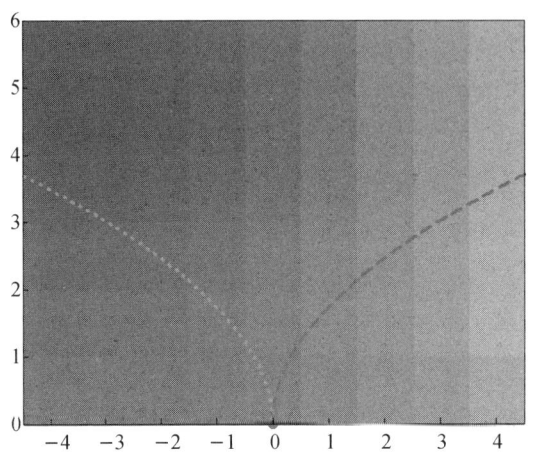

图 2.5 k_2/k_3 平面着色方案(见彩图)

2.5.3 仿真数据分析

下面用仿真数据实验对本节给出的基于对数累积量的模型辨识方法进行分析。图 2.6 给出了 PolSAR 仿真数据的各区域分布及其在 k_2/k_3 平面上的位置。仿真图像的大小为 500×500,视图数为 $L=10$。如图 2.6(a)所示,区域 A 和 B 分别为 $\alpha = 12$ 和 $\alpha = 3$ 的 K 分布数据,区域 C 为 $\lambda = 8$ 的 G0 分布数据,区域 D 为 Wishart 分布数据。区域 E、F、G 为 $\lambda = 3$ 的 G0 分布数据,其大小分别为 100×30,100×100 和 30×100。图 2.6(b)给出了各区域仿真数据在 k_2/k_3 平面上的位置,图中椭圆形的圈为显著性水平 $\alpha_c = 0.05$,样本数为 512 时的置信区间。图中越靠近 Wishart 分布表示该区域的分布越均匀。

图 2.7 给出了不同滑窗大小 k 下 PolSAR 仿真数据的模型辨识结果,窗口大小分别为 $k = \{3,7,11,15\}$。从图中可以看出基于对数累积量的模型辨识方法

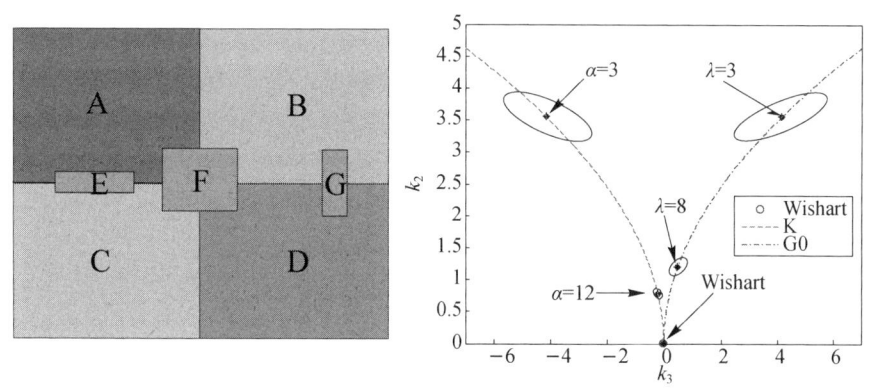

第 2 章　PolSAR 图像经典统计模型及其辨识方法

(a) 仿真数据分布情况，区域A和B分别为 $\alpha=12$ 和 $\alpha=3$ 的K分布数据，区域C为 $\lambda=8$ 的 G0分布数据，区域D为Wishart分布数据。区域E、F、G为 $\lambda=3$ 的G0分布数据

(b) 各区域仿真数据在 k_2/k_3 平面上的位置，图中椭圆形的圈为显著性水平 $\alpha_c=0.05$，样本数为512时的置信区间

图 2.6　PolSAR仿真数据（见彩图）

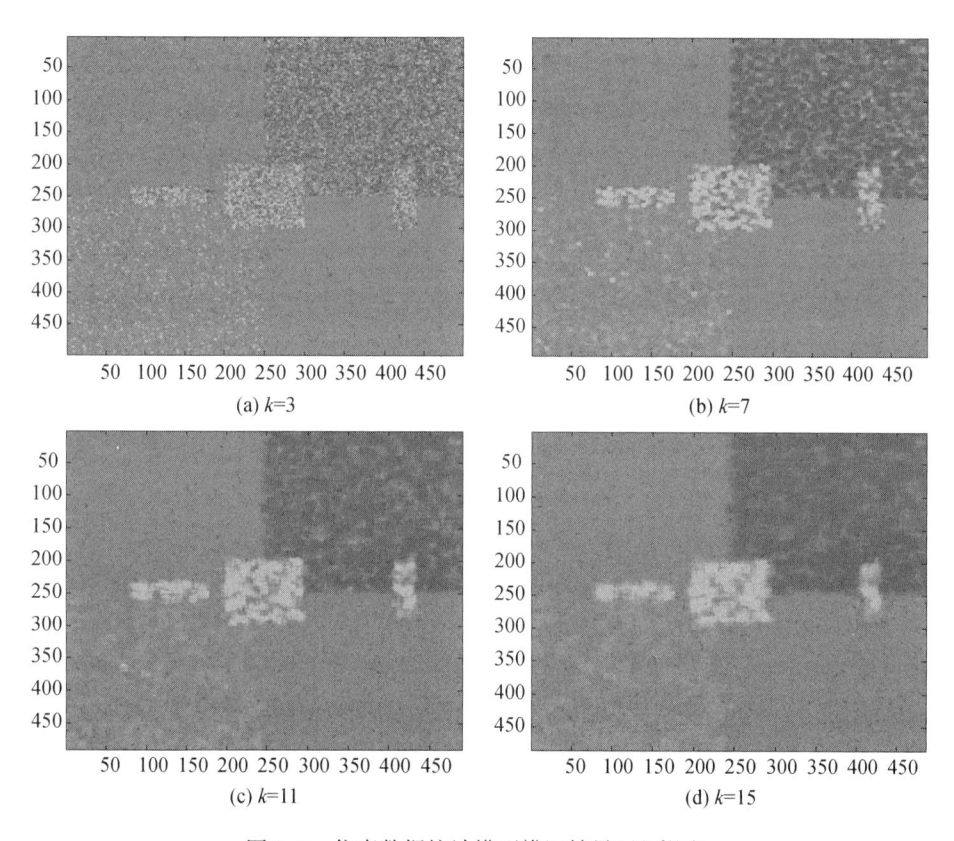

(a) $k=3$

(b) $k=7$

(c) $k=11$

(d) $k=15$

图 2.7　仿真数据统计模型辨识结果（见彩图）

的有效性。下面讨论滑窗大小 k 对辨识结果的影响。一方面,各区域的辨识结果随着窗口的增大而变优,这是因为样本点数的增多使得对数累积量的估计方差减小。另一方面,滑窗变大会使得各区域的边缘出现模糊。实际中最优窗口大小的选择取决于图像本身的特性,当图像中不同分布类型的区域较集中时,宜采用大的 k 值。

2.5.4 实测数据分析

下面用PolSAR实测数据对基于对数累积量的模型辨识方法进行分析。由于实测数据像素点之间存在相关性,这里以 ENL 代替名义视图数,ENL 采用基于迹的参数估计方法得到[123]。图 2.8 给出了 San Francisco 地区 L 波段 PolSAR实测数据的模型辨识结果,该实测数据由 AIRSAR 系统在 1988 年获得获取,分辨率为 $10m \times 10m$。ENL 的估计值为 5.6。图 2.8(a) Pauli 分解 RGB 合成图可作为参照,图 2.8(b~d)分别给出了滑窗 $k = \{3,7,11\}$ 时的辨识结果,可以看出 $k = 3$ 时,噪声状的点较多。随着窗口值的增大,当 $k = 11$ 时,辨

(a) Pauli分解RGB图

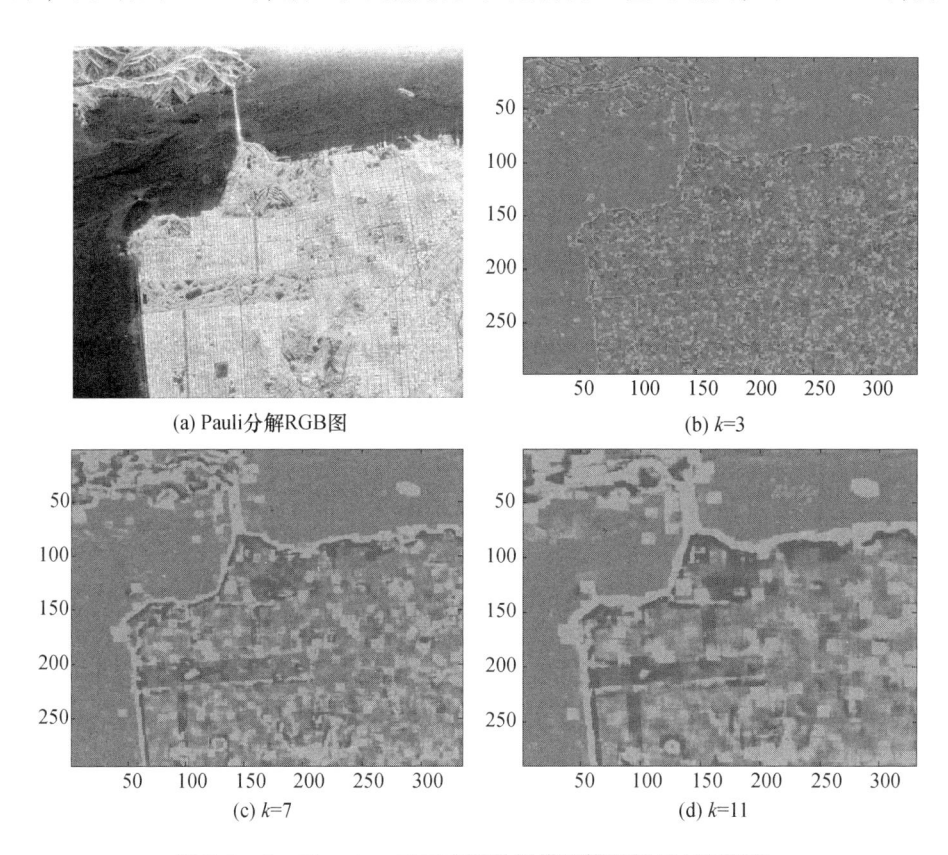

(b) $k=3$

(c) $k=7$

(d) $k=11$

图 2.8 San Francisco 地区实测数据模型辨识结果(见彩图)

识效果最好,但是边缘变模糊。该图像中间长条形的金门公园以及其它植被区域主要为绿色,说明其靠近 K 分布区域;海洋区域主要为蓝色,说明其接近 Wishat 分布;另外城区等极不均匀区域主要为红色,靠近形状参数较小的 G0 分布区域。

图 2.9 给出了 ESAR 系统获取的 Oberpfaffenhofen 地区实测数据模型辨识结果,分辨率为 3m×3m,ENL 为 5.5。图 2.9(a) 为 Pauli 分解 RGB 合成图,图 2.9(b~d) 分别给出了滑窗 $k=\{3,7,11\}$ 时的辨识结果。不同窗口大小 k 的辨识结果比较与图 2.8 类似。从图 2.9(d) 中可以看出,植被区域主要为浅蓝色,靠近代表均匀区域的 Wishart 分布;部分森林为绿色,靠近 K 分布;中间和右边部分的城区主要为红色,靠近代表极不均匀区域的 λ 较小时的 G0 分布。

(a) Pauli分解RGB图　　(b) $k=3$

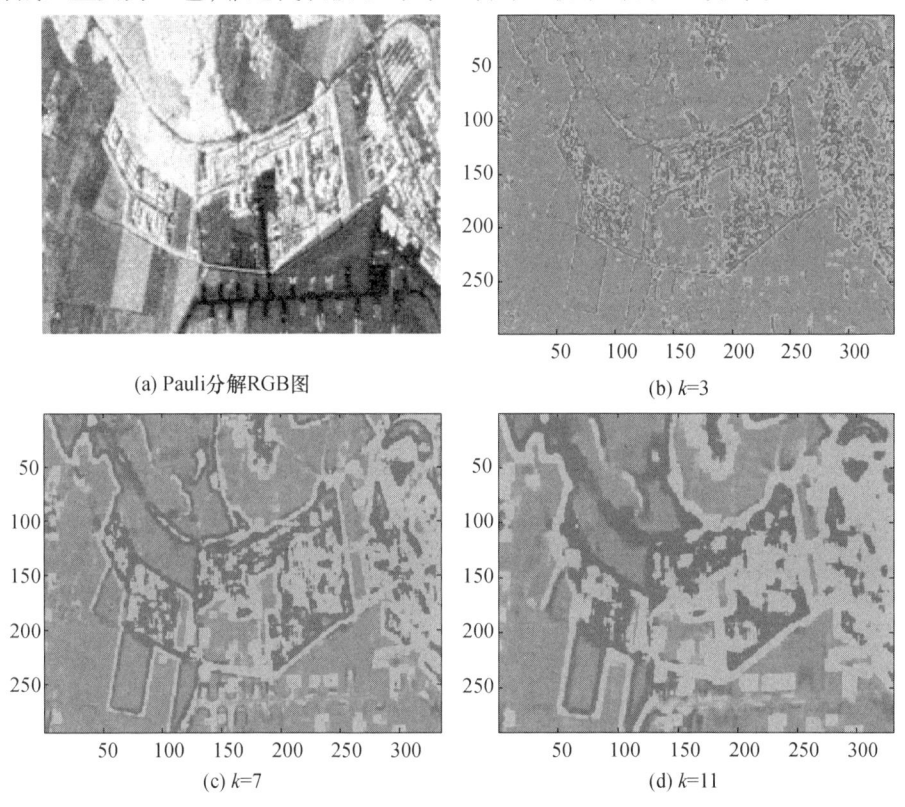

(c) $k=7$　　(d) $k=11$

图 2.9　Oberpfaffenhofen 地区实测数据模型辨识结果(见彩图)

从上述的仿真和实测数据的模型辨识结果可以看出,基于对数累积量的模型辨识方法可以有效地区分不同分布类型的区域。另外对比两幅图的结果可以看出,由于 Oberpfaffenhofen 图像的分辨率较高,该图中服从相同统计分布的区域内的像素点的点数较多,因此其辨识效果要要优于 San Francisco 图像。

2.6 本章小结

本章首先介绍了PolSAR数据的表征形式,主要给出了极化散射矩阵和其高阶矩形式的协方差矩阵的定义。其次,介绍了极化协方差矩阵的经典统计分布模型,并给出了几种常用模型的PDF。然后,给出了基于矩阵变量的Mellin变换及其对数累积量的定义和性质,并将其应用到乘积模型,为后续的参数估计和模型辨识等方法提供了理论支撑。最后,以对数累积量为基础,提出了基于二阶和三阶MLC的PolSAR图像统计模型无监督辨识方法。该方法通过将k_2/k_3平面着色,根据像素点对应的颜色来辨识其对应的统计分布模型。新方法的优点是对全图中各区域的统计模型有简洁、宏观的辨识结果,能为后续的分类识别和目标检测等图像解译手段提供重要支撑。

第 3 章
PolSAR 图像统计建模方法研究

3.1 PolSAR图像统计建模概述

　　相干斑噪声处理的基础是其统计特性的准确获取。在中低分辨条件下相干斑一般服从满足中心极限定理的高斯分布(幅度瑞利分布)[124-126]。随着现代雷达频率和分辨率的不断提高,分辨单元内散射点数目较少或者有显著散射点的雷达后向散射回波往往具有长拖尾的分布特性,因此雷达目标散射不再服从高斯分布,需要借助非高斯数学模型来刻画地海散射的统计特性。伽马分布、对数正态分布和 Weibull 分布等非高斯分布常常用来描述这种目标散射的起伏特性[48,65],这3种分布都可以视作是广义伽马分布函数的特例。Li 提出了一种基于广义伽马分布的合成孔径雷达统计模型[66],该模型适用性较强,但是没有封闭的解析表达式也不具备做多视数据处理的能力。

　　另一种非高斯分布是第 2 章中所讨论的多变量乘积模型,由于它在PolSAR信息处理中具有明确的物理内涵和简便的全极化处理能力而备受关注,已被广泛应用在长尾杂波的建模、信号处理以及数据分析等领域[127]。该模型表明雷达后向散射矩阵等价于满足有限方差中心极限定理的相干斑高斯噪声散射矩阵与地面纹理分量(后向散射系数)的乘积[127]。如果将广义伽马分布看作多变量乘积模型的地面纹理分量[128],其构成的极化 L 分布乘积模型将更具普适性,拥有更广阔的应用前景[127]。在海洋、城区等复杂不均匀区域,由广义逆高斯分布作为纹理分量构成的极化 G 分布乘积模型已经被证明具有良好的拟合精度,且 G 分布具有便于理论分析的闭合解析表达式[73]。但是关于参数快速准确估计方法、极化 L 分布和极化 G 分布的区别与联系以及它们在PolSAR目标检测中的实际应用等重要问题尚未解决。

　　另外,高分辨雷达照射下由于陆海特别是海面散射回波随时间和空间的起伏变化较快,回波一般具有尖峰和长拖尾特性,使得常规的 K 分布等多变量模型在信号处理中的可靠性下降[129,130]。3.2 节中所讨论的具有尖峰和长拖尾特性的稳定分布是满足广义中心极限定理的唯一的一类分布,并且能够保持自然噪声过程的产生机制和传播条件,从而在相关领域备受关注[131]。

本章的主要研究目标是寻求一种更具鲁棒性的PolSAR图像普适统计模型及基于普适模型的参数估计方法。本章以极化L分布和重尾瑞利分布对PolSAR图像进行统计建模,借助极化对数空间理论,提出了基于对数累积量的参数估计方法。以高斯分布、K分布作为基准对象进行性能对比,并借助仿真数据和实测数据分析验证了新模型的普适性和参数估计方法的有效性。

本章的结构安排如下:3.2节对目前用来统一目标纹理分量后向散射统计特性的3类复杂纹理分布统计模型进行了概述。分析了3类分布的PDF闭合性、矩特征和对数累积量等特性。3.3节用GΓD对纹理分量进行建模,得到了PolSAR图像L分布乘积模型。推导了L分布基于MLC的参数估计方法,用仿真数据和实测数据验证了L分布模型及其参数估计的正确性。3.4节用具有尖峰和长拖尾特性的重尾瑞利分布对PolSAR图像进行建模。推导了重尾瑞利分布基于MLC的参数估计方法,并用仿真数据和实测数据进行了验证。

3.2 3类复杂纹理分布统计模型特征分析

目前用来统一目标纹理分量后向散射统计特性的统计模型包含3类:一类分布是广义逆伽马分布(GIG),乘积模型为极化G分布模型[73];另一类是本章第3节所采用的广义伽马分布(GΓD),乘积模型为极化L分布模型;最后一类是本章第4节采用的用来描述尖峰和重尾特性的正值稳定分布(P&S)[42,132]。常用的目标后向散射截面积的PDF一般为上述3类复杂分布的特例。本节将在PDF的闭合性、矩特征和MLC特性等几个方面给出用这3类分布描述目标纹理特性时各自的特点(见表3.1)。

表3.1 常用复杂纹理分布的特点比较

	矩特征 $E(x_I^k)$	对数累积量 k_j
GΓD	$\dfrac{1}{\Gamma(v)}a^k\Gamma\left(\dfrac{k}{p}+v\right)$ [133]	$\begin{cases} k_1 = \dfrac{\Psi(0,v)}{p} + \ln a \\ k_j = \dfrac{\Psi(j-1,v)}{p^j} \end{cases}$
GIG	$\left(\dfrac{\gamma}{\lambda}\right)^{k/2}\dfrac{K_{\alpha+k}(\sqrt{\gamma\lambda})}{K_\alpha(\sqrt{\gamma\lambda})}$	很难得到解析解,但是可以得出其数值解
PαS	$\dfrac{\gamma^{\frac{k}{\alpha}}\sin(\pi k)\Gamma(s)\left(1+\left(\tan\dfrac{\pi\alpha}{2}\right)^2\right)^{\frac{k}{2\alpha}}}{\alpha\sin\left(\dfrac{\pi k}{\alpha}\right)\Gamma\left(1+\dfrac{k}{\alpha}\right)}$	$k_1 = -\dfrac{1-\alpha}{\alpha}\psi(1) - \dfrac{\log\left(\cos\left(\dfrac{\pi\alpha}{2}\right)\right)}{\alpha} + \dfrac{\log\gamma}{\alpha} \quad j=1$ $k_j = (-1)^j\dfrac{1-\alpha^j}{\alpha^j}\psi^{(j-1)}(1) \quad j>1$

(续)

	矩特征 $E(x_I^k)$	对数累积量 k_j
PαS 特殊情形	$\dfrac{\sin(\pi k)\Gamma(k+1)}{\alpha\sin\left(\dfrac{2\pi k}{\alpha}\right)\Gamma\left(1+\dfrac{2k}{\alpha}\right)}$	$k_1 = -\dfrac{2-\alpha}{\alpha}\psi(1) \quad j=1$ $k_j = (-1)^j\dfrac{2^j-\alpha^j}{\alpha^j}\psi^{(j-1)}(1) \quad j>1$
重尾瑞利	$\dfrac{2^{2k+1}\Gamma(s)\gamma^{\frac{2k}{\alpha}}\Gamma\left(\dfrac{-2k}{\alpha}\right)}{\Gamma(-k)\alpha}$	$k_1 = 2\left(1-\dfrac{1}{\alpha}\right)\psi(1)+\ln 4\gamma^{\frac{2}{\alpha}} \quad r=1$ $k_j = \left((-1)^j\dfrac{2^j-\alpha^j}{\alpha^j}+1\right)\psi^{(j-1)}(1) \quad r>1$

广义逆伽马分布的 PDF 为

$$f_{\mathrm{GIG}}(x) = \frac{(\lambda/\gamma)^{\alpha/2}}{2K_\alpha(\sqrt{\lambda\gamma})}x^{\alpha-1}\exp\left(-\frac{1}{2}\left(\lambda x + \frac{\gamma}{x}\right)\right) \tag{3.1}$$

式中, $\lambda \geq 0, \gamma \geq 0, x > 0$。

正值稳定分布是 α 稳定分布的特殊形式,其 PDF 记为 $S_\alpha(\sigma,-1,0)$。其中 $S_\alpha(\sigma,\beta,\mu)$ 为 α 稳定分布函数。α 稳定分布的 PDF 没有闭合的表达式,但是特征函数有简单的表达形式,即[87]

$$\phi(\omega) = E[\exp(j\omega x)] = \begin{cases} \exp\left\{j\mu\omega - \sigma^\alpha|\omega|^\alpha\left(1+j\beta\mathrm{sgn}(\omega)\tan\dfrac{\pi\alpha}{2}\right)\right\} & \alpha \neq 1 \\ \exp\left\{j\mu\omega - \sigma|\omega|\left(1+j\beta\mathrm{sgn}(\omega)\dfrac{2}{\pi}\ln|\omega|\right)\right\} & \alpha = 1 \end{cases}$$

(3.2)

此时 $-\infty < \mu < \infty$, $\sigma > 0$, $0 < \alpha \leq 2$, $-1 < \beta < 1$, $\gamma = \sigma^\alpha$。

重尾瑞利分布一般描述的是回波幅度的概率密度函数,其强度 PDF 表达式为[42]

$$f_{\alpha,\sigma}(x) = \frac{1}{2}\int_0^\infty s\exp(-\sigma^\alpha s^\alpha)\mathrm{J}_0(s\sqrt{x})\mathrm{d}s \tag{3.3}$$

$\mathrm{J}_0(g)$ 是第一类零阶贝塞尔函数。

重尾瑞利分布一般可以看作独立正值稳定分布与瑞利分布的乘积,此时的正值稳定分布特例为

$$T \sim S_{\alpha/2}\left(\cos\left(\frac{\pi\alpha}{4}\right)^{2/\alpha}, -1, 0\right) \tag{3.4}$$

表 3.1 中对数累积量的推导可参考积分手册[133]。虽然有些分布的 PDF 不是闭合的,但是其计算并不比特殊函数复杂,本质上特殊函数也是用积分表示或者求取微分方程的解。同时基于二阶、三阶 MLC 的分布特征分析方法已在文献[92]中被提出并使用,成为模型分布特征分析与辨识的有效手段。在这里给出

不同分布在辨析平面上的直观分布情况。在视图数确定的情况下,所有分布都始于不同视图数 Wishart 分布在平面上的点表征。不妨假设不同视图数噪声分量的 Wishart 分布初始点为零点。

那么,表3.1中常用广义分布的二阶、三阶对数累积量的对比图如图3.1所示。

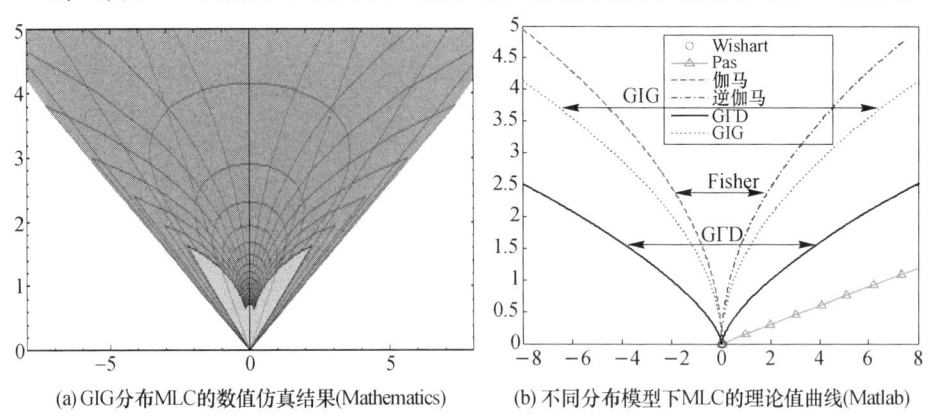

(a) GIG分布MLC的数值仿真结果(Mathematics)

(b) 不同分布模型下MLC的理论值曲线(Matlab)

图 3.1　各类分布在二阶、三阶对数累积量图上的不同区域表示(见彩图)

经遍历计算,结果表明 GIG 分布在二阶、三阶 MLC 平面上近似于参数为 $p = 3/2$ 和 $p = -3/2$ 的 GΓD 分布的中间区域,其中虚线为对数正态分布。图 3.1(b)说明在二阶、三阶 MLC 图上,除正值稳定分布外常用的随机分布几乎都可以用 GΓD 分布来覆盖,可见其具有较大的适用范围。

3.3　基于广义伽马分布纹理分布的 PolSAR图像 L 分布建模

本节首先给出了 GΓD 分布的 PDF,并推导出其高阶矩特征和 MLC。然后利用多变量乘积模型得到 L 分布函数的具体表达式,给出了PolSAR多视数据的协方差矩阵的 PDF 及其高阶矩特征和 MLC 的表达式。最后给出了常用复杂纹理分布的高阶矩和 MLC,通过二阶、三阶 MLC 关系图辨析了常用分布与 L 分布的内在关系,同时提出了PolSAR多视图像 L 分布参数的估计方法,并进行了仿真和实测数据验证 L 分布模型及其参数估计的正确性。

3.3.1　纹理分量 GΓD 分布的统计特性

后向散射服从 GΓD 分布是指其强度的 PDF 满足下面形式(此时幅度也服从 GΓD 分布):

$$f(x) = \frac{|p|}{a\Gamma(v)}\left(\frac{x}{a}\right)^{pv-1}\exp\left(-\left(\frac{x}{a}\right)^p\right) \quad a>0, p\neq 0, v>0, x\geq 0 \quad (3.5)$$

其中 $\Gamma(\cdot)$ 为伽马函数。此分布模型拓展了文献[127]中强度分布的定义,允许 $p<0$,也表明 GΓD 分布代表了相当大的一类分布,包括瑞利分布、Weibull 分布、伽马分布、逆高斯分布、平方根伽马分布等。GΓD 概率密度函数可以简记为 $\Gamma(p,v,a)$。这里 p 代表了 GΓD 分布的斜度,v,a 分别代表强度因子和尺度因子。$p=-1$ 时 GΓD 分布简化为逆伽马分布;$v=1$ 时 GΓD 分布简化为 Weibull 分布;$p=1$ 时 GΓD 分布简化为伽马分布。需要指出 $p=0$ 时,GΓD 不能有效表征的分布实际上是对数正态分布。

在满足 $v>-k/p$ 的条件下,GΓD 分布的高阶矩存在,有

$$E\{x^k\} = \frac{a^k \Gamma\left(\dfrac{k}{p}+v\right)}{\Gamma(v)} \tag{3.6}$$

在多变量乘积模型中作为后向调制信号,一般满足散射平均强度的单位化要求,那么由式(3.6)得到

$$a = \frac{\Gamma(v)}{\Gamma\left(v+\dfrac{1}{p}\right)} \tag{3.7}$$

可见,均值存在的前提是 $v>-1/p$。

在此给出 GΓD 的 MLC 计算方法。基于 Mellin 变换的统计量的定义见第 2 章。后向散射强度变量满足 Mellin 变换的定义域,可知其 Mellin 变换为[133]

$$\phi_x(s) = \frac{1}{\Gamma(v)} a^{s-1} \Gamma\left(\frac{pv+s-1}{p}\right) \tag{3.8}$$

代入式(2.38),得到其对数累积量为

$$\begin{cases} k_1 = \dfrac{\Psi(0,v)}{p} + \ln a \\ k_j = \dfrac{\Psi(j-1,v)}{p^j} \end{cases} \tag{3.9}$$

其中

$$\Psi(j-1,v) = \frac{d^j \ln \Gamma(v)}{dv^j} \tag{3.10}$$

这为后续乘积模型基于 MLC 的参数估计方法提供了支持。

3.3.2 协方差矩阵 L 分布统计建模

PolSAR 图像协方差矩阵的乘积模型见(2.20),其中相干斑分量服从 Wishart 分布。当纹理分量服从式(3.31)所示的 GΓD 分布时,那么根据乘积模型很容

易得到 L 分布协方差矩阵的 PDF 为[127]

$$f_c(\boldsymbol{C}) = \frac{2|p|L^{Ld}|\boldsymbol{C}|^{L-d}}{a^{Ld}\Gamma_d(L)|\boldsymbol{\Sigma}|^L\Gamma(v)} L\left(p, pv-Ld, \frac{L\mathrm{tr}(\boldsymbol{\Sigma}^{-1}\boldsymbol{C})}{a}\right) \quad (3.11)$$

其中

$$L(p,q,b) = \int_0^\infty t^{2q-1}\exp(-t^{2p}-bt^{-2})\mathrm{d}t = \frac{1}{2}\int_0^\infty x^{-q-1}\exp(-x^{-p}-bx)\mathrm{d}x \quad (3.12)$$

为了表达简单,这里简化了文献[127]的表达,但是表达式本质上是一样的。其中 $p=1$ 时,L 函数可简化为贝塞尔 K 函数,此时协方差矩阵服从 K 分布。

考虑同极化通道的强度分布,即在式(3.11)中令 $d=1$,那么式(3.11)变为

$$f_Z(z) = \frac{2|p|L^L z^{L-1}}{a^L \sigma^L \Gamma(L)\Gamma(v)} L\left(p, pv-L, \frac{Lz}{a\sigma}\right) \quad (3.13)$$

由式(3.13)可以得到一维多视强度的高阶矩为

$$E(z^k) = \left(\frac{\sigma a}{L}\right)^k \frac{\Gamma(L+k)\Gamma\left(\frac{k}{p}+v\right)}{\Gamma(L)\Gamma(v)} \quad (3.14)$$

其中仍满足单位化条件

$$a = \frac{\Gamma(v)}{\Gamma\left(v+\frac{1}{p}\right)} \quad (3.15)$$

利用多变量乘积变量的 MLC 等于各独立变量 MLC 之和的性质,结合式(3.8)中的 GΓD 的 MLC 和 Wishart 矩阵的 MLC 表达式[91],得到 L 分布协方差矩阵的 MLC 为

$$\begin{cases} k_1\{\boldsymbol{C}\} = \psi_d(0,L) + \ln|\boldsymbol{\Sigma}| - d\left(\ln L - \frac{\psi(0,v)}{p} - \ln a\right) & j=1 \\ k_j\{\boldsymbol{C}\} = \psi_d(j-1,L) + \left(\frac{d}{p}\right)^j \psi(j-1,v) & j>1 \end{cases} \quad (3.16)$$

其中

$$\psi_d(j-1,L) = \sum_{i=0}^{d-1}\psi(j-1,L-i) \quad (3.17)$$

PolSAR 数据统计模型的参数估计通常采用矩估计或者最大似然估计,最近的研究表明基于对数累积量的估计要比上述两种估计方法更加准确快速。文献[127]已经给出了 L 分布的矩估计方法,但是其计算相当复杂;这里给出其基于 MLC 的快速参数估计方法。由式(3.16)得知,L 分布统计模型的对数累积量可

写为

$$\tilde{k}_2\{\mathbf{Z}\} = k_2\{\mathbf{Z}\} - \psi_d(1,L) = \left(\frac{d}{p}\right)^2 \psi(1,v) \qquad (3.18)$$

$$\tilde{k}_3\{\mathbf{Z}\} = k_3\{\mathbf{Z}\} - \psi_d(2,L) = \left(\frac{d}{p}\right)^3 \psi(2,v) \qquad (3.19)$$

通过式(3.18)和式(3.19)可以得到参数 p 和 v 基于 MLC 的参数估计方法为

$$\tilde{k}_2^3\{\mathbf{Z}\}/\tilde{k}_3^2\{\mathbf{Z}\} = \{\psi(1,v)\}^3/\{\psi(2,v)\}^2 \qquad (3.20)$$

$$p = \frac{-\operatorname{sgn}(\tilde{k}^2\{\mathbf{Z}\})d}{\sqrt{\tilde{k}_2\{\mathbf{Z}\}/\psi(1,v)}} \qquad (3.21)$$

该估计方法的具体流程是：首先由式(3.20)求得参数 v 的估计值；然后代入式(3.21)得到参数 p 的估计值，其中 sgn(·)为符号函数；最后代入式(3.16)的一阶 MLC 表达式，得到协方差矩阵行列式值（单极化情形下的方差值）。

为了研究式(3.20)等式右边参量 $\Theta(v) = \{\psi^{(1)}(v)\}^3/\{\psi^{(2)}(v)\}^2$ 的单调性，对 v 进行求导可得到

$$\frac{\partial \Theta(v)}{\partial v} = \frac{\psi^2(1,x)}{\psi^3(2,x)}\{3\psi^2(2,x) - 2\psi(1,x)\psi(3,x)\} \qquad (3.22)$$

根据 ψ 函数的性质[132]

$$\frac{n-1}{n} < \frac{\psi^2(n,v)}{\psi(n-1,v)\psi(n+1,v)} < \frac{n}{n+1} \qquad (3.23)$$

得到

$$3\psi^2(2,x) - 2\psi(1,x)\psi(3,x) < 0 \qquad (3.24)$$

另外由 $\psi(1,x) > 0, \psi(2,x) < 0$ 可知

$$\frac{\partial \Theta(v)}{\partial v} > 0 \qquad (3.25)$$

可见参量 $\Theta(v)$ 是单调递增函数，其最小值为 0.25（此时 $v \to 0$），这也是 L 分布参数估计有唯一解的充要条件，即 $\tilde{k}_2^3\{\mathbf{C}\}/\tilde{k}_3^2\{\mathbf{C}\} > 0.25$，其实这也是 GΓD 分布有解且唯一解的充要条件（也表明了 GΓD 在二阶、三阶对数累积量图上的覆盖范围，见图 3.1(b)）。但是经过前面的仿真计算发现，利用二阶、三阶 MLC 的参数估计方法在样本数较少时估计精度较低且有一定概率失效，为此推导了基于 $z^r\log z$ 混合矩特征的参数估计方法，并与二阶、三阶对数累积量的参数估计方法进行了比较，结果表明 $z^r\log z$ 混合矩特征的参数估计方法在小样本时具有更好的估计精度，可解决其小样本下的估计失效问题。

基于 $z^r \log z$ 的参数估计方法的详细推导过程见第 6.2 节。这里主要给出其推导结果,由于高斯假设下协方差矩阵的行列式值的高阶矩为

$$|C|^r = \frac{\Gamma(L+r)\cdots\Gamma((L-d+1)+r)}{L^{rd}\Gamma(L)\cdots\Gamma(L-d+1)}|\Sigma|^r \tag{3.26}$$

假设极化 L 分布乘积模型的协方差矩阵行列式值为 $z=|C|$,那么结合表 3.1,得到

$$E(z^r) = \frac{1}{\Gamma(v)\Gamma(L)\cdots\Gamma(L-d+1)}\left(\frac{\gamma a^d}{L^d}\right)^r$$
$$\cdot \Gamma\left(\frac{rd}{p}+v\right)\Gamma(L+r)\cdots\Gamma((L-d+1)+r) \tag{3.27}$$

同时 $E(z^r \log z) = \frac{\partial E(z^r)}{\partial r}$,得到

$$\frac{E(z^r \log z)}{E(z^r)} = \log\left(\frac{\gamma a^d}{L^d}\right) + \psi_d(0, L+r) + \frac{d}{p}\psi\left(0, \frac{rd}{p}+v\right) \tag{3.28}$$

当 $r=0$ 时,所得结果与式(3.16)完全相同。将 $r=1/2$、$r=1$ 时的结果与 $r=0$ 的结果相减,得到

$$\frac{E(z\log z)}{E(z)} - E(\log z) = \frac{d}{p}(\psi(0,\frac{d}{p}+v)-\psi(0,v)) + \psi_d(0,L+1) - \psi_d(0,L) \tag{3.29}$$

$$E(z^{1/2}\log z)/E(z^{1/2}) - E(\log z)$$
$$= d/p(\psi(0,d/p+v)-\psi(0,v)) + \psi_d(0,L+r) - \psi_d(0,L) \tag{3.30}$$

联合式(3.29)和式(3.30)就可以求出 p,v,最后可以利用式(3.28)求出全部待估计参数。

3.3.3 仿真数据分析

由于 L 分布的纹理变量服从广义伽马分布,该分布的变量可以由高斯分布变量的平方和运算得到[134]

$$G = \left(\sum_{n=1}^{N}\eta_n^2\right)^{\frac{1}{p}} \tag{3.31}$$

这里 $N=2v$,G 服从式(3.3.1)所示的广义伽马分布,其中

$$\eta_n \sim N\left(0, \frac{a^p}{2}\right) \tag{3.32}$$

通过该仿真方法可以对上述基于 MLC 的参数估计方法的正确性进行验证。

不失一般性,假设概率分布参数为 $a=2, p=1.5, v=2.5$,可以得到仿真数据统计直方图与理论 PDF 曲线的对比如图 3.2 所示。从图中可以看出,仿真数据能够很好地符合理论 PDF 曲线。下面用该方法来验证广义伽马分布 MLC 计算的正确性,其均值与方差的结算结果如表 3.2 所列。其中样本数为 1000,运算次数为 1000。从表中可以看出各阶 MLC 的样本值都非常接近理论值。

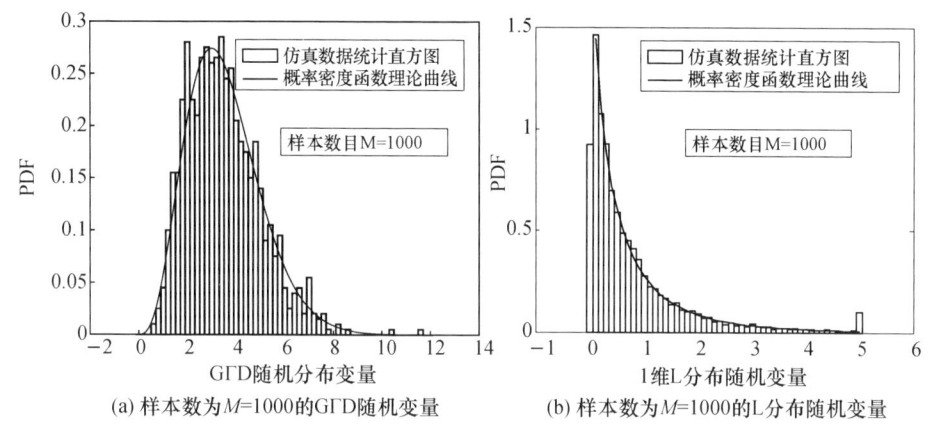

(a) 样本数为 $M=1000$ 的 GΓD 随机变量

(b) 样本数为 $M=1000$ 的 L 分布随机变量

图 3.2 仿真数据和理论曲线的实际效果对比图

表 3.2 对数累积量的理论值与仿真结果比较,其中样本数为 1000,进行 1000 次重复运算

	一阶 MLC	二阶 MLC	三阶 MLC
理论值	1.1619	0.2179	-0.0700
均值	1.1610	0.2179	-0.0696
方差	2.1965e-004	1.3709e-004	2.3332e-004

研究表明大多数分布中基于 MLC 的估计方法比矩估计方法更加简洁有效[91]。最近也提出了基于 χ^2 检验的参数估计方法,虽然该方法较为准确但是由于采用遍历的搜索方法逐点计算 χ^2 检验置信度导致其计算耗时严重[135]。

表 3.3 给出了 MLC 估计方法与 χ^2 检验估计方法的估计结果。仿真过程中样本数为 1000,进行 1000 次重复运算。其结果表明 MLC 参数估计方法在计算速度和精度上都要由于基于 χ^2 检验的参数估计方法。

表 3.3 MLC 估计方法与 χ^2 检验估计方法的估计结果

	p 均值	p 样本方差	v 均值	v 样本方差	耗时/s
理论值	1.5	—	2.5	—	
MLC 方法	1.4977	0.0071	2.5298	0.0642	92.1
χ^2 检验	1.5397	0.2272	2.5039	0.2146	178049

这里样本方差定义为样本自身的统计方差,估计方差定义为与真值的偏离方差,即

$$\mathrm{Var}(X) = E[(X - \bar{X})^2] \tag{3.33}$$

式中,$\bar{X}$为样本均值。

上面用仿真实验验证了GΓD分布理论推导的正确性,并将其参数估计方法与矩估计等方法进行了比较。对于L分布,可以采取类似的方法产生仿真数据(结果如图3.2所示),其真值与参数估计均值偏差与统计方差仿真如图3.3所示。其中参数p的估计在样本数较少时会出现估计奇异点,其有效率表格如表3.4所列。经分析这是由二阶、三阶MLC的统计误差引起的。同时将基于混合矩特征的参数估计方法与高阶对数累积量方法进行了比较,这也表明了新方法的有效性。

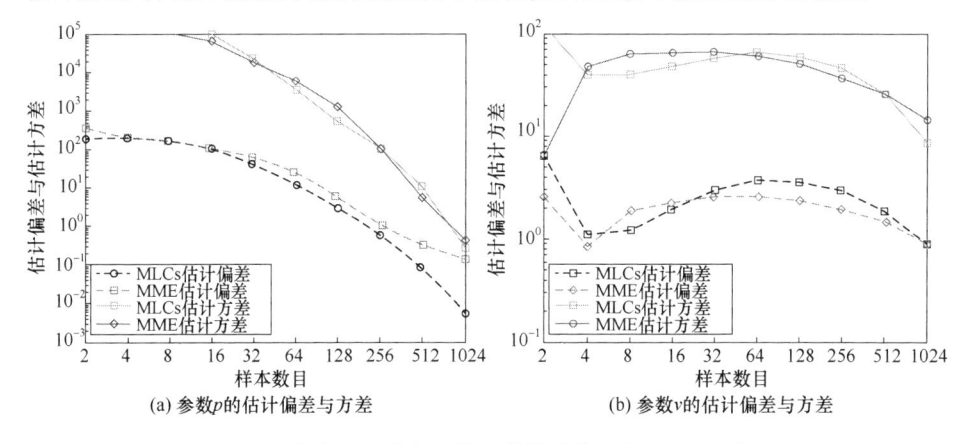

图3.3 L分布下两种方法的参数估计偏差与方差(见彩图)

表3.4 对数累积量估计方法有效性与区域采样样本数目的关系
(进行10000次重复运算)

样本数	2	4	8	16	32	64	128	256	512	1024
失效率/%	72.83	85.23	89.50	93.95	95.50	97.01	98.84	99.80	99.96	100.00

3.3.4 实测数据分析

这里取的实测数据是AIRSAR系统提供的San Francisco地区图像和ESAR系统提供的Oberpfaffenhofen地区的L波段全极化雷达图像(分辨率3m×3m),其中多视处理中的名义视图数为$L=9$。

式(3.16)中取$d=1$时,首先可以估计出噪声分量的方差值,即

$$\hat{\sigma}^2 = \frac{\Gamma\left(v + \dfrac{1}{p}\right) L \exp\left(k_1\{\mathbf{Z}\} - \psi(0,L) - \dfrac{\psi(0,v)}{p}\right)}{\Gamma(v)} \tag{3.34}$$

然后利用式(3.20)和式(3.21)可以估计出斜度和尺度因子,最后利用式(3.28)就可以估计出各极化通道的噪声方差。

采用 K-S 检验的方法和 χ^2 检验的方法[65,136],计算出实测数据的 L 分布拟合程度定量评估其拟合效果。K-S 检验是基于观测数据累积分布函数(Cumulative Distribution Function,CDF)进行的,K-S 统计量越小说明分布拟合效果越好。表 3.5 给出了显著性水平为 α 时的 K-S 检验门限值。χ^2 检验是基于 PDF 进行的。在 χ^2 检验过程中,首先将观测数据划分为若干个区间,然后比较各区间内观测值与理论值的差异给出定量的检验结果。χ^2 检验统计量的值同样是越小表示拟合效果越好。表 3.6 给出了显著性水平为 α 时的 $\chi^2(6)$ 检验门限值。注意,这里我们只对单极化通道的数据分别进行检验,即分别检验协方差矩阵的对角元素,对非对角元素不做检验。

表 3.5 显著性水平为 α 时的 K-S 检验门限值

α	0.25	0.15	0.10	0.05	0.025	0.01	0.005	0.001
T_{KS}	1.019	1.138	1.224	1.358	1.480	1.628	1.731	1.950

表 3.6 显著性水平为 α 时的 $\chi^2(6)$ 检验门限值

α	0.25	0.10	0.05	0.025	0.01	0.005
$\chi^2(6)$	7.841	10.645	12.592	14.449	16.812	18.548

在进行 K-S 检验时,需要根据 L 分布的 CDF 来计算距离值。由于存在二重积分,导致利用 Matlab 软件进行计算时复杂度高,下面我们对其进行简化。当维数为 $d=1$ 时,协方差矩阵的 PDF 可简化为式(3.13),可得 L 分布的 CDF 为

$$F(y) = \int_0^y f_z(z)\mathrm{d}z = \int_0^y \frac{2|p|L^L z^{L-1}}{a^L \sigma^L \Gamma(L)\Gamma(v)} L\left(p, pv-L, \frac{Lz}{a\sigma}\right)\mathrm{d}z \quad (3.35)$$

将式(3.12)所示的 L 函数表达代入式(3.35),可得

$$F(y) = \frac{|p|L^L}{a^L \sigma^L \Gamma(L)\Gamma(v)} \int_0^y z^{L-1} \int_0^\infty x^{-pv+L-1}\exp\left(-x^{-p}-\frac{Lz}{a\sigma}x\right)\mathrm{d}x\mathrm{d}z \quad (3.36)$$

将式(3.36)中的积分变量 z,x 交换积分次序,得到

$$F(y) = \frac{|p|L^L}{a^L \sigma^L \Gamma(L)\Gamma(v)} \int_0^\infty x^{-pv+L-1}\exp(-x^{-p}) \int_0^y z^{L-1}\exp\left(-\frac{Lx}{a\sigma}z\right)\mathrm{d}z\mathrm{d}x \quad (3.37)$$

利用不完全伽马函数的定义[133],得到

$$F(y) = \frac{|p|}{\Gamma(L)\Gamma(v)} \int_0^\infty x^{-pv-1}\exp(-x^{-p})\left(\Gamma(L) - \Gamma\left(L,\frac{LTx}{a\sigma}\right)\right)\mathrm{d}x \quad (3.38)$$

经整理可得

$$F(y) = 1 - \frac{|p|}{\Gamma(L)\Gamma(v)} \int_0^\infty x^{-pv-1} \exp(-x^{-p}) \Gamma\left(L, \frac{LTx}{a\sigma}\right) dx \quad (3.39)$$

式(3.39)将 L 分布 CDF 的表达式由二重积分简化为一重积分形式,有利于利用 Matlab 等软件进行数学运算。

分别选取 San Francisco 和 Oberpfaffenhofen 的 4 个区域进行参数估计与模型检验。两幅图中各区域的选择如图 3.4 和图 3.5 所示,每个区域的样本数都为 400。不同区域的 L 分布参数估计结果与检验统计量如表 3.7 和表 3.8 所列。表中 D_{KS} 为 K-S 检验距离,$D_{\chi2}$ 为 χ^2 检验距离[65,136]。

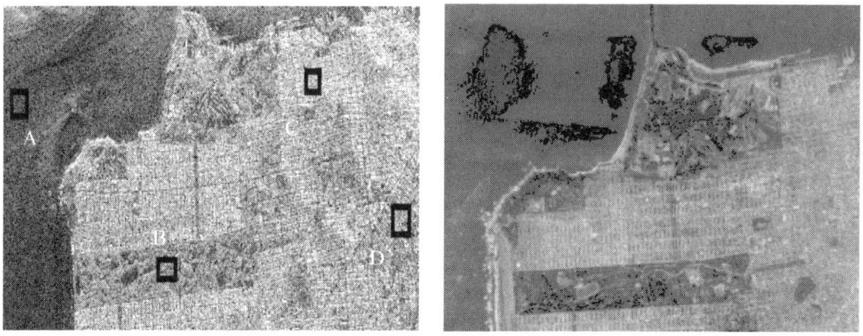

(a) Pauli RGB (b) Google Earth

图 3.4 San Francisco 4 个区域示意图

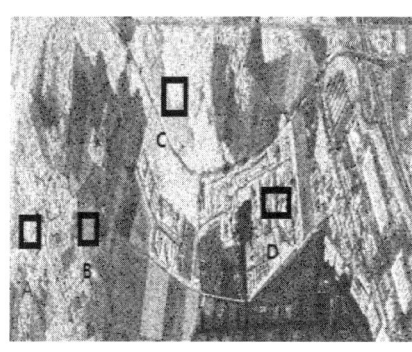

(a) Pauli RGB (b) Google Earth

图 3.5 Oberpfaffenhofen 4 个区域示意图

从表 3.7 和表 3.8 的结果可以看出,除了 San Francisco 图像海洋区域的 HH 极化通道和 Oberpfaffenhofen 图像植被区域的 HV 极化通道外,其它区域都可以通过显著性水平为 0.05 的 χ^2 检验和 K-S 检验。从参数估计的结果可以看出,San Francisco 海洋区域的纹理可能服从参数为无穷大的高斯分布,导致 L 分布拟合效果差。而 Oberpfaffenhofen 植被区域的 HV 极化通道拟合效果较差,其原因可能是植被区域的交叉极化散射分量的散射强度相比较同极化分量来说小很多,导致拟合计算时方差较大。

表 3.7　San Francisco 4 个区域的参数估计与检验分析

		σ^2	p	v	D_{χ^2}	D_{KS}
A(海洋)	HH:0.0040			15.9222	1.5483
	HV:0.0033	$-4.5968e+003$	$1.0000e-003$	7.8364	0.7726
	VV:0.0054			11.5027	1.2821
B(植被)	HH:0.0116			9.7932	0.8046
	HV:0.0130	1.1213	3.5216	6.0123	0.4913
	VV:0.0080			8.2594	0.7648
C(城区)	HH:0.0172			9.3782	0.8304
	HV:0.0214	-0.9131	9.6960	9.5630	0.8561
	VV:0.0122			11.2450	1.1271
D(城区)	HH:0.0363			10.7642	0.8730
	HV:0.0433	-1.5281	1.3210	11.0113	1.0792
	VV:0.0335			12.4251	1.3204

表 3.8　Oberpfaffenhofen 4 个区域的参数估计与检验分析

		σ^2	p	v	D_{χ^2}	D_{KS}
A(城区)	HH:$5.4884e-04$			8.3241	0.8576
	HV:$4.9695e-05$	-0.6213	2.5906	11.0928	1.2307
	VV:$1.4859e-04$			10.6706	1.1620
B(植被)	HH:$9.0372e-05$			12.5823	1.2250
	HV:$7.2694e-06$	0.8564	10.7174	26.2857	2.4299
	VV:$7.64196e-05$			8.4237	0.8590
C(森林)	HH:$2.7957e-04$			9.5787	0.9102
	HV:$6.6926e-05$	1.4254	1.1431	12.1935	1.2722
	VV:$1.5016e-04$			6.5038	0.5662
D(城区)	HH:$3.5399e-04$			9.4224	0.9008
	HV:$6.1953e-05$	-2.1615	5.1907	9.9268	1.0222
	VV:$3.0106e-04$			7.1932	0.7997

在拟合效果的评估上,除了上述定量分析还可以采用定性分析的方法。二阶、三阶 MLC 的空间分布情况是图像数据模型辨识的有效特征[92]。图 3.6 给出了两幅图不同区域的二阶、三阶 MLC 的分布位置,从该图中可以直观地看出各区域大致的分布类型。

图 3.7 分别给出了 San Francisco 图像植被区域和 Oberpfaffenhofen 图像森林区域 L 分布 CDF 理论曲线与观测值的比较。从该图中同样可以直观地得出,在这两个区域 L 分布具有很好的拟合效果,验证了前面定量分析的结果。通过实测数据分布模型的假设检验分析得知,是 χ^2 检验还是 K-S 检验,在各种类型的区域中 L 分布基本上都具有较高拟合度。

(a) San Francisco图像的4个区域

(b) Oberpfaffenhofen图像的4个区域

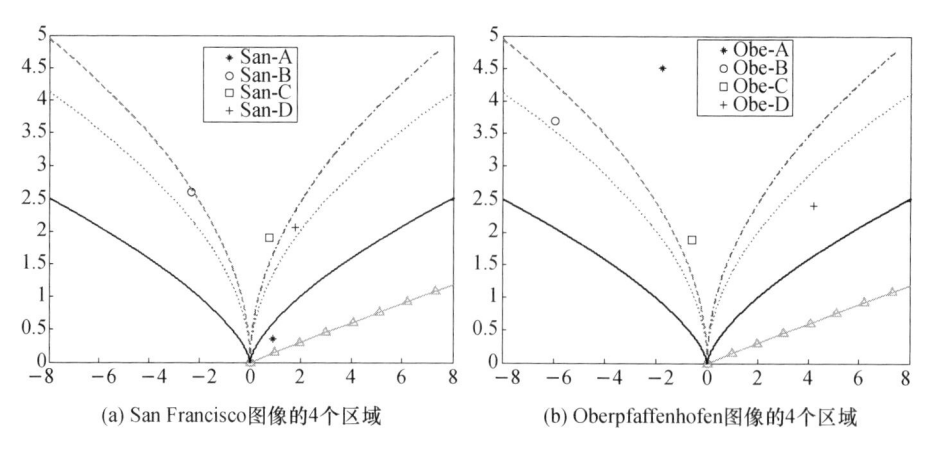

图 3.6 各区域在二阶、三阶 MLC 图上的空间分布状态(见彩图)

(a) San Francisco植被区域

(b) Oberpfaffenhofen森林区域

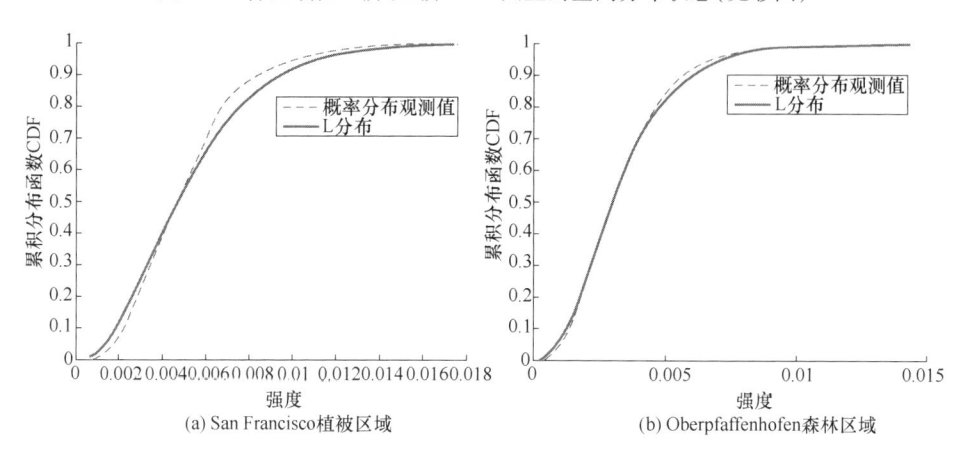

图 3.7 L 分布 CDF 的理论值与观测值的比较(见彩图)

3.4 基于重尾瑞利分布的PolSAR图像建模

在高分辨雷达照射下,由于陆海散射回波随时间和空间的起伏变化较快,回波一般具有尖峰和长拖尾特性,尖峰特性的出现使得常规的 K 分布等多变量乘积模型在信号处理中的可靠性下降[42,129,130]。3.2 节中所讨论的具有尖峰和长拖尾特性的稳定分布是满足广义中心极限定理的唯一的一类分布,并且能够保持自然噪声过程的产生机制和传播条件,从而在相关领域备受关注[131]。

在现有的研究中,Pierce 等将对称稳定分布模型用于描述海面舰船和杂波的散射截面积,并给出了微弱舰船目标的检测算法,取得了较好的效果[129]。Kuruoglu 和 Achim 等的研究结果表明基于稳定分布的重尾瑞利分布非常适合从物理原理上描述雷达目标的散射特性,可以用来描述回波的长拖尾及其尖峰特性[7]。在不同频段下其模型的拟合性能优于瑞利、Weibull 和 K 分布。但目前该模型存在的问题是不能对所成图像做多视数据处理。Li 等提出了一种基于广义伽马分布的统计分布模型[66],该模型适应性较强,但是没有封闭的解析表达式,也不具备做多视数据处理的能力。Achim 等将基于对称稳定分布的重尾瑞利分布作为纹理分量,将其与单位方差高斯相干斑分量相乘,构造新的多变量乘积数据模型来进行多视滤波处理。但是相干斑分量方差的单位化假设使得基于 Mellin 变换的二阶 MLC 最小值增大,明显增加了乘积模型的方差,使得模型的适用范围变窄[7]。

经研究发现实际上重尾瑞利分布本质上自身就可以分解为正值稳定分布和瑞利分量的乘积形式[137],其本身也能够进行多变量乘积模型的多视数据处理。文献[90,138]研究了 SAR 图像中的高斯分布和 K 分布模型的 ENL 参数估计问题,但是其计算较为复杂且不具有普适性。因此本节以对称稳定分布为基础,分析了基于对称稳定分布的PolSAR多视图像的统计特性,推导了其高阶累积量特征,给出了基于 Mellin 变换的参数估计方法,并用仿真数据和实测数据进行了分析验证了统计模型与参数估计方法的有效性。

3.4.1　PolSAR多视数据重尾瑞利建模

由于现代雷达的分辨率越来越高,雷达目标的散射回波不再服从高斯分布,但是能较好服从满足广义中心极限定理的 α 稳定分布。α 稳定分布 $S_\alpha(\sigma,\beta,\mu)$ 具有 4 个参数:特征参数 α,尺度参数 σ,偏斜参数 β 和位移参数 μ。α 稳定分布的 PDF 没有闭合形式的表达式,但是其特征函数较简单,见式(3.2)。根据文献[7]的分析,可以获知以下推论:

若 $X \sim N(0, 2\sigma^2)$ 服从均值为 0,方差为 $2\sigma^2$ 的高斯分布;$T \sim S_{\alpha/2}\left(\left(\cos\left(\frac{\pi\alpha}{4}\right)\right)^{2/\alpha}, -1, 0\right)$ 是一个正值稳定分布随机变量,且与 X 独立,那么,有 $Z = T^{1/2}X \sim S_\alpha(\sigma, 0, 0)$。

由上述推论可见,对称稳定分布都可以表示成正值稳定分布和高斯分布变量的乘积。其中正值稳定分布完全取决于对称稳定分布的特征参数,高斯分布方差完全取决于对称稳定分布的尺度参数。这里需要注意的是文献[137]中 α 稳定分布参数的涵义与传统表示方法不一样,即 σ 和 γ 表示的物理意义不同。其参数的关系为 $\gamma = \sigma^\alpha$,导致与我们的推论不一致,但本质是一样的。同时由前面内容可知,对于多变量乘积模型而言,其对数累积量等于各独立变量的对数累积量之和。

对于各向同性的对称稳定分布($S\alpha S$)分布,复随机变量具有如下形式:[87]

$$z = z_R + iz_I = T^{1/2}G = T^{1/2}(g_R + ig_I) \tag{3.40}$$

这里，$G = g_R + \mathrm{i}g_I$ 为复高斯随机变量，T 服从正值稳定分布，且与复高斯变量 G 是独立的。$S\alpha S$ 分布幅度的 PDF 可由下式推导得到

$$f_{\alpha,\sigma}(r) = r\int_0^\infty s\exp(-\sigma^\alpha s^\alpha)\mathrm{J}_0(sr)\mathrm{d}s \tag{3.41}$$

式(3.41)幅度的分布为重尾瑞利分布。重尾的含义实际上是指其收敛速度要慢于指数分布。

对于正值稳定分布变量 T，可以利用式(2.31)所示的 Mellin 变换的定义得到其基于 Mellin 变换的特征函数为

$$\phi(s) = \frac{\sin(\pi(s-1))\Gamma(s)}{\alpha\sin\left(\dfrac{2\pi(s-1)}{\alpha}\right)\Gamma\left(1 + \dfrac{2(s-1)}{\alpha}\right)} \tag{3.42}$$

利用式(3.42)以及式(2.38)，通过 Maple 软件计算得到正值稳定分布基于 Mellin 变换的对数累积量为

$$\begin{cases}\tilde{k}_{A(1)}\{T\} = -\dfrac{2-\alpha}{\alpha}\psi(1) & r=1 \\ \tilde{k}_{A(r)}(T) = (-1)^r\dfrac{2^r-\alpha^r}{\alpha^r}\psi^{(r-1)}(1) & r>1\end{cases} \tag{3.43}$$

这里 $\psi^{(r)}(x) = d^{r+1}\ln\Gamma(x)/dL^{r+1}$，$\Gamma(x)$ 为 γ 函数。

根据单极化多视相干斑高斯分量的统计特性[7]，得到复高斯变量 $G = g_R + \mathrm{i}g_I$ 强度的对数累积量为

$$\begin{cases}\tilde{k}_{I(1)}\{X\} = \psi(L) + \ln 4\sigma^2 - \ln L & r=1 \\ \tilde{k}_{I(r)}(X) = \psi^{(r-1)}(L) & r>1\end{cases} \tag{3.44}$$

式中，L 为视图数，$X = g_R^2 + \mathrm{i}g_I^2$。

根据式(3.43)和式(3.44)，可以得到二元对称稳定分布复变量的 $z = z_R + \mathrm{i}z_I$ 强度的对数累积量为

$$\begin{cases}\tilde{k}_{I(1)}\{Z\} = \left(1 - \dfrac{2}{\alpha}\right)\psi(1) + \psi(L) + \ln 4\sigma^2 - \ln L & r=1 \\ \tilde{k}_{I(r)}(Z) = (-1)^r\dfrac{2^r-\alpha^r}{\alpha^r}\psi^{(r-1)}(1) + \psi^{(r-1)}(L) & r>1\end{cases} \tag{3.45}$$

根据强度和幅度的对数累积量的关系[7]

$$\tilde{k}_{A(r)} = \left(\frac{1}{2}\right)^r \tilde{k}_{I(r)} \tag{3.46}$$

得到二元复对称稳定分布的幅度,也就是重尾瑞利分布的对数累积量为

$$\begin{cases} \tilde{k}_{A(1)}\{Z\} = \left(\dfrac{1}{2} - \dfrac{1}{\alpha}\right)\psi(1) + \dfrac{\psi(L)}{2} + \ln 2\sigma - \dfrac{\ln L}{2} & r = 1 \\ \tilde{k}_{A(r)}(Z) = (-1)^r \left(\dfrac{1}{\alpha^r} - \dfrac{1}{2^r}\right)\psi^{(r-1)}(1) + \dfrac{1}{2^r}\psi^{(r-1)}(L) & r > 1 \end{cases} \quad (3.47)$$

在单视情形下,即 $L=1$ 时,式(3.47)可简化为

$$\begin{cases} \tilde{k}_{A(1)}\{Z\} = \left(1 - \dfrac{1}{\alpha}\right)\psi(1) + \ln 2\sigma & r = 1 \\ \tilde{k}_{A(2)}(Z) = \dfrac{\psi^{(1)}(1)}{\alpha^2} & r > 1 \end{cases} \quad (3.48)$$

可见对称稳定分布复矢量的幅度对数累积量与文献[7,87]所描述的累积量的表达式完全吻合,也间接证明了我们上述理论推导的正确性。同时我们也得到了其高阶累积量,这为后续的参数估计提供了理论依据。并且可知基于正值稳定分布的乘积模型要比基于对称稳定分布的乘积模型的二阶对数累积量有更大的值域,适用范围更广。但是在二阶对数累积量较小的情况下,对称稳定分布基于对数累积量的参数估计可能无解。

根据式(3.47)的一阶和二阶对数累积量的表达式,可以估计出其特征参数和尺度参数,具体估计方法如下:

$$\begin{cases} \hat{\alpha} = 2\sqrt{\dfrac{\psi^{(1)}(1)}{[4\tilde{k}_{A(2)}(Z) - \psi^{(1)}(L)] + \psi^{(1)}(1)}} \\ \hat{\sigma} = \dfrac{1}{2}\exp\left\{\tilde{k}_{A(1)}\{Z\} - \left(\dfrac{1}{2} - \dfrac{1}{\hat{\alpha}}\right)\psi(1) - \dfrac{\psi(L)}{2} + \dfrac{\ln L}{2}\right\} \end{cases} \quad (3.49)$$

由于实测数据中参与多视的像素点之间存在相关性,需要用 ENL 代替名义视图数。若将 L 也看作未知量,那么可以通过前三阶对数累积量将特征参数、尺度参数和 ENL 通过数值计算方法一起估计出来。

上述给出了单 PolSAR 图像幅度的重尾瑞利建模方法,并推导了其基于对数累积量的参数估计方法。下面讨论 PolSAR 的情形,式(3.40)中的复高斯变量变为复高斯矢量。根据第 2 章中的式(2.53),可知 PolSAR 图像乘积模型 MLC 可分解为纹理分量和高斯相干斑分量的 MLC 之和。当纹理分量分布为正值稳定分布时,可得其协方差矩阵基于 Mellin 变换的 MLC 为

$$\begin{cases} \tilde{k}_1\{C\} = \psi_d^{(0)}(L) + \ln|\Sigma| - d\ln L - d\dfrac{2-\alpha}{\alpha}\psi(1) & r = 1 \\ \tilde{k}_r\{C\} = \psi^{(r-1)}(L) + (-d)^r \dfrac{2^r - \alpha^r}{\alpha^r}\psi^{(r-1)}(1) & r > 1 \end{cases} \quad (3.50)$$

通过式(3.50)中的一阶和二阶 MLC 可以估计出其特征参数和复高斯方差矩阵行列式的值,具体估计方法如下:

$$\begin{cases} \hat{\alpha} = 2\sqrt{\dfrac{d^2\psi^{(1)}(1)}{\tilde{k}_2\{\boldsymbol{C}\} - \psi_d^{(1)}(L) + d^2\psi^{(1)}(1)}} \\ |\hat{\boldsymbol{\Sigma}}| = \exp\left\{\tilde{k}_1\{\boldsymbol{C}\} + d\ln L + d\dfrac{2-\hat{\alpha}}{\hat{\alpha}}\psi(1) - \psi_d^{(0)}(L)\right\} \end{cases} \quad (3.51)$$

在一维的情形下,也就是式(3.51)中 $d = 1$ 时,单极化通道的尺度参数估计为

$$\hat{\sigma} = \frac{1}{2}\exp\left\{\left(\tilde{k}_1\{|\boldsymbol{Z}_C|\} + d\ln L + d\dfrac{2-\hat{\alpha}}{\hat{\alpha}}\psi(1) - \psi_d^{(0)}(L)\right)/2\right\} \quad (3.52)$$

在 ENL 未知的情况下,可以充分利用式(3.50)的高阶 MLC 实现 ENL 的估计,然后用式(3.51)求得特征参数和高斯方差矩阵行列式的估计值。这里通过将二阶和三阶 MLC 进行联立,利用数值计算方法得到 ENL 的估计值。

3.4.2 仿真数据分析

仿真实验中单极化重尾瑞利分布的仿真数据按照文献[7]的方法得到。首先对仿真数据依据式(3.49)进行参数估计,不同视图数下其估计值结果与真值的比较如表 3.9 所列。这里的估计值是对 1000 个样本进行 1000 次独立运算后的均值。从表中可以看出基于对数累积量的参数估计方法的有效性。

表 3.9 重尾瑞利分布基于对数累积量方法的参数估计结果

	特征参数 α	尺度参数 σ
真值	1.4000	8.0000
估计值	1.4027	8.0043
标准差	0.0473	0.2500

图 3.8 给出了表 3.9 中 1000 次估计结果中特征参数和尺度参数的估计值的分布直方图,每次估计的样本数为 1000。表 3.10 给出了单视正态分布的均值和方差的 95% 置信区间,从表中可知参数估计的结果基本呈现出正态分布。

在多视情形下,同样对样本数为 1000 的仿真数据进行 1000 次重复实验,其估计值与标准差如表 3.11 所列。图 3.9 给出了 4 视情形下参数估计值的统计分布直方图,正态分布的均值方差及 95% 置信区间如表 3.12 所列。从以上数据分析可知,对数累积量的参数估计值为无偏估计,几乎不受视图数的影响,服从正态分布。在总样本数一定的情形下,单视估计的标准差要比多视估计的标

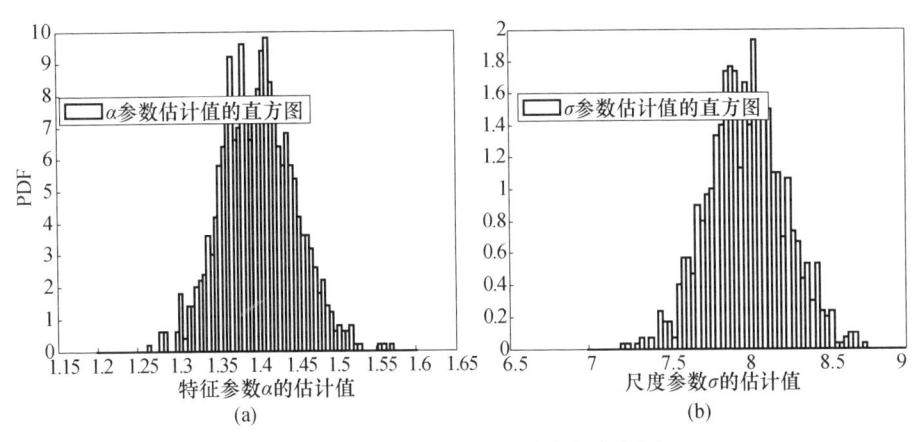

图 3.8 参数估计值的统计分布直方图

表 3.10 单视情形下参数估计的均值、方差及 95% 置信区间

	数值	置信区间
特征参数均值	1.4035	[1.4007, 1.4064]
特征参数标准差	0.0459	[0.0439, 0.0480]
尺度参数均值	7.9969	[7.9819, 8.0119]
尺度参数标准差	0.2421	[0.2320, 0.2532]

表 3.11 基于对数累积量的多视重尾瑞利分布估计结果

	特征参数 α	尺度参数 σ
真值	1.4000	8.0000
估计值	1.4025	8.1278
均值(1000 次)	1.4055	8.0151
标准差(1000 次)	0.0683	0.2952

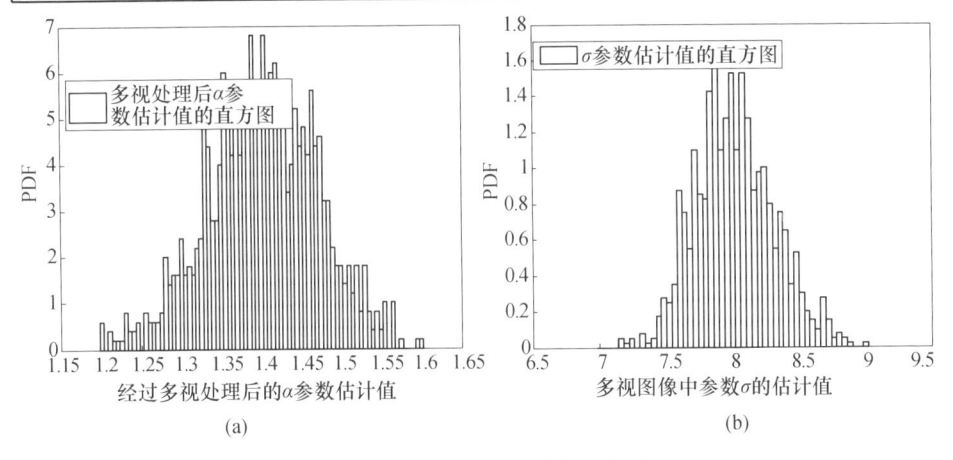

图 3.9 4 视重尾瑞利分布参数估计值的统计分布直方图

表 3.12 4 视情形下参数估计的均值、方差及 95% 置信区间

	数值	置信区间
特征参数均值	1.4055	$[1.4013,1.4098]$
特征参数标准差	0.0683	$[0.0655,0.0715]$
尺度参数均值	8.0151	$[7.9968,8.0335]$
尺度参数标准差	0.2952	$[0.2828,0.3088]$

准差要略小,这是由于多视处理后像素点数目变少的原因,因此对重尾瑞利分布而言单视估计可以在一定程度上提高估计精度。

下面分别针对多视视图数为 $L=3,4,5$ 情形下,样本数为 10000 的仿真数据进行 1000 次独立估计,得到其估计均值与标准差如表 3.13 所列。从表中可以看出,参数估计结果与真实值非常接近,这也验证了我们以上理论推导的正确性。同时可见,视图数的估计误差对形状参数、尺度参数的估计值影响不大。这表明形状参数和尺度参数的估计精度具备较好的视图数适应性。

表 3.13 不同多视视图数下仿真数据的估计均值及其标准差

(样本总数 10000, 估计次数 1000)

	$L=3$	$L=4$	$L=5$
视图数估计	3.0142	4.02363	5.0899
视图数估计标准差	0.0873	0.9098	1.8109
形状参数估计	1.4009	1.3999	1.4022
形状参数估计标准差	0.0193	0.0220	0.0242
尺度参数估计(HH)	7.9980	7.9853	7.9987
尺度参数估计标准差(HH)	0.0842	0.1229	0.1362
尺度参数估计(HV)	3.9997	3.9927	3.9987
尺度参数估计标准差(HV)	0.0426	0.0610	0.0696
尺度参数估计(VV)	8.0010	7.9852	8.0011
尺度参数估计标准差(VV)	0.0857	0.1220	0.1362

3.4.3 实测数据分析

文献[7]已经验证了重尾瑞利分布在单极化图像数据处理中的有效性和优越性,下面主要针对PolSAR实测图像进行建模和参数估计性能分析。这里采用经典的 ESAR 系统 Oberpfaffenhofen 全极化雷达实验单视图像。图中的地物目标主要有丘陵、城区、森林、机场等区域。分别选取丘陵区域 A、机场区域 B 和城市区域 C 为目标区域进行PolSAR图像数据分析,各区域的选取如图 3.10 所示。为了对各个区域的分布有初步的了解,我们首先对其进行了无穷方差检验,其结

果分别如图3.11、图3.12和图3.13所示。从图中可以看出,基本上这3个区域都是不收敛的,具有无限方差,趋向于稳定分布的特性。

图3.10 各区域的选择示意图(见彩图)

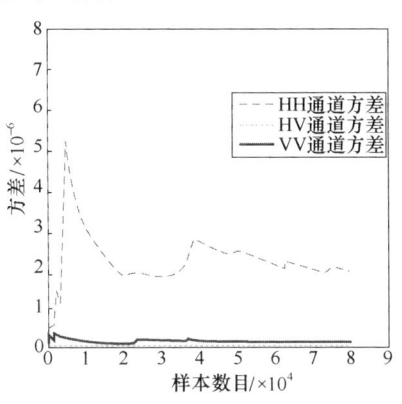

图3.11 A区极化通道幅度数据的
无限方差检验(见彩图)

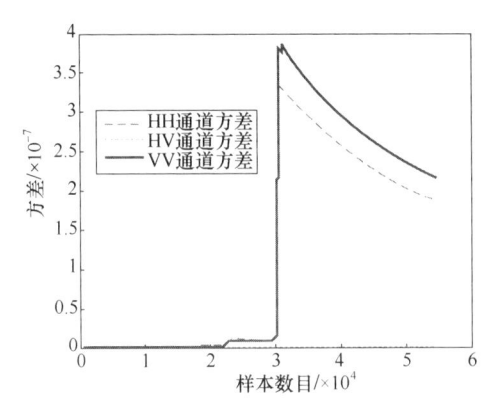

图3.12 B区极化通道幅度数据的
无限方差检验(见彩图)

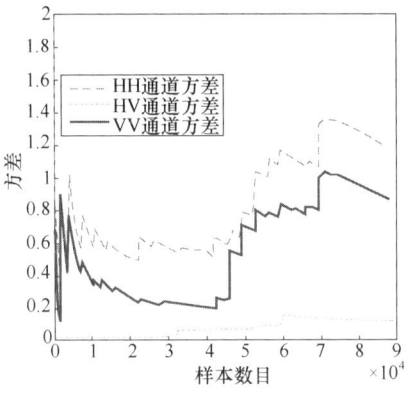

图3.13 C区极化通道幅度数据的
无限方差检验(见彩图)

由于实测数据像素点之间存在相关性,首先要估计其ENL。高斯分布下的ENL估计方法已有了深入分析,但是该方法对纹理相干斑模型不具有很好的适用性,且计算较为复杂[7]。这里采用式(3.50)所示的基于前三阶对数累积量联立的方法估计ENL,从实验结果可以看出,该方法简单可靠并且估计精度较高。在多视处理过程中采用的名义视图数为4,经计算可得A、B、C这3个区域的ENL估计值都集中在3附近。

表3.14给出了利用单极化通道多视处理方法对3个区域的HH、HV和VV极化通道进行重尾瑞利分布建模,并用本节提出的基于对数累积量的方法进行参数估计的结果。从表中的结果可以看出,在B区形状参数的估计值接近2,说

明该区域的样本近似服从高斯分布,交叉极化分量很小。这与机场的统计特性相符合,也说明了我们理论推导的正确性。而区域 A 和 C 的形状参数较小,不均匀程度较高。可见在对称稳定分布模型的假设下,视图数的估计方便快捷,能够适应不同的相干斑乘积模型。并且参数估计较为准确可靠,受视图数影响小。

表 3.14 不同区域参数估计结果

		A 区(156×128)	B 区(80×170)	C 区(100×220)
ENL		3.0132	3.0380	3.0023
形状参数		1.4825	1.9941	1.2591
尺度参数	HH	0.0047	0.0016	0.0047
	HV	0.0024	7.6075e−004	0.0024
	VV	0.0031	0.0018	0.0031

3.5 本章小结

PolSAR图像统计建模旨在通过构建数据的统计分布模型来揭示其内在特性,是进行PolSAR图像解译的基础性研究。探索一种具有普适性,能更广泛与准确地描述PolSAR相干斑起伏特性的统计模型是本章的主要研究目的。本章的研究内容主要有:

首先,给出了目前用来统一目标纹理分量后向散射特性的 3 类复杂统计模型:广义逆伽马分布、广义伽马分布和正值稳定分布。常用的目标后向散射截面积的 PDF 一般为上述 3 类复杂分布的特例。分析了这 3 类分布矩特征和对数累积量特性,指出其适用范围。

其次,用广义伽马分布对PolSAR图像乘积模型中的纹理分量进行建模,得到了PolSAR图像 L 分布模型。推导了其基于对数累积量的参数估计方法,并进行了实验验证。

最后,针对PolSAR散射回波的尖峰和长拖尾特性,提出了PolSAR图像重尾瑞利建模方法。研究发现重尾瑞利分布实际上自身就可以分解为正值稳定分布和瑞利分量的乘积形式。推导了重尾瑞利分布基于对数累积量的参数估计方法,并分别用仿真数据和实测数据对建模和参数估计的准确性进行了验证。

第 4 章
协方差矩阵行列式值的统计特性及其应用

4.1 协方差矩阵行列式值的应用概述

传统的单PolSAR以散射强度或者幅度为对象研究目标的散射特性,而在PolSAR系统中目标极化散射特性的研究往往基于测量得到的协方差矩阵。行列式值是协方差矩阵的一个重要参数,它在物理本质上表征了目标极化散射的散布程度,是极化散射相对随机性的表现。协方差矩阵行列式值与描述目标散射随机性的极化熵和极化散度之间的关系也是值得研究的一个问题。

目前对协方差矩阵的统计模型已经进行了广泛的研究,主要有高斯分布情形下的Wishart分布和非高斯情形下的多变量乘积模型[65,125,139,140]。其中低分辨条件下的PolSAR数据一般满足Wishart分布。另外,在乘积模型中协方差矩阵表示为纹理变量和Wishart分布相干斑变量的乘积。从上述分析可以看出,极化协方差矩阵的Wishart分布统计模型在PolSAR图像多视处理中有着重要地位。本章将对服从该分布的协方差矩阵的行列式值的统计特性及其ENL参数估计方法进行研究。

在参数估计领域,传统的矩估计方法在某些情形下存在解析表达式不易求取的弊端。最近挪威学者Anfinsen等意识到Mellin变换在参数估计领域的巨大潜能,将单极化的合成孔径雷达Mellin变换处理方法扩展到全PolSAR,建立了矩阵的Mellin变换理论,提出矩阵对数矩和矩阵对数累积量的概念[90-92],为PolSAR参数估计和随机分布模型拟合度的分析奠定了理论基础。经过研究发现,Anfinsen等所提出的矩阵对数矩和矩阵对数累积量,本质上是极化协方差矩阵的行列式值的对数矩和对数累计量。在其推导的对数累积量的表达中,矩阵行列式值估计的准确性大大影响着后续ENL等关键参数的估计性能。目前协方差矩阵行列式值的估计普遍采用其观测矩阵平均值的行列式值,该方法存在较大的偏差[90]。因此研究矩阵行列式值的统计特性,并推导出其ML估计方法无疑会提高ENL等参数的估计精度。

本章的结构安排如下:4.2节分析协方差矩阵行列式值的物理意义,将表征目标散射极化散布程度的行列式值与表征目标随机特性的极化熵、极化散度等进行比较，给出它们相互之间的数学关系。4.3 节给出 Wishart 分布情形下协方差矩阵行列式值的统计特性，推导行列式值的 ML 估计方法。将行列式值的 ML 估计应用到 PolSAR 图像 ENL 的估计中，有效地提高了 ENL 估计的准确性。

4.2 协方差矩阵行列式值的物理意义分析

本节将表征目标散射极化散布程度的标准行列式值与表征目标随机特性的极化熵、极化散度等参数进行比较，给出它们与特征值比值以及相互之间的数学关系。经过推导发现上述 3 种统计量在描述目标散射随机特性方面具有部分一致性，本质区别在于 3 个随机性描述参数对极化方向随机度和平面极化度的加权方法的差异。本节最后用仿真数据和实测数据对理论推导进行实验分析，其结果验证了推导的正确性。

4.2.1 多视协方差矩阵的特征值

PolSAR 遥感系统能够获得 d 幅复数值图像 S_i，其中 $i=1,2,\cdots,d$ [97,141]

$$\boldsymbol{k}=[S_1,S_2,\cdots,S_d]^\mathrm{T} \qquad (4.1)$$

这里 T 表示转置。下标表示某一极化通道的 SAR 图像复数值。$\boldsymbol{k}$ 是后向散射约定（BSA）下的目标全极化散射矢量。那么可得极化协方差矩阵为 $d \times d$ 维的半正定厄米特矩阵为

$$\boldsymbol{C} = \begin{cases} E\{S_1 S_1^\mathrm{H}\} & E\{S_1 S_2^\mathrm{H}\} & \cdots & E\{S_1 S_d^\mathrm{H}\} \\ E\{S_2 S_1^\mathrm{H}\} & E\{S_2 S_2^\mathrm{H}\} & \cdots & E\{S_2 S_d^\mathrm{H}\} \\ \vdots & \vdots & \ddots & \vdots \\ E\{S_d S_1^\mathrm{H}\} & E\{S_m S_2^\mathrm{H}\} & \cdots & E\{S_d S_d^\mathrm{H}\} \end{cases} \qquad (4.2)$$

其中 $E\{\cdot\}$ 表示数学期望。由于受到相干斑噪声的影响，$\boldsymbol{C}$ 需要从式（4.1）中估计获得。在式（4.1）中如果各极化通道分量 $S_i, i=1,2,\cdots,d$ 满足各态历经性，那么式（4.2）中的集合平均就可以用空间平均来替代计算。$\boldsymbol{C}$ 矩阵的空间平均估计方法为

$$\boldsymbol{Z}_{Ld} = \frac{1}{L}\sum_{i=1}^{L}\boldsymbol{k}_i \boldsymbol{k}_j^\mathrm{H} \qquad (4.3)$$

这里 L 是空间平均的视图数，下标 i,j 表示第 i 个和第 j 个视图的空间平均处理过程。矩阵 $\boldsymbol{Z}_{Ld}$ 是高斯分布假设下 $\boldsymbol{C}$ 的最大似然估计[6]。

协方差矩阵 $\boldsymbol{C}$ 和 $\boldsymbol{Z}_{Ld}$ 的特征值和特征矢量分解分别为[141]

$$\boldsymbol{\Sigma} = \boldsymbol{Q}^{\mathrm{H}}\boldsymbol{C}\boldsymbol{Q}, \boldsymbol{\Xi} = \boldsymbol{U}^{\mathrm{H}}\boldsymbol{Z}_{Ld}\boldsymbol{U} \tag{4.4}$$

其中

$$\boldsymbol{\Sigma} = \begin{bmatrix} l_1 & 0 & \cdots & 0 \\ 0 & l_2 & \cdots & 0 \\ 0 & 0 & \ddots & \vdots \\ 0 & 0 & \cdots & l_d \end{bmatrix}, \boldsymbol{\Xi} = \begin{bmatrix} \lambda_1 & 0 & \cdots & 0 \\ 0 & \lambda_2 & \cdots & 0 \\ 0 & 0 & \ddots & \vdots \\ 0 & 0 & \cdots & \lambda_d \end{bmatrix} \tag{4.5}$$

式中,$l_i(i=1,2,\cdots,d)$ 表示真实协方差矩阵 $\boldsymbol{C}$ 的特征值,且 $l_1 \geqslant l_2 \geqslant \cdots \geqslant l_d$,称作真实特征值。$\lambda_i(i=1,2,\cdots,d)$ 表示测量协方差矩阵 $\boldsymbol{Z}_{Ld}$ 的特征值,且 $\lambda_1 \geqslant \lambda_2 \geqslant \cdots \geqslant \lambda_d$,称作测量特征值。协方差矩阵 $\boldsymbol{C}$ 和 $\boldsymbol{Z}_{Ld}$ 的行列式值为

$$\varUpsilon = |\boldsymbol{C}| = \prod_{i=1}^{d} l_i, \gamma = |\boldsymbol{Z}_{Ld}| = \prod_{i=1}^{d} \lambda_i \tag{4.6}$$

测量协方差矩阵的特征值联合 PDF 为[141]

$$p_{\boldsymbol{\Xi}}(\boldsymbol{\Xi}) = K(d,L,l_1,\cdots,l_d) Q(i,j) \prod_{i=1}^{d} \lambda_i^{L-d} \prod_{i<j}^{d} (\lambda_i - \lambda_j) \tag{4.7}$$

其中,$Q(i,j)$ 表示第 i 行第 j 列的元素为 $\exp(-L\lambda_j/l_i)$,并且维数为 $d \times d$ 的矩阵的行列式值,其定义如下:

$$Q(i,j) = \det \begin{bmatrix} \exp\left(-L\frac{\lambda_1}{l_1}\right) & \cdots & \exp\left(-L\frac{\lambda_d}{l_1}\right) \\ \vdots & \vdots & \vdots \\ \exp\left(-L\frac{\lambda_1}{l_d}\right) & \cdots & \exp\left(-L\frac{\lambda_d}{l_d}\right) \end{bmatrix} \tag{4.8}$$

式(4.7)中的 K 函数定义为

$$K(d,L,l_1,\cdots,l_d) = \frac{\pi^{d(d-1)} L^{d(2L-d+1)/2}}{\Gamma_d(d)\Gamma_d(L)} \frac{\prod_{k=1}^{d-1} k^{d-k}}{\prod_{i=1}^{d} l_i^L \prod_{i<j}^{d} (l_j^{-1} - l_i^{-1})} \tag{4.9}$$

4.2.2 行列式值的物理意义

极化熵是香农信息理论中描述信息随机程度的物理量[100,142]。极化度一般是描述二维电磁波极化随机程度的物理量,现在用来描述三维电磁波的近场极化随机程度。极化度已经被推广到目标散射随机性的描述上,发展成为描述近场电磁波或者目标随机散射特性的新参数:极化散度[100,142]。极化协方差矩阵的行列式值在物理意义上也一定程度地描述了三维电磁波或者目标散射的随机

性。因此这3种描述极化随机性的参数之间的区别与联系、是否可以相互替代等问题是非常值得研究的。

在特征值和特征矢量的极化分解方法中,其各向异性参数 P 定义为[98]

$$P = \frac{\lambda_1 - \lambda_2}{\lambda_1 + \lambda_2} \quad (4.10)$$

它本质上是二维电磁波的极化度的概念,其真值为

$$P_0 = \frac{l_1 - l_2}{l_1 + l_2} \quad (4.11)$$

矩阵行列式值在描述随机性时一般需要将其标准化以方便比较,其标准化过程为

$$N = \frac{d^d \mathbf{Z}_{Ld}}{Tr(\mathbf{Z}_{Ld})} \quad (4.12)$$

可得标准化行列式值为

$$D = \frac{d^d \lambda_1 \lambda_2 \cdots \lambda_d}{(\lambda_1 + \lambda_2 + \cdots \lambda_d)^d} \quad (4.13)$$

当 $\lambda_1 = \lambda_2 = \cdots = \lambda_d$ 时,标准化行列式值 $D = 1$,表明其随机度最大值已归一化。

在 $d = 1$ 时,不存在随机性,因为电磁波或者目标参数是固定极化的。在 $d = 2$ 时,常规极化度为式(4.10),极化散度定义为[100]

$$R = 1 - P^2 = \frac{4\lambda_1 \lambda_2}{(\lambda_1 + \lambda_2)^2} \quad (4.14)$$

极化熵定义为

$$H = -\sum_{i=1}^{2} p_i \ln p_i, \, p_i = \frac{\lambda_i}{\lambda_1 + \lambda_2} \quad (4.15)$$

标准协方差矩阵的行列式值为

$$D = \frac{4\lambda_1 \lambda_2}{(\lambda_1 + \lambda_2)^2} \quad (4.16)$$

容易得到不同随机性描述参数与极化度的关系如下式所示:

$$\begin{cases} R = 1 - P^2 \\ H = -\left\{\frac{1}{2}(1+P)\ln\left[\frac{1}{2}(1+P)\right] + \frac{1}{2}(1-P)\ln\left[\frac{1}{2}(1-P)\right]\right\} \\ D = 1 - P^2 \end{cases} \quad (4.17)$$

在 $d = 3$ 时,平面极化度定义为

第4章 协方差矩阵行列式值的统计特性及其应用

$$P_1 = \frac{\lambda_1 - \lambda_2}{\lambda_1 + \lambda_2 + \lambda_3} \tag{4.18}$$

方向极化度定义为

$$P_2 = \frac{\lambda_1 + \lambda_2 - 2\lambda_3}{\lambda_1 + \lambda_2 + \lambda_3} \tag{4.19}$$

总体极化度为

$$P^2 = \frac{1}{4}(3P_1^2 + P_2^2) \tag{4.20}$$

极化散度定义为[100,142]

$$R = 1 - P^2 = 1 - \frac{1}{4}(3P_1^2 + P_2^2) \tag{4.21}$$

其中,$0 \leqslant P_1 \leqslant P_2 \leqslant 1$。

极化熵定义为

$$H = -\sum_{i=1}^{3} p_i \ln p_i, \quad p_i = \frac{\lambda_i}{\lambda_1 + \lambda_2 + \lambda_3} \tag{4.22}$$

标准协方差矩阵的行列式值为

$$D = \frac{27\lambda_1 \lambda_2 \lambda_3}{(\lambda_1 + \lambda_2 + \lambda_3)^3} \tag{4.23}$$

下面推导 $d=3$ 时 D 与 P_1 和 P_2 的关系,由式(4.18)和式(4.19)可知,P_1 和 P_2 由变量 λ_2/λ_1 和 λ_3/λ_1 共同决定,有

$$P_1 = \frac{1 - \dfrac{\lambda_2}{\lambda_1}}{1 + \dfrac{\lambda_2}{\lambda_1} + \dfrac{\lambda_3}{\lambda_1}} \tag{4.24}$$

$$P_2 = \frac{1 + \dfrac{\lambda_2}{\lambda_1} - 2\dfrac{\lambda_3}{\lambda_1}}{1 + \dfrac{\lambda_2}{\lambda_1} + \dfrac{\lambda_3}{\lambda_1}} \tag{4.25}$$

由上述两个式子可以求得

$$\frac{\lambda_2}{\lambda_1} = \frac{P_2 + 2 - 3P_1}{P_2 + 2 + 3P_1} \tag{4.26}$$

$$\frac{\lambda_3}{\lambda_1} = \frac{2(1 - P_2)}{P_2 + 2 + 3P_1} \tag{4.27}$$

从而可得 D 与 P_1 和 P_2 的关系为

$$D = \frac{27\lambda_1\lambda_2\lambda_3}{(\lambda_1+\lambda_2+\lambda_3)^3} = \frac{27\left(\dfrac{P_2+2-3P_1}{P_2+2+3P_1}\right)\left(\dfrac{2(1-P_2)}{P_2+2+3P_1}\right)}{\left(1+\dfrac{P_2+2-3P_1}{P_2+2+3P_1}+\dfrac{2(1-P_2)}{P_2+2+3P_1}\right)^3}$$

$$= \left(1+\frac{1}{2}P_2+\frac{3}{2}P_1\right)\left(1+\frac{1}{2}P_2-\frac{3}{2}P_1\right)(1-P_2) \tag{4.28}$$

类似地，可推导得到 H 关于 P_1 和 P_2 的表达式为

$$H = -\frac{\left(1+\dfrac{1}{2}P_2+\dfrac{3}{2}P_1\right)}{3}\ln\left[\frac{1}{3}\left(1+\frac{1}{2}P_2+\frac{3}{2}P_1\right)\right]$$

$$+\frac{\left(1+\dfrac{1}{2}P_2-\dfrac{3}{2}P_1\right)}{3}\ln\left[\frac{1}{3}\left(1+\frac{1}{2}P_2-\frac{3}{2}P_1\right)\right]$$

$$+\frac{(1-P_2)}{3}\ln\left[\frac{1}{3}(1-P_2)\right] \tag{4.29}$$

4.2.3 实验分析

本节推导得到了极化散度、极化熵和行列式值 3 种不同随机性描述参数与极化度 P_1 和 P_2 的关系。注意平面极化度 P_1 表征传统意义上的平面波极化度，方向极化度 P_2 表征近场条件下电磁波传播方向的稳定度。图 4.1(a) 给出了二维情况下不同极化散射随机性度量的比较。可见在二维散射情况下，极化散度和标准协方差矩阵行列式值是完全一致的，而极化熵与极化散度是一一对应的。经数值计算可知在极化度大于 0.876479 的情况下，极化熵不小于极化散度；在极化度小于 0.876479 的情况下，极化熵小于极化散度。

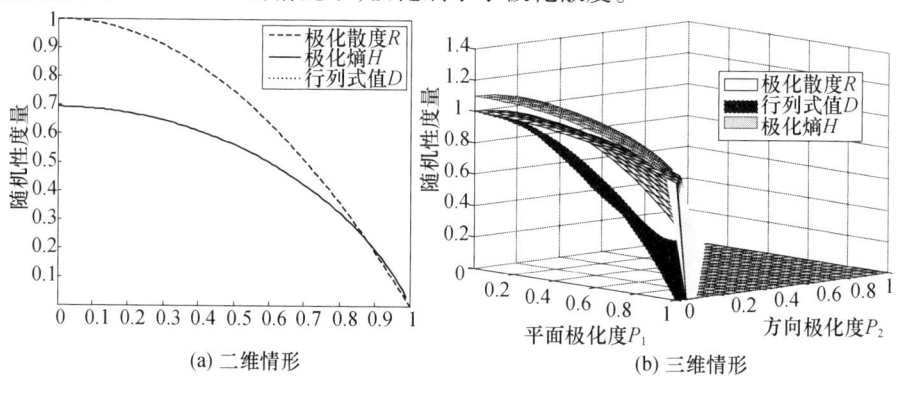

(a) 二维情形

(b) 三维情形

图 4.1　不同极化散射随机性度量的比较

图 4.1(b)给出了三维情形下不同极化散射随机性度量值的比较。由图中可见,在三维散射情况下极化熵和极化散度非常接近,而标准行列式值与它们差别较大。根本原因在于它们对平面极化度 P_1 和方向极化度 P_2 的加权权重不同。在极化散度和极化熵中,平面极化度对整体随机性贡献大于方向极化度的贡献。而在标准协方差矩阵行列值中只要方向极化度为 1(即方向确定),那么整个散射随机性为 0,与平面极化度无关,这显然是不合理的。文献[100]中指出标准矩阵行列式值可以用来替代极化熵,并给出了它们之间的数学关系,但是没有指出在什么情况下可以替代。通过分析可以看出,在方向极化度较小的情况下,也就是第三个特征值与前两个特征值之和可比时替代关系才能成立;当方向极化度较大时,极化散度和标准行列式值将会存在较大的差异。图 4.1 也验证了文献[100]中用极化散度替代极化熵的可行性,有利于加深对不同散射随机性描述参数的物理理解。

为了更直观地理解不同随机性参数的差异和其物理意义,下面采用实测数据进行分析。实测数据仍然采用 AIRSAR 系统 San Francisco 图像数据。图 4.2 给出了实测数据下的平面极化度、方向极化度、极化散度以及标准行列式值的比较示意图。多视过程中采用的名义视图数为 4,该图的结果验证了上述分析的正确性。

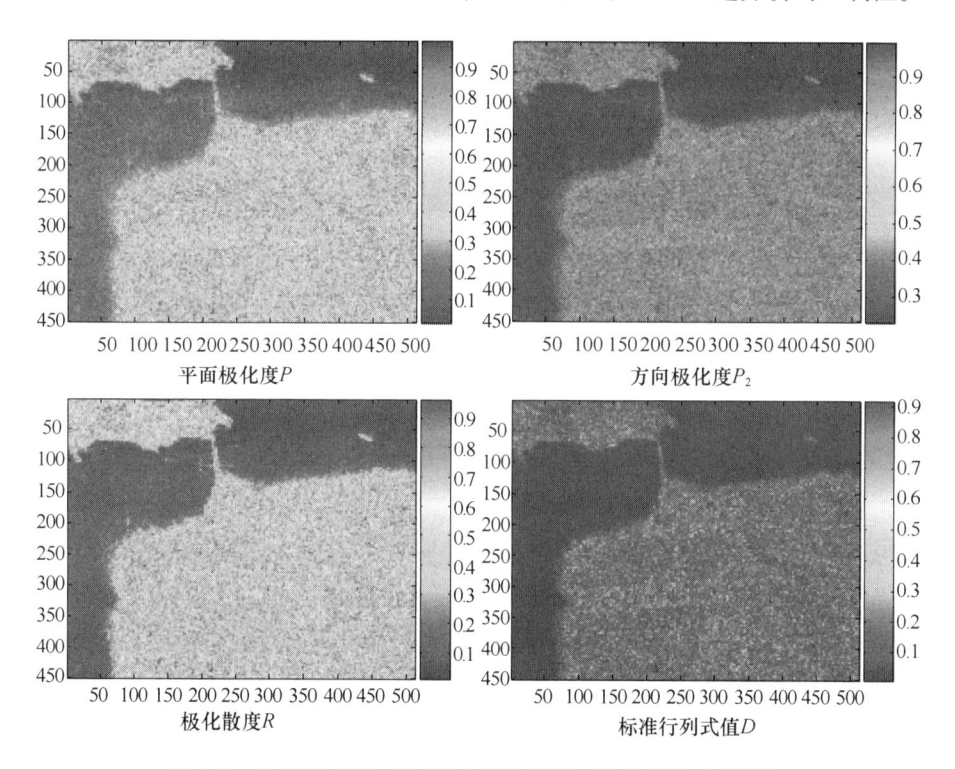

图 4.2 极化度、极化散度以及标准行列式值的比较(见彩图)

4.3 Wishart 分布矩阵行列式值的统计特性

空域邻近像素的多视处理是一种传统而有效的相干斑抑制方法,在高斯假设下多视协方差矩阵服从中心 Wishart 分布[114]。另外,乘积模型常用于非均匀区域的图像建模,该模型将非均匀区域的多视协方差矩阵表示为纹理变量与服从 Wishart 分布的相干斑变量的乘积。现有的由乘积模型构建的非高斯模型主要有 K 分布[143]、G0 分布[88,115,143]、Fisher 分布[98,144]和重尾瑞利分布[145]等。由此可见,Wishart 分布在PolSAR图像建模中具有非常重要的地位。

由于PolSAR实测数据像素点之间的相关性,需要用 ENL 来代替名义视图数。在基于 Wishart 分布的PolSAR图像 Bayes 分类[146-148]、变化检测[149]以及其它复杂数据模型[85]等应用中都依赖于 ENL 的准确估计。Anfinsen 从一阶 MLC 表达式中得到了 ENL 的 ML 估计方法,但是该表达式中协方差矩阵的行列式值未知,其估计值由协方差矩阵均值的行列式值得到[88,90]。

本节推导了 Wishart 矩阵行列式值的分布及其 ML 估计表达式,用非均匀间隔建表的查表法解决了其最大似然修正系数计算量较大的问题,用仿真数据证明了行列式值 ML 估计方法推导的正确性。另外,结合等效视图数(ENL)的最大似然(ML)(Maximum Likelihood of ENL, LML)估计表达式和行列式值的 ML (Maximum Likelihood of Determinant, DML)估计,提出了 n 次迭代的 LML-DML 算法,最后用仿真数据和实测数据分析验证了该算法的有效性和准确性。实验结果表明该方法在样本数较小的情形下相比原有算法在性能上有较大改进。本节的研究为 ENL 这一关键参数的准确估计提供了新的途径。

4.3.1 矩阵行列式值的分布

为了分析协方差矩阵行列式值的分布特性,我们首先将协方差矩阵观测值 C 和真值 Σ 的行列式值分别表示为 $x=|C|, \sigma=|\Sigma|$。其中协方差矩阵 C 的维数为 $d \times d$, L 为视图数。已知 $y=(2L)^d x/\sigma$ 服从 d 个相互独立并且自由度分别为 $2L, 2(L-1), \cdots, 2(L-d+1)$ 的 χ^2 分布的乘积[93]

$$y : \prod_{i=0}^{d-1} \chi^2(2(L-i)) \tag{4.30}$$

对式(4.30)应用式(2.46)所示乘积模型基于 Mellin 变换的特征函数的性质,以及 $\chi^2(2n)$ 的 Mellin 变换[99],可得 $y=(2L)^d x/\sigma$ 的 Mellin 变换为

$$\phi_y(s) = \frac{2^{d(s-1)}\Gamma(L+s-1)\cdots\Gamma((L-d+1)+s-1)}{\Gamma(L)\cdots\Gamma(L-d+1)} \tag{4.31}$$

根据式(2.32)所示的 Mellin 逆变换,我们可以求出随机变量 y 的 PDF 为

$$f_y(y) = \frac{1}{2\pi j}\int_{c-i\infty}^{c+i\infty} y^{-s}\phi_y(s)\mathrm{d}s$$

$$= \frac{1}{2\pi j}\int_{c-i\infty}^{c+i\infty} \frac{2^{d(s-1)}\Gamma(L+s-1)\cdots\Gamma((L-d+1)+s-1)}{\Gamma(L)\cdots\Gamma(L-d+1)} y^{-s}\mathrm{d}s$$

$$= \frac{\dfrac{1}{2\pi j}\int_{c-i\infty}^{c+i\infty}\Gamma(L+s-1)\cdots\Gamma((L-d+1)+s-1)\left(\dfrac{y}{2^d}\right)^{-s}\mathrm{d}s}{2^d\Gamma(L)\cdots\Gamma(L-d+1)} \quad (4.32)$$

利用 MeijerG 函数的定义

$$G_{pq}^{mn}\left(z\left|\begin{array}{c}a_1,\cdots,a_p\\b_1,\cdots,b_q\end{array}\right.\right) = \frac{1}{2\pi j}\int_{c-i\infty}^{c+i\infty}\frac{\displaystyle\prod_{i=1}^{m}\Gamma(b_i+s)\prod_{i=1}^{n}\Gamma(1-a_i-s)}{\displaystyle\prod_{i=n+1}^{p}\Gamma(a_i+s)\prod_{i=m+1}^{q}\Gamma(1-b_i-s)}z^{-s}\mathrm{d}s$$

(4.33)

式(4.32)可简化为

$$f_y(y) = \frac{G_{0d}^{d0}\left(\dfrac{y}{2^d}\bigg|(L-1),\cdots,(L-d)\right)}{2^d\Gamma(L)\cdots\Gamma(L-d+1)} \quad (4.34)$$

从而可得协方差矩阵的行列式值 $x = |\boldsymbol{C}|$ 的 PDF 为

$$f_x(x) = \frac{L^d G_{0d}^{d0}\left(\dfrac{L^d x}{\sigma}\bigg|(L-1),\cdots,(L-d)\right)}{\Gamma(L)\cdots\Gamma(L-d+1)\sigma} \quad (4.35)$$

当 $d=1$ 时,协方差矩阵行列式值的 PDF 可简化为指数分布

$$f_x(x) = \frac{L G_{01}^{10}\left(\dfrac{Lx}{\sigma}\bigg|(L-1)\right)}{\Gamma(L)\sigma} = \frac{L}{\Gamma(L)\sigma}\exp\left(-\frac{Lx}{\sigma}\right)\left(\frac{Lx}{\sigma}\right)^{L-1} \quad (4.36)$$

当 $d=2$ 时,协方差矩阵行列式值的 PDF 可简化为

$$f_x(x) = \frac{2L^{2L-1}}{\Gamma(L)\Gamma(L-1)\sigma}\left(\frac{x}{\sigma}\right)^{L-\frac{3}{2}}K_1\left(2L\sqrt{\frac{x}{\sigma}}\right) \quad (4.37)$$

式中 $K_1(\cdot)$ 表示第二类修正贝塞尔函数。

图 4.3 给出了不同视图数时,一维和二维情形下协方差矩阵行列式值的 PDF。在 $d=1$ 和 $d=2$ 时,协方差矩阵行列式值的 PDF 如式(4.36)和式(4.37)所示。可见随着视图数的增加,协方差矩阵行列式值的统计分布逐渐接近于满足中心极限定理的正态分布,其统计均值接近于行列式值的均值。

为了验证理论推导的正确性,同样采用 AIRSAR 系统提供的 San Francisco

（a）$d=1$

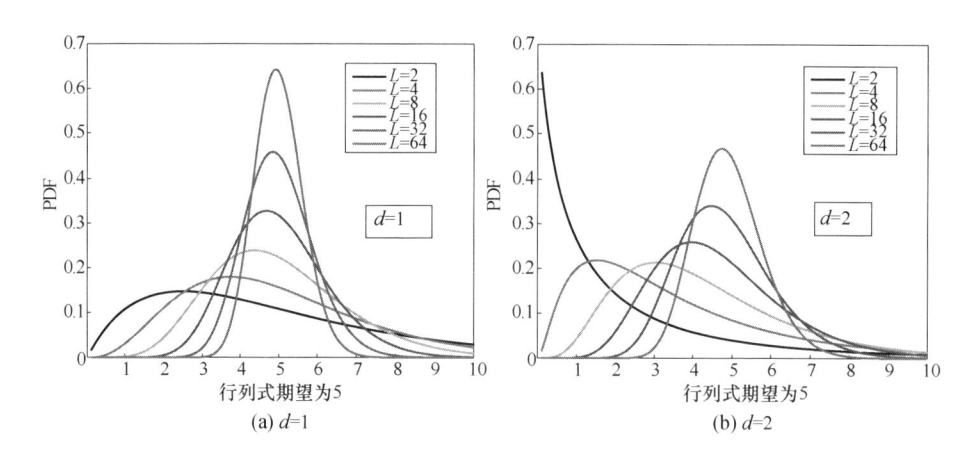

（b）$d=2$

图 4.3　协方差矩阵行列式值的概率密度函数（见彩图）

图像实测数据。选取图像左下角的海洋区域，统计该区域的直方图，可以得到在不同维数下协方差矩阵行列式值的 PDF 理论值与实测值的对比图（图 4.4）。其中理论曲线的分布参数由图中大片海洋区域在大样本条件下的样本均值估计得到。可以看出，实测数据直方图的拟合曲线与理论曲线非常接近，这也验证了上述矩阵行列式值推导的正确性。

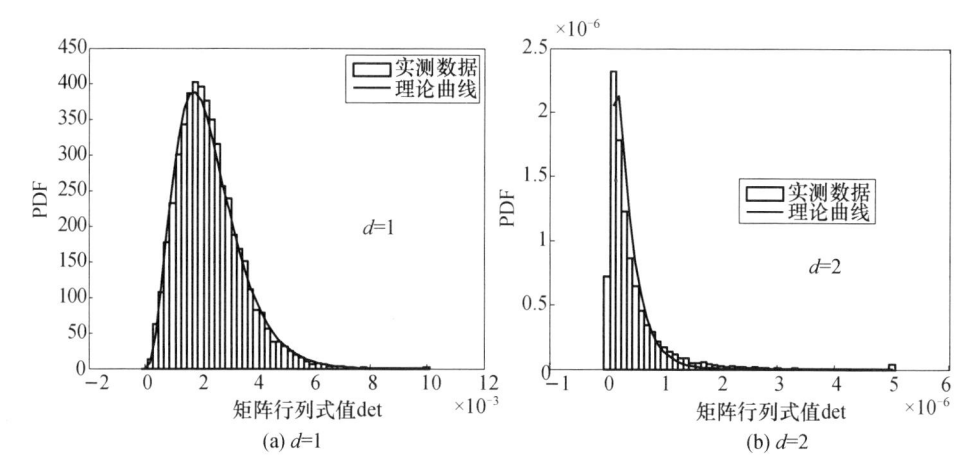

（a）$d=1$

（b）$d=2$

图 4.4　协方差矩阵行列式值的 PDF 的实测值与理论值对比图

4.3.2　矩阵行列式值的最大似然估计

4.3.1 节中我们给出了协方差矩阵行列式值的分布，下面推导协方差矩阵行列式值的 ML 估计方法，该估计方法可由下式得到

$$\frac{\partial \ln f_x(x)}{\partial \sigma}=0 \tag{4.38}$$

由式(4.36)和式(4.38)可知,当 $d=1$ 时,ML 估计表达式为

$$\hat{\sigma}_{\text{MLE}} = x \tag{4.39}$$

同样地,当 $d=2$ 时,可得行列式的 ML 估计为

$$\frac{\partial \ln f_x(x)}{\partial \sigma} = -\left(L - \frac{1}{2}\right)\frac{1}{\sigma} + \frac{\partial \ln K_1\left(2L\sqrt{\frac{x}{\sigma}}\right)}{\partial \sigma} = 0$$

$$\Rightarrow 2L\sqrt{\frac{x}{\hat{\sigma}}}\left(K_0\left(2L\sqrt{\frac{x}{\hat{\sigma}}}\right) + K_2\left(2L\sqrt{\frac{x}{\hat{\sigma}}}\right)\right) -$$

$$4(L - 1/2)K_1\left(2L\sqrt{\frac{x}{\hat{\sigma}}}\right) = 0 \tag{4.40}$$

当 $d=3$ 时,Wishart 分布矩阵行列式值的 ML 估计表达式为

$$\frac{\partial \ln f_x(x)}{\partial \sigma} = \frac{\partial \ln G_{0d}^{d0}\left(\frac{L^d x}{\sigma}\bigg|(L-1),\cdots,(L-d)\right)}{\partial \sigma} - \frac{1}{\sigma} \tag{4.41}$$

其中

$$G_{0d}^{d0}(z|b_1,\cdots,b_d) = \frac{1}{2\pi j}\int_{c-i\infty}^{c+i\infty}\prod_{i=1}^{d}\Gamma(b_i + s)z^{-s}\text{d}s \tag{4.42}$$

对式(4.42)求导,可得

$$\frac{\partial G_{0d}^{d0}(z|b_1,\cdots,b_d)}{\partial z} = \frac{\partial}{\partial z}\left(\frac{1}{2\pi j}\int_{c-i\infty}^{c+i\infty}\prod_{i=1}^{d}\Gamma(b_i + s)z^{-s}\text{d}s\right)$$

$$= -\frac{1}{2\pi j}\int_{c-i\infty}^{c+i\infty}\prod_{i=1}^{d}\Gamma(b_i - 1 + s + 1)sz^{-(s+1)}\text{d}(s+1)$$

$$\tag{4.43}$$

注意到

$$\Gamma(s+1) = s\Gamma(s) \tag{4.44}$$

则式(4.43)变为

$$\frac{\partial G_{0d}^{d0}(z|b_1,\cdots,b_d)}{\partial z}$$

$$= -\frac{1}{2\pi j}\int_{c-i\infty}^{c+i\infty}\prod_{i=1}^{d}\Gamma(b_i - 1 + s + 1)\frac{\Gamma(s+1)}{\Gamma(s+1-1)}z^{-(s+1)}\text{d}(s+1)$$

$$= -G_{1(d+1)}^{(d+1)0}\left(z\bigg|\begin{matrix}-1\\0, b_1-1,\cdots,b_d-1\end{matrix}\right) \tag{4.45}$$

因此其 ML 估计需要满足：

$$\frac{\partial \ln f_x(x)}{\partial \sigma} = \frac{G_{1(d+1)}^{(d+1)0}\left(\frac{L^d x}{\sigma} \Big| \begin{array}{c} -1 \\ 0, L-2, \cdots, L-d-1 \end{array}\right)}{G_{0d}^{d0}\left(\frac{L^d x}{\sigma} \Big| (L-1), \cdots, (L-d)\right)} \frac{L^d x}{\sigma^2} - \frac{1}{\sigma} = 0 \quad (4.46)$$

即

$$\frac{G_{1(d+1)}^{(d+1)0}\left(z \Big| \begin{array}{c} -1 \\ 0, L-2, \cdots, L-d-1 \end{array}\right)}{G_{0d}^{d0}(z | (L-1), \cdots, (L-d))} z = 1 \quad (4.47)$$

其中，$z = L^d x / \sigma$。最后求得三维情形下 $\sigma = |\boldsymbol{\Sigma}|$ 的 ML 估计为

$$\hat{\sigma}_{\mathrm{ML}} = \left\langle \frac{L^d x}{z} \right\rangle = \frac{L^d}{z} \langle |\boldsymbol{C}| \rangle \quad (4.48)$$

其中，z 可以从式(4.47)中计算得到，并且 z 的值只与 L 和 d 有关，因此式(4.48)可记为

$$\hat{\sigma}_{\mathrm{ML}} = \frac{L^d}{z} \langle |\boldsymbol{C}| \rangle = f(L; d) \cdot \langle |\boldsymbol{C}| \rangle \quad (4.49)$$

式(4.49)即为 Wihsart 分布协方差矩阵行列式值的最大似然估计方法，这里将式(4.49)中的 $f(L; d)$ 定义为行列式值最大似然修正系数。$d = 1$ 时，求解式(4.47)得 $z = L$，因而有 $f(L; 1) = 1$，与式(4.39)的结果相符。当 $d - 2$ 和 $d = 3$ 时，可分别通过数值方法求解式(4.40)和式(4.47)得到 $f(L; d)$。计算得到的 $f(L; d)$ 的值如图 4.5 所示，从图中可以看出，随着 L 值的增大，$f(L; d)$ 的值趋向于 1。

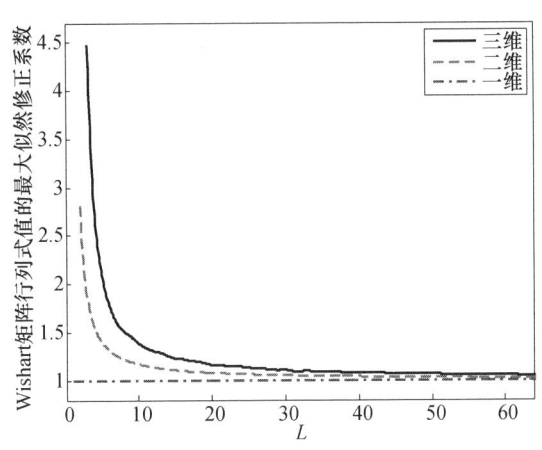

图 4.5 不同维数下 Wishart 矩阵行列式值的最大似然修正系数（见彩图）

第4章 协方差矩阵行列式值的统计特性及其应用

由于式(4.40)和式(4.47)在求解 $f(L;d)$ 时计算较复杂,在估计过程中计算 $f(L;d)$ 需要花费大量的时间,这降低了算法的实用性。但是注意到,实际上 d 是一个确定值,我们可以根据 L 的值预先计算出 $f(L;d)$,建立一个 $L\sim f(L;d)$ 索引表,然后用 L 作为索引值去查表得到 $f(L;d)$。这样 DML 算法的复杂性就大大降低,仅仅是在原有的求均值的算法上乘以一个查表得到的系数。由图 4.5 可以得到当 $L<10$ 时,$f(L;d)$ 的变化速度很快,因此在实际应用中我们预先建立的是一个非均匀间隔索引的表:当 $d \leqslant L \leqslant 10$ 时,以间隔值 $\Delta L = 0.01$ 建表;当 $10<L \leqslant 1024$ 时,以 $\Delta L=0.1$ 建表;当 $L>1024$,$f(L;d)=1$。注意,对于多样本多视图像而言,其行列式值估计时的总视图数为 $N \times L$。

下面我们比较本节推导的行列式值的 ML 估计方法与现有估计方法的性能差异。现有的方法都是用 $|\langle C \rangle|$ 来估计 $|\Sigma|$ 的值[88,90],我们称为基于协方差矩阵均值的行列式值估计方法(Mean of Determinant,DMean),下面我们用仿真产生的服从 Wishart 分布的数据来对 DMean 和 DML 算法的性能进行比较。为了突出显示数据分布图的峰值,这里引入了一种基于核密度的非参数估计(Kernel Density Estimator,KDE)方法[90]。其中 h 称为带宽,它决定图像的平滑程度,在此我们采用 Epanechnikov 核函数。带宽 h 的选择对峰值的幅度有较大影响,但是对峰值的位置影响不大,本节选取带宽 $h=0.3$。

图 4.6 比较了仿真数据下 DMean 算法和 DML 算法的估计性能,所用的仿真数据服从参数为 $L=4$,$|\Sigma|=5$ 的 Wishart 分布。图 4.6(a) 和图 4.6(b) 分别给出了这两种算法在 $d=2$ 和 $d=3$ 情形下的估计偏差与估计方差。从图中可以看出无论估计偏差还是估计方差,$d=2$ 和 $d=3$ 情形下的变化趋势基本是相同的,我们在此只分析 $d=3$ 的情形。

表 4.1 给出了图 4.6(b) 中不同样本数对应的估计偏差的具体数据。从表中可以看出,DML 算法在样本数较小的情况下能得到比 DMean 算法更精确的结果,其优势非常明显;随着样本数的增加,行列式值最大似然修正系数的值慢慢接近1(见图 4.5),因此两种算法的估计结果趋于相同。另外由于行列式值最大似然修正系数的值是大于1的,使得在估计值的方差上 DML 算法会比 DMean 算法要大一些。而实际上 DMean 是有偏估计,而 DML 是无偏估计。图 4.6(a) 和(b)中最下方的图对应上面的图中样本数为16(总样本数为64)时的行列式值估计结果的分布情况。

表 4.1 图 4.6(b) 中不同样本数对应的估计偏差

	2	4	8	16	32	64
DMean	1.739	0.8609	0.4632	0.2337	0.1204	0.0542
DML	0.0587	0.0606	0.0296	0.0085	0.0098	0.0042

(a) 二维情形(d=2)　　　　　　　(b) 三维情形(d=3)

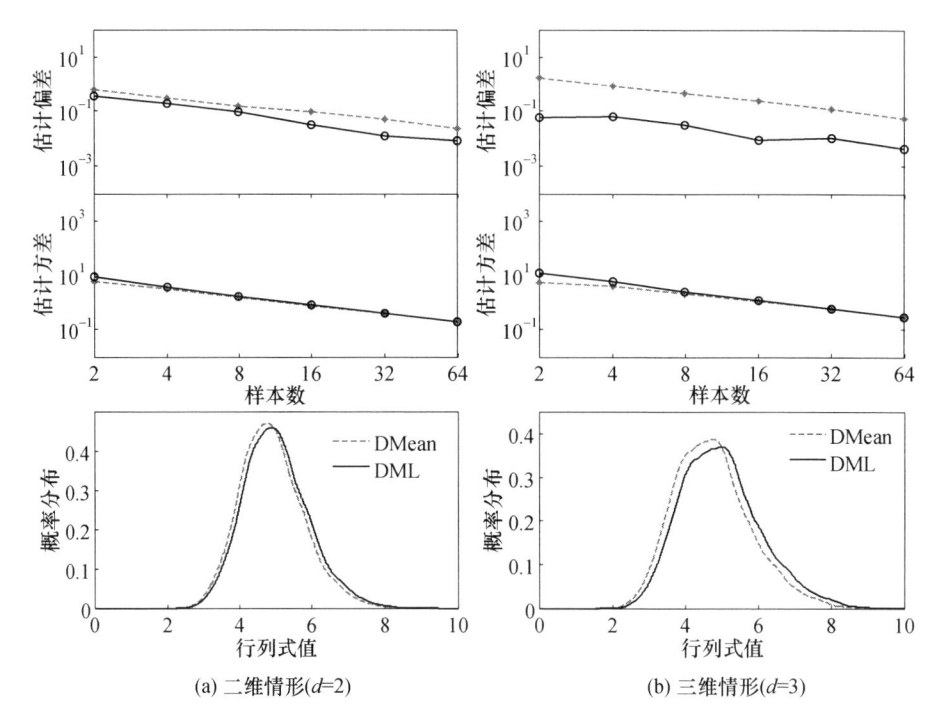

图 4.6　仿真数据下 DMean 算法和 DML 算法的估计性能比较，仿真数据
服从 $L=4$, $|\boldsymbol{\Sigma}|=5$ 的 Wishart 分布(最下面的图对应于上面的图中
样本数为 16 时估计结果的分布，仿真次数 $M=10000$)(见彩图)

4.3.3　ENL 与行列式值的联合最大似然估计

Wishart 分布中参数 L 的 ML 估计方法为[90]

$$g(\hat{L}_{\mathrm{ML}}) = E\{\ln x\} - \ln\sigma - \sum_{i=0}^{d-1}\Psi^{(0)}(\hat{L}_{\mathrm{ML}} - i) + d\ln\hat{L}_{\mathrm{ML}} = 0 \quad (4.50)$$

设

$$t = \ln\sigma \quad (4.51)$$

原有的方法是用 $\ln|\langle \boldsymbol{C}\rangle|$ 来估计 $\ln\sigma$ 的值[88,90]，即

$$\hat{t}_{\mathrm{Mean}} = \ln|\langle \boldsymbol{C}\rangle| \quad (4.52)$$

式(4.52)对 t 的估计实际上为渐进无偏估计[94]。当样本数较小时，$\ln\sigma$ 的估计值存在较大偏差，从而导致 L 的估计值也误差较大。为了使 L 的估计值在样本数较小时也能取得好的估计效果，我们采用式(4.48)来估计 σ，由于 $\ln(\cdot)$ 函数的单调性，可知 $\ln\hat{\sigma}_{\mathrm{ML}}$ 也是 $\ln\sigma$ 的 ML 估计，即

$$\hat{t}_{\mathrm{ML}} = \ln\hat{\sigma}_{\mathrm{ML}} = \ln\left\langle\frac{L^d x}{z}\right\rangle = \ln f(L;d) + \ln\langle|\boldsymbol{C}|\rangle \quad (4.53)$$

因此，我们可以联合式（4.50）与式（4.53）来估计 ENL 与行列式值，首先用名义视图数代入式（4.53），估计出 $\hat{t}_{ML}$。再将 $\hat{t}_{ML}$ 的值代入式（4.50）估计出 ENL。然后再将 ENL 代入式（4.53），并如此重复迭代数次。在这里称此估计方法为参数 L 的 ML 估计与行列式值的 ML 估计联合估计（LML-DML）的 n 次迭代方法，这里只讨论 $d=3$ 情形，因为 $d=2$ 和 $d=1$ 都是它的特例。另外我们将原有的估计方法[90]称为 ENL 的 ML 估计与基于协方差矩阵均值的行列式值估计的联合估计方法（LML-DMean）。

n 次迭代 LML-DML 算法（$d=3$ 时）的具体流程如下：

（1）根据式（4.47）用数值求解方法计算出最大似然修正系数 $f(L;3)$；

（2）建立 $L \sim f(L;3)$ 索引表，当 $d \leqslant L \leqslant 10$ 时，以间隔值 $\Delta L=0.01$ 建表；当 $10 < L \leqslant 1024$ 时，以 $\Delta L=0.1$ 建表；当 $L > 1024$，$f(L;3)=1$；

（3）初始化 $\hat{L}_{ML}=$ 名义视图数，初始化迭代次数 $i=1$，样本数为 N；

（4）用 $N \times \hat{L}_{ML}$ 查表得到 $f(N \times \hat{L}_{ML};3)$，由式（4.53）求出 $\hat{t}_{ML} = \ln \hat{\sigma}_{ML}$；

（5）将 $\hat{t}_{ML}$ 代入式（4.50）中，求出 $\hat{L}_{ML}$；

（6）判断 i 是否等于 n：

若相等，至（7）；

若不相等，$i=i+1$，至（4）；

（7）得到 ENL 的估计值 $\hat{L}_{ML}$ 和矩阵行列式值的估计值 $\hat{\sigma}_{ML}$。

4.3.4 实验分析

图 4.7 给出了仿真数据情形下 $d=3$ 时 n 次（$n=1,2,\cdots,5$）迭代 LML-DML 算法和 LML-DMean 算法对 ENL 和矩阵行列式值的估计结果。仿真数据服从参数为 $L=4$，$|\boldsymbol{\Sigma}|=5$ 的 Wishart 分布，仿真次数为 $M=10000$。图 4.7（a）为 ENL 在不同样本数下的估计结果，其真值为 4。图 4.7（b）为矩阵行列式值在不同样本数下的估计结果，其真值为 5。从图 4.7 的估计偏差的图中可以看出，LML-DML 算法经过两次迭代后基本上就趋于稳定，即 $n > 2$ 次迭代的 LML-DML 算法性能相当。另外，从 L 和 $|\boldsymbol{\Sigma}|$ 的估计偏差的图中还可以得出各算法的优劣顺序分别为：n 次（$n \geqslant 2$）迭代 LML-DML > 1 次迭代 LML-DML > LML-DMean 算法。从图 4.7 中可见，本节的算法相比于原有的 LML-DMean 算法在样本数较小的情形下对 ENL 和对矩阵行列式值的估计精度都有很大提高。图 4.7 中最下面的图是对应样本数为 16（总样本数为 64）时估计值的分布情况，从该图中也可以看出，相比于原有算法，本节的算法其分布的峰值更接近真值。

接下来，我们用实测数据来对以上所讨论的几种算法进行分析。这里取的 PolSAR 实测数据是 San Francisco 海湾地区全极化雷达图像和 Oberpfaffenhofen

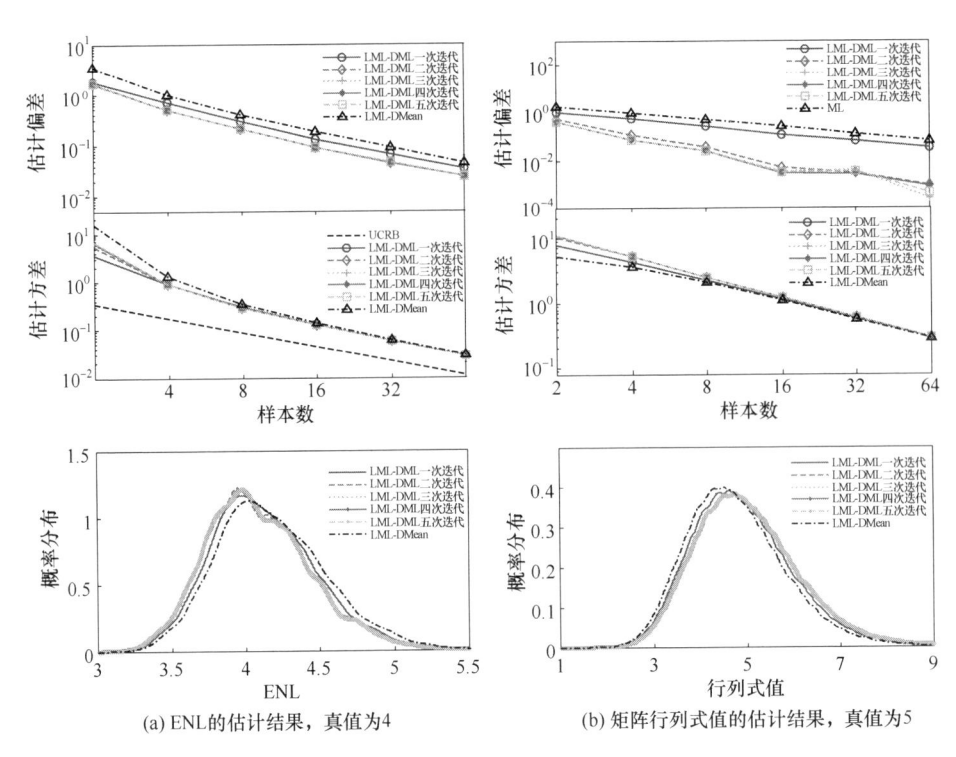

图 4.7 n 次迭代 LML-DML 算法与 LML-DMean 算法的比较，仿真数据服从 $L=4, |\pmb{\Sigma}|=5$ 的 Wishart 分布（最后一幅对应样本数为 $16, M=10000$）（见彩图）

地区全极化雷达图像，进行多视处理时名义视图数为 $4(2\times 2)$。

注意：本节参数估计方法的推导是针对 Wishart 分布展开的，而在实测图像数据中只有均匀区域是服从 Wishart 分布的。而非均匀区域的建模常常采用 K 分布，G0 分布等非高斯分布。传统的 ENL 估计方法是手动选择一块大面积的均匀区域，再用高斯情形下的估计方法进行估计。这里，我们用无监督估计方法来估计图像的 ENL 值[90]。首先用 $k\times k$ 大小的滑窗将整幅图像分解成各块小区域，然后分别计算各个区域中的 ENL 值，最后对所有滑窗的 ENL 估计值进行统计。由于两幅图中的均匀区域都是占大多数的，因此 ENL 统计分布的峰值点即为均匀区域的 ENL。而对于非均匀区域，式(4.50) 的 ENL 的估计结果将会比真实值偏小[90]。滑窗大小 k 的选择对估计结果影响很大，若滑窗较大时，窗口中包含非均匀区域的概率较大，将影响 ENL 估计值的准确性，导致估计值偏小；另外，若 k 的值过小，则滑窗中的样本点较少，计算结果的方差较大。因此我们可以推测滑窗值的选取与图像本身的特性相关，当一幅图像包含大量成块的均匀区域时，宜选用较大的 k；若图像中均匀区域的分布较分散，则应选取较小的 k 值。

图 4.8 给出了两幅实测图像在不同大小的窗口值下 ENL 估计值的分布情况。首先,从图 4.8(a) San Francisco 地区图像数据的估计结果可以看出,随着窗口大小的增加,在 L 值较小($L \approx 2.8$)的地方会慢慢出现一个峰值。这是因为随着窗口的增大其包含不均匀区域的概率也将增大,导致估计值偏小,图 4.8(b)中也有类似现象。其次,从图 4.8 中可以看出,当窗口值较小($k=2$ 和 $k=3$)时,本节提出的 n 次迭代 LML-DML 与 LML-DMean 估计结果的差异较大。这也与前面仿真数据分析的结果相符,即 n 次迭代 LML-DML 算法在样本数较小时优势明显。随着样本数的增加,最大似然修正系数趋向 1,使得两种算法的估计结果接近。

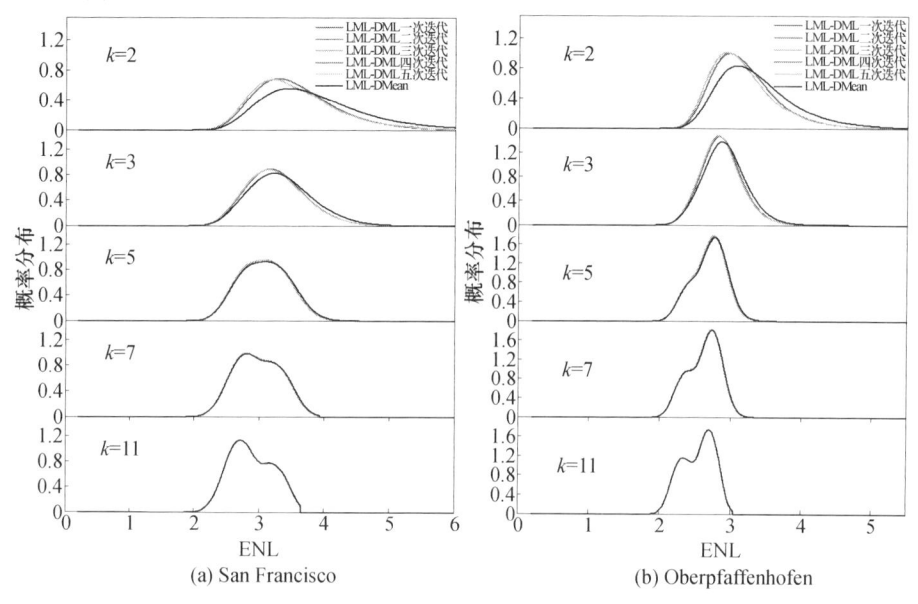

图 4.8 实测数据下各估计方法对 ENL 的估计结果的比较(见彩图)

图 4.9 给出了窗口值 $k=2$ 时不同算法下 San Francisco 图像中各区域的 ENL 估计值,该图中的均匀区域主要为海洋和金门公园植被区域。对比 Google Earth 的光学图和其它 3 幅 ENL 估计结果图,可以看出城区等非均匀区域的 ENL 估计值明显要比海洋等均匀区域要小。其次可以看出,5 次迭代的 LML-DML 和 2 次迭代的结果基本相差不大。另外,观察均匀区域的估计结果,可知在均匀区域即服从 Wishart 分布的区域 LML-DMean 算法的估计值要比 5 次迭代的 LML-DML 结果要大。

我们以 ENL 估计值分布图的峰值作为图中均匀区域的 ENL 值,或者称全图的 ENL 值。图 4.10 分别给出了实测数据和仿真数据情形,不同窗口值 k 下各算法得到的全图 ENL 值的变化曲线。图 4.10(b)中的数据源为样本数为 450×512

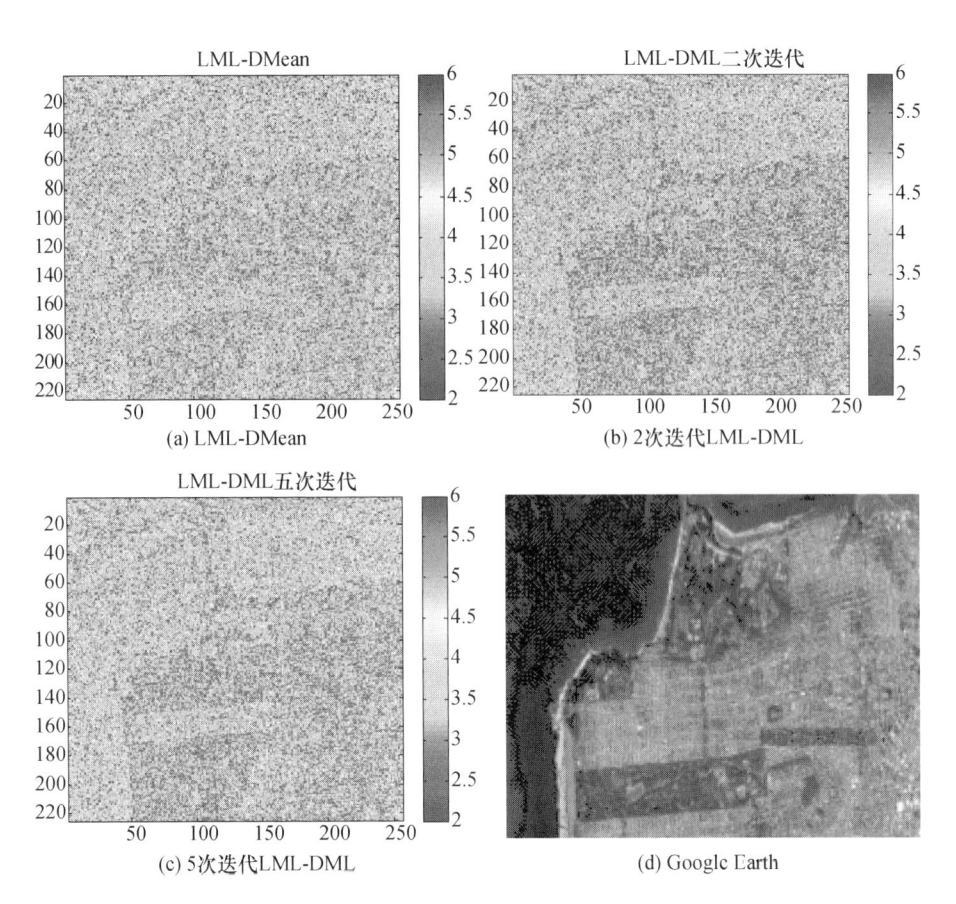

图 4.9　不同算法下 San Francisco 图像中各区域的 ENL 估计值(窗口值 $k=2$)(见彩图)

服从 Wishart 分布的PolSAR仿真数据,其中 $L=4$,$|\boldsymbol{\Sigma}|=1$。

首先来看图 4.10(a)实测数据的结果,从该图同样可看出,随着窗口值的增加,ENL 的估计结果会慢慢减小。在这里我们讨论实测图中最佳 k 值选取的问题,先前的研究指出 San Francisco 图像真实的 ENL 约为 $3^{[114]}$。原有的基于 LML-DMean 算法认为窗口的最优值为 $k=5^{[90]}$。因为 $k<5$ 时样本数较少,估计方差偏大;$k>5$ 时,窗口包含非高斯数据的概率增大,导致结果偏小。但是实际上在窗口较小时,LML-DMean 算法本身就存在估计偏差。本节提出的 n 次迭代 LML-DML 则消除了小窗口的估计偏差,这一点可由图 4.10(b)的仿真数据实验验证。从图 4.10(a)中可以看出,5 次迭代 LML-DML 算法在 $k=2,3,4,5$ 情形下的估计结果相差不大,并且都比 LML-DMean 算法的结果更靠近 3,这正体现了该算法在样本数较少时的优势。实际上对于服从 Wishart 分布的中低分辨图像来说,有时候我们不一定能找到大面积的均匀区域,另外均匀区域也可能较分散。因此本节的算法对实测数据的 ENL 估计有重要意义。Oberpfaffenhofen 图像的真实 ENL 未知,因此我们未对其作具体分析,但是从图中可看到,两种方法在该图中的估计结果的变化趋势与 San Francisco 图像类似。

(a) 实测数据结果

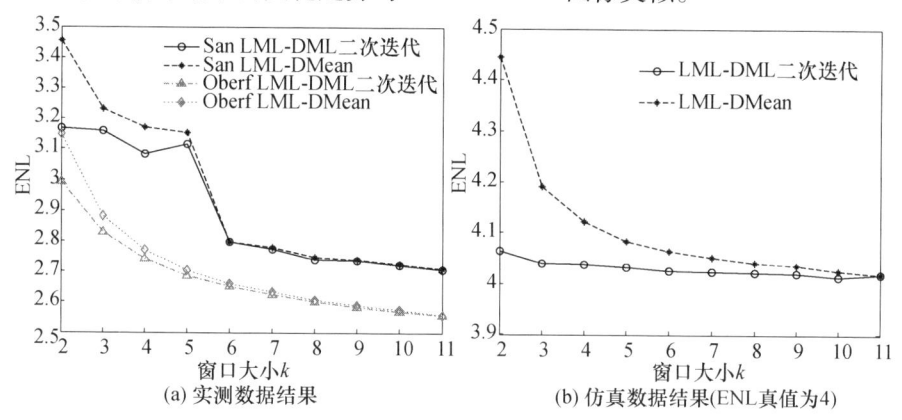

(b) 仿真数据结果(ENL 真值为4)

图 4.10　不同窗口值 k 各算法得出的全图 ENL 值(见彩图)

4.4　本章小结

本章首先研究了协方差矩阵行列式的物理内涵,将表征目标散射极化散布程度的标准行列式值与表征目标随机特性的极化熵、极化散度进行比较。给出了它们与平面极化度和方向极化度的数学关系,指出它们在描述目标散射随机特性方面具有部分一致性,存在差异的本质在于 3 个随机性描述参数对极化方向随机度和平面极化度的加权方法的不同。用仿真数据和实测数据分析了行列式值与表征目标随机特性的极化熵、极化散度之间的关系。

其次,研究了 Wishart 矩阵行列式值的统计分布特性,推导了其 PDF 和 ML 估计方法的表达式。用查表的方法解决了最大似然修正系数计算较复杂的问题,相比原来方法 ML 估计方法在样本数较小的情况下优势明显。将行列式值的 ML 估计应用于 PolSAR 图像等效视图数的估计中,提出一种基于两者最大似然估计的 n 次迭代的联合估计方法,并且仿真说明该算法迭代 2 次后基本收敛。实验表明该方法在样本数较小的情况下对 ENL 估计的准确性和有效性,估计效果改善明显。

但是,在用查表法获得最大似然修正系数的过程中,由于表的间隔以及数据位数的限制,会使估计结果存在一定的误差,该误差的影响还有待分析。另外,四维或者更多维情形 Wishart 矩阵行列式值的 PDF 及其 ML 估计方法也有待后续的研究。

第 5 章
PolSAR 图像多变量乘积模型的等效视图数估计方法

5.1 PolSAR图像等效视图数估计方法概述

等效视图数是多视PolSAR图像的重要参数,它表征了测量数据的平均程度[138]。在多视处理过程中,测量数据之间具有的相关性与传统的理论统计模型的独立性假设不一致,从而使实测数据与理论模型不能很好地匹配。用 ENL 来代替名义视图数,可以降低测量数据的相关性对数据模型独立性假设的影响,是解决这一问题的有效手段[94]。作为一个数据模型的分布参数,ENL 对基于多视图像统计模型的目标分类和变换检测等信息提取的准确度有重要影响。因此对 ENL 进行准确的估计是PolSAR信息处理关键步骤。

在第 4 章中,我们给出了高斯情形下 Wishart 分布矩阵行列式值与 ENL 的联合最大似然估计方法。但是在PolSAR实测图像中,植被、城区等相干斑发展不完全的区域往往需要采用非高斯分布来建模。多变量乘积模型在PolSAR图像非高斯建模领域应用广泛,本章我们将讨论非高斯情形下乘积模型的 ENL 估计问题。

参数估计一般是根据样本构造统计量来实现,其准确性直接影响统计分布模型对数据的拟合精度。单PolSAR的 ENL 估计方法主要有矩估计和分数阶矩估计等通用的方法[6,150]。在处理PolSAR图像时,可采用单极化的方法分别估计出各极化通道的 ENL 值,然后求其平均值[70,85]。上述基于单极化通道的估计方法没有用到各极化通道之间的相关信息,而全极化的估计方法以协方差矩阵为变量进行参数估计方法研究。在全极化参数估计方面,Zaart 等推导了矩阵变量情形 K 分布下 ENL 的最大似然估计方法。Doulgeris 等利用协方差矩阵的一阶 MLC 得到了 K 分布和 G0 分布下的 ENL 估计方法,该方法的估计性能相对于单极化方法有了较大改善[88]。

现有的乘积模型的 ENL 估计方法主要存在以下两个问题:一是估计精度较

高的 ML 估计方法和 MLC 估计方法都需要联立方程利用穷举法搜索求解,计算量太大难以求取最优解[94,138]。二是对不同类型区域需要选择不同的纹理变量分布进行建模,常用的几种乘积模型分布主要有 K 分布[70]、G0 分布[89,116]和 Kummer-U 分布[117,144]等。而现有的 ENL 估计方法都是针对特定类型的纹理分布推导得到的,这导致了相同的估计方法在不同纹理假设下 ENL 估计方法的表达式不同。由于在实测数据的 ENL 估计过程中我们往往事先无法得知其纹理的分布类型,因此如何选择合适的纹理分布进行 ENL 估计方法是存在的问题之一。

针对原有估计方法存在的以上不足,本章给出了 3 种基于乘积模型的 ENL 估计方法。新方法适用于任意纹理分布情形下的乘积模型,解决了实测数据 ENL 估计中纹理变量分布类型难以选择的问题。另外还推导得到了解析形式的 ENL 估计表达式,有助于解决原有方法计算复杂度高的问题。

本章的结构安排如下:5.2 节根据 Wishart 分布矩阵迹的关系和乘积模型中纹理变量与相干斑变量统计独立的特性,给出乘积模型下基于协方差矩阵特征迹的 ENL 估计。5.3 节给出基于子矩阵的二阶 MLC 的 ENL 估计方法,该方法通过组合不同维数子矩阵的二阶 MLC 来消除纹理变量。5.4 节利用协方差矩阵和其子矩阵的一阶 MLC 的信息,给出基于子矩阵一阶 MLC 的 ENL 估计方法。最后用仿真数据和实测数据对 3 种新方法分别进行了实验分析。

5.2 基于协方差矩阵迹特征迹的 ENL 估计

矩阵的迹在矩阵理论中具有明确的物理意义,它表征了目标散射的总能量。根据极化协方差矩阵迹的统计特性也可寻求对纹理分布具有高度适应性的估计算法。Anfinsen 等已给出了 Wishart 分布情形下基于矩阵迹的 ENL 估计方法[90]。在该方法的基础上,本节利用乘积模型纹理变量与相干斑变量统计独立的特性,给出基于协方差矩阵迹的乘积模型 ENL 估计新方法,该方法适用于不同分布类型的纹理变量。最后通过仿真数据和实测数据对新方法进行了验证,结果表明,新方法在高斯相干斑模型和乘积相干斑模型应用中的有效性和可靠性。

5.2.1 基于矩阵迹的 ENL 估计

已知服从 Wishart 分布的协方差矩阵 Y 满足以下关系[90]:

$$\begin{cases} E\{\operatorname{tr}(YY)\} = \operatorname{tr}(E^2\{Y\}) + \dfrac{1}{L}\operatorname{tr}^2(E\{Y\}) \\ E\{\operatorname{tr}^2(Y)\} = \operatorname{tr}^2(E\{Y\}) + \dfrac{1}{L}\operatorname{tr}(E^2\{Y\}) \end{cases} \quad (5.1)$$

式中,tr(·)为矩阵的迹运算;$E\{\cdot\}$表示求期望。

将式(2.20)所示的协方差矩阵 C 乘积模型的表达式 $C=\tau Y$ 代入式(5.1),经过推导可将式(5.1)变为

$$\begin{cases} \dfrac{E\{\mathrm{tr}(CC)\}}{E\{\tau^2\}} = \dfrac{\mathrm{tr}(E^2\{C\})}{E^2\{\tau\}} \Big/ + \dfrac{\mathrm{tr}^2(E\{C\})}{LE^2\{\tau\}} \\ \dfrac{E\{\mathrm{tr}^2(C)\}}{E\{\tau^2\}} = \dfrac{\mathrm{tr}^2(E\{C\})}{E^2\{\tau\}} + \dfrac{\mathrm{tr}(E^2\{C\})}{LE^2\{\tau\}} \end{cases} \quad (5.2)$$

由于纹理变量 τ 与相干斑变量 Y 是统计独立的,因此有

$$E\{\mathrm{tr}(CC)\} = E\{\mathrm{tr}(\tau^2 YY)\} = E\{\mathrm{tr}(YY)\} \times E\{\mathrm{tr}(\tau^2)\} \quad (5.3)$$

对纹理变量进行归一化,可得

$$E^2\{\tau\} = 1 \quad (5.4)$$

将式(5.3)和式(5.4)代入式(5.2),经过化简后可以得到基于矩阵迹的 ENL 估计方法为

$$\hat{L} = \frac{E\{\mathrm{tr}^2(C)\}\mathrm{tr}^2(E\{C\}) - E\{\mathrm{tr}(CC)\}\mathrm{tr}(E^2\{C\})}{E\{\mathrm{tr}(CC)\}\mathrm{tr}^2(E\{C\}) - E\{\mathrm{tr}^2(C)\}\mathrm{tr}(E^2\{C\})} \quad (5.5)$$

其中,协方差矩阵的维数为 $d \times d$。

式(5.5)既适用于高斯相干斑模型,也适用于乘积模型,并且其估计结果与纹理分量的分布无关。为了区别于 Anfinsen 给出的高斯模型下的基于阵迹的 ENL 估计方法[90],我们将式(5.5)所示的方法称作改进的基于矩阵迹(Development of Trace Moments,DTM)的 ENL 估计方法。另外,取 $d=2$ 时可以得到协方差矩阵 3 种极化通道的组合矩阵,分别为 HH/VV、HV/VV 和 HH/HV。可知这 3 种二维组合矩阵都满足式(5.5)。这里分别基于 3 种组合矩阵计算出各自的 ENL,最后将其平均作为最终的估计值,并称该方法为改进的基于矩阵迹的二维极化组合 ENL 估计方法,简称 DTM-2M。

5.2.2 仿真数据分析

我们首先用 PolSAR 仿真数据来验证本节给出的 DTM 估计方法的有效性。图 5.1 给出在样本数分别为 9、16、32 和 64 的情形下 ENL 估计值的直方图。其中真实视图数为 4,仿真次数为 $M=10000$。从该图中可以看出,随着样本数目的增加,其估计方差不断减小。并且可以看出该方法在视图数较小时,也能取得很好的估计效果。

下面分别用 K 分布和 G0 分布的仿真数据对以下 4 种等效视图数(ENL)方法进行估计性能比较:一阶对数累积量(First Order Log-cumulant,FOL)估计方

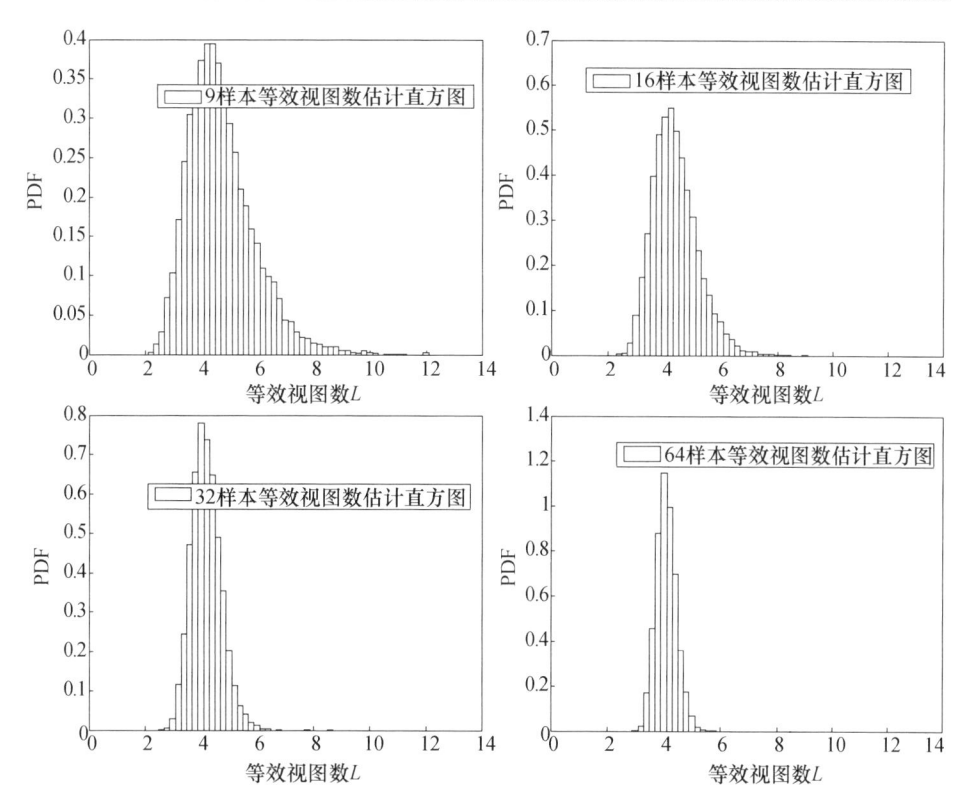

图 5.1 DTM 方法在不同样本数时的估计值直方图(其中视图数 L 的真值为 4)

法[88]、ML 方法[90]和本节给出的 DTM 和 DTM-2M 方法。

图 5.2 给出在单种纹理分布下 ML,FOL,DTM 和 DTM-2M 4 种方法的估计性能,分别比较了其估计偏差和方差。图中中间子图内的曲线表示克拉美罗界(Unbiased Cramer-Rao Bound,UCRB),为无偏估计的最小方差[90]。下方的子图对应样本数 512 时 ENL 估计结果的分布,仿真次数为 10000 次。这里仿真数据的视图数取 $L=10$。图 5.2(a)为 $\alpha=8$ 的 K 分布仿真数据,从中可以看出,FOL 估计性能最佳。本节给出的两种方法从估计结果来看是正确有效的,但是其估计方差要大于 FOL 方法。ML 方法的估计值偏小,该估计方法失效。图 5.2(b)为 $\lambda=8$ 的 G0 分布数据,从中可以看出,本节的 DTM 和 DTM-2M 方法仍然有效,但是 FOL 和 ML 方法都失效。实际上,由于 ML 方法是基于 Wishart 分布推导得到的,在非高斯情形下其 ENL 估计结果将比真实值要小。FOL 是基于 K 分布推导得到的,该方法在 G0 分布下也将失效。从图 5.2 中可以看出,本节的方法适用于不同纹理分布的乘积模型,其优点在于进行 ENL 估计时不需要事先知道纹理分量的分布情况。另外,图中可以看出,本节给出的 DTM 和 DTM-2M 两种方法在性能上非常接近。

(a) $\alpha=8$ 的 K 分布数据　　(b) $\lambda=8$ 的 G0 分布数据

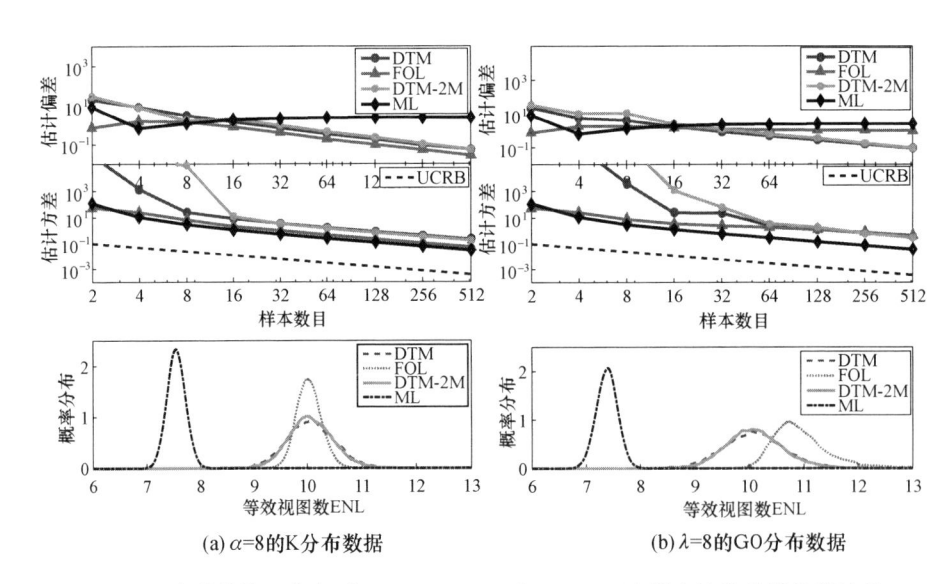

图 5.2　在单种纹理分布下 ML,FOL,DTM 和 DTM-2M 4 种方法的估计性能比较
（图中下方的子图对应样本数 512 时 ENL 估计结果的分布）（见彩图）

图 5.3 给出了当区域中的数据包含不同纹理参数时各估计方法的估计性能比较，仿真次数为 10000 次。图中下方的子图对应样本数 512 时 ENL 估计结果。该图中仿真数据的视图数固定为 $L=8$。图 5.3(a) 给出了 $\alpha=8$ 和 $\alpha=32$

(a) $\alpha=8$ 和 $\alpha=32$ 两种纹理参数混合
的 K 分布数据（L 固定为 8）

(b) $\alpha=8$ 的 K 分布和 $\lambda=8$ 的 G0 分布的
混合数据（L 固定为 8）

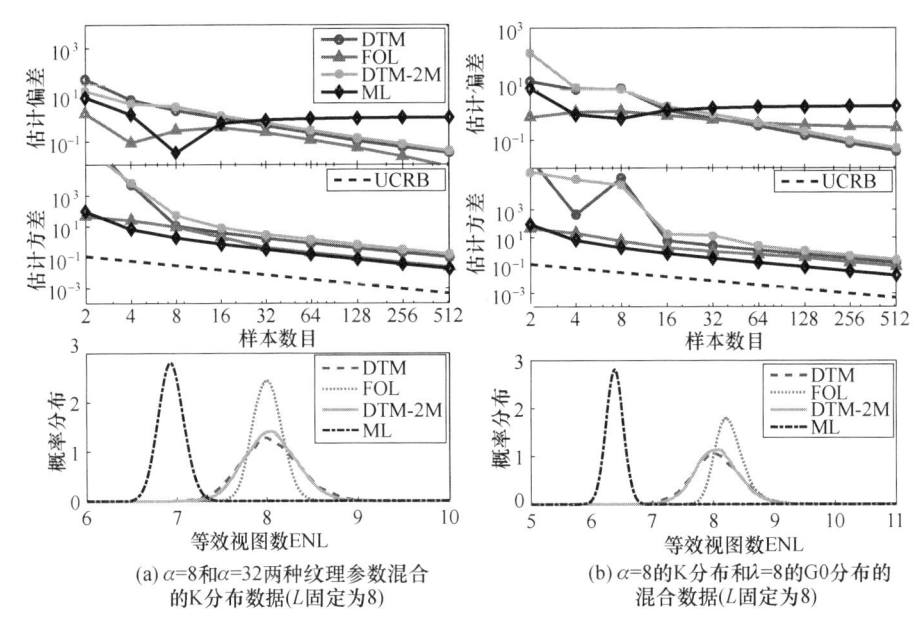

图 5.3　当区域中数据包含不同纹理参数时各估计方法的估计性能比较
（图中下方的子图对应样本数 512 时 ENL 估计结果的分布）（见彩图）

两种纹理参数混合的 K 分布数据的 ENL 估计偏差和方差。从中可以看出,不同 K 分布参数混合的结果与图 5.2(a)类似。图 5.3(b)给出了 $\alpha=8$ 的 K 分布和 $\lambda=8$ 的 G0 分布的混合数据的 ENL 估计偏差和方差比较。从中可以看出,只有本节的两种方法能得到正确的估计结果。

由 FOL 方法的表达式可以看到,其计算结果可能小于 0。这里认为当其结果小于 0 时,估计值无效。下面讨论 FOL 方法的失效问题。图 5.4 给出了 K 分布情形不同纹理参数下 FOL 方法的失效率。从图中可以看出,随着样本数的增加,失效率下降,并且当样本数大于 16 时失效率基本为 0。另外通过比较 $\alpha=4$ 和 $\alpha=8$ 两条曲线可以看出,纹理参数 α 的值越大失效率越高。实际中纹理参数的值越大表示区域越均匀。分析可知,其失效的原因为当样本矩偏离真值一定范围后,导致 FOL 估计结果小于 0,超出了 ENL 的定义域。

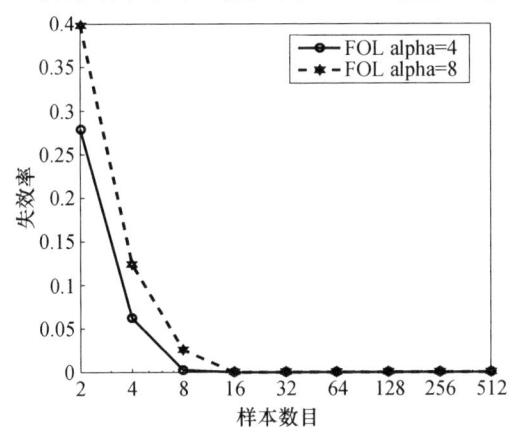

图 5.4　K 分布情形下 FOL 方法的失效率

接下来,比较各估计方法的计算复杂度。表 5.1 给出了样本数为 512,仿真次数为 1000 次时各估计方法的计算时间。从表中可以看出,由 FOL 方法没有解析的表达式,需要遍历搜索,计算时间最长。ML 所需时间最短,这是因为文献[90]中对其计算方法进行了优化。另外 DTM-2M 需要分别估计 3 种极化组合的结果然后求平均,因此该方法的计算时间比 DTM 要长。

表 5.1　各估计方法的计算时间

	ML	FOL	DTM-2M	DTM
时间/s	0.1533	4.5018	3.1085	1.0589

5.2.3　实测数据分析

下面用 PolSAR 实测数据对本节提出的方法和常用方法进行比较分析。实测数据仍然采用 San Francisco 地区 L 波段图像。这里用滑窗的方法分别对全图和海洋区域的 ENL 进行估计,滑窗的大小分别为 $k=\{3,5,7,11,15\}$。

图 5.5 给出了不同滑窗大小下的 ENL 估计结果,我们以其分布的概率峰值点作为整个区域的 ENL。其中图 5.5(a)为海洋区域的估计结果,一般认为海洋区域的相干斑发展完全,其协方差矩阵服从高斯情形下的 Wishart 分布。表 5.2 给出了滑窗值大小为 11 和 15 时,海洋区域 ENL 估计结果的概率峰值点对应的 ENL 值。结合图 5.5(a)和表 5.2 可以看出,在高斯分布的海洋区域 4 种方法的估计结果相差不大。图 5.5(b)为全图的 ENL 估计结果,表 5.3 给出了滑窗值大小为 11 和 15 时,全图的 ENL 值。结合图 5.5(b)和表 5.3,可以得到本节的两种方法的估计值非常接近。FOL 的估计结果偏大,而 ML 的估计结果偏小。这与图 5.3(b)中混合分布情形的仿真结果类似。实际上全图中各区域的分布类型各异,例如海洋服从高斯分布,植被服从 K 分布,而城区主要满足 G0 分布。

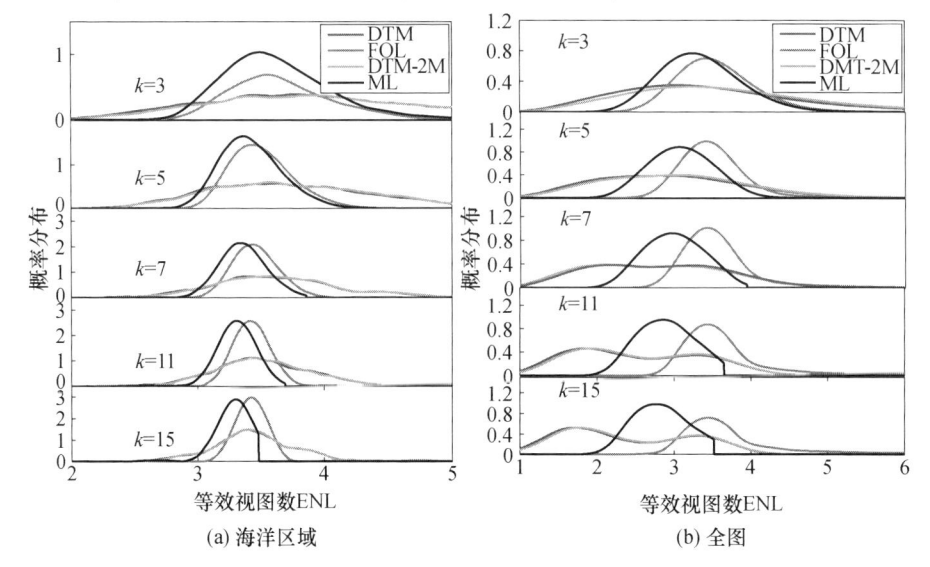

图 5.5 不同滑窗大小下的 ENL 估计结果(见彩图)

表 5.2 各估计方法在不同滑窗大小下对海洋区域的 ENL 估计结果

	DTM	DTM-2M	FOL	ML
$k=11$	3.410	3.410	3.412	3.304
$k=15$	3.392	3.392	3.422	3.296

表 5.3 各估计方法在不同滑窗大小下对全图的 ENL 估计结果

	DTM	DTM-2M	FOL	ML
$k=11$	3.312	3.312	3.438	2.862
$k=15$	3.324	3.324	3.448	2.77

对于分布混合的区域,只有本节的方法能得到正确的结果,而 FOL 和 ML 方法分别只能这对 K 分布和 Wishart 分布有效。

图 5.6 直观地给出了滑窗大小为 3×3 时,San Francisco 图像中 FOL 和 DTM 方法对各区域的 ENL 估计结果。FOL 方法的结果中颜色特别暗的点为失效点,可以看到,失效点主要集中在海洋区域。另外,由图 5.7 给出的海洋区域和全图的 FOL 方法实效率上也可以看出,海洋区域的失效率明显较高。从图 5.6 中可知,图中的金门公园区域 FOL 方法和 DTM 方法的结果相近,该区域可能服从 K 分布。而其它区域 FOL 的估计结果都要大于 DTM 方法,说明 K 分布对其它区域的拟合效果较差。上述实测数据的仿真实验验证了本节方法的有效性和普适性。

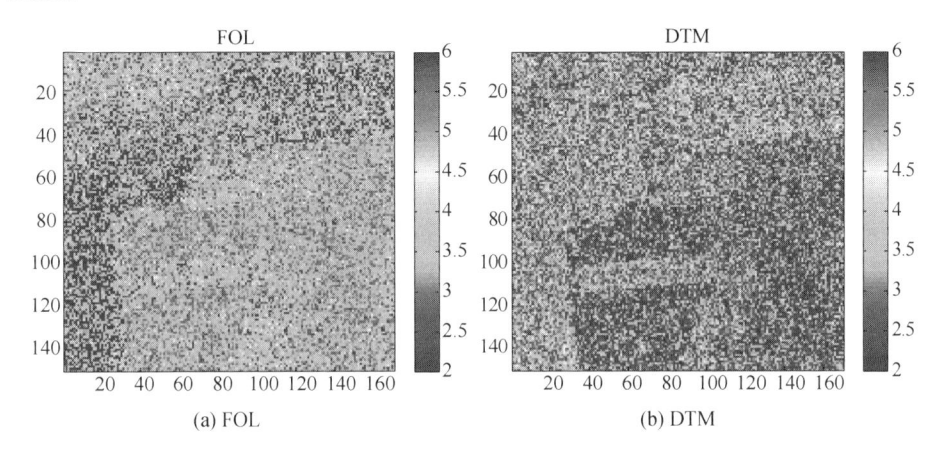

(a) FOL

(b) DTM

图 5.6 San Francisco 图像中 FOL 和 DTM 方法对各区域的 ENL 估计结果
(滑窗大小为 3×3)(见彩图)

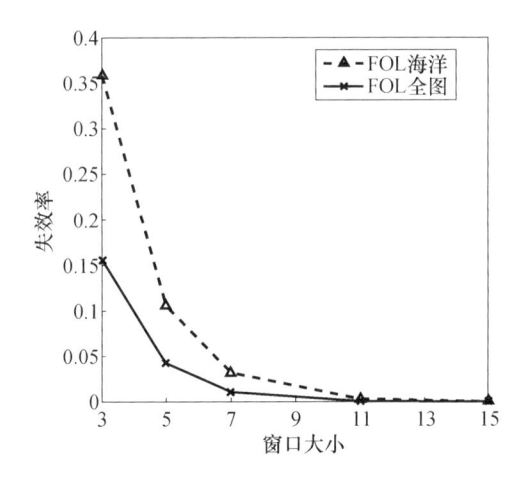

图 5.7 San Francisco 图像实测数据下 FOL 方法的失效率

5.3 基于子矩阵二阶 MLC 的 ENL 估计

由第 2 章可知,协方差矩阵二阶 MLC 的表达式中不包含方差项,基于该统计量进行参数估计能得到简单的表达式。另外在多变量乘积模型中,由于假设各极化通道的纹理相同,因此协方差矩阵的子矩阵也满足该乘积模型,并且不同维数的子矩阵具有相同的纹理变量。受此启发,我们可以利用子矩阵的纹理累积量信息,消除纹理分量对 ENL 估计的影响,推导出适用于不同纹理变量分布的多变量乘积模型的 ENL 估计新方法。

本节首先给出乘积模型下协方差矩阵的二阶 MLC 的表达式,并给出该表达式在不同维数的子矩阵下的简化形式。然后通过组合不同维数子矩阵的二阶 MLC 消除纹理变量,得到基于子矩阵的二阶 MLC 的 ENL 估计方法。最后用仿真数据和实测数据对新方法的估计性能进行分析。

5.3.1 基于二阶 MLC 的 ENL 估计

由式(2.20)所示的乘积模型,可知协方差矩阵的二阶 MLC 满足如下关系:

$$k_{2,d}\{\boldsymbol{C}\} = \psi_d^{(1)}(L) + d^2 k_2\{\tau\} \tag{5.6}$$

式中,d 表示协方差矩阵的维数;$k_2\{\tau\}$ 表示纹理变量的二阶 MLC,并且其表达式与纹理变量的分布相关。

当 $d = 1$ 时,式(5.6)简化为

$$k_{2,1} = \psi^{(1)}(L) + k_2\{\tau\} \tag{5.7}$$

当 $d = 2$ 时,式(5.6)简化为

$$k_{2,2} = \psi^{(1)}(L) + \psi^{(1)}(L-1) + 4k_2\{\tau\} \tag{5.8}$$

当 $d = 3$ 时,式(5.6)简化为

$$k_{2,3} = \psi^{(1)}(L) + \psi^{(1)}(L-1) + \psi^{(1)}(L-2) + 9k_2\{\tau\} \tag{5.9}$$

式(5.9)减式(5.8),得到

$$\psi^{(1)}(L-2) + 5k_2\{\tau\} = k_{2,3} - k_{2,2} \tag{5.10}$$

式(5.8)减式(5.7),得到

$$\psi^{(1)}(L-1) + 3k_2\{\tau\} = k_{2,2} - k_{2,1} \tag{5.11}$$

注意普西函数的高阶倒数关系可表示为[92]

$$\psi^{(m)}(L+1) = \psi^{(m)}(L) + (-1)^m m!\ L^{-(m+1)} \tag{5.12}$$

由式(5.9)和式(5.10),并且利用式(5.12)普西函数的关系,可得

$$\frac{1}{(L-2)^2}+2k_2\{\tau\}=k_{2,3}-2k_{2,2}+k_{2,1} \qquad (5.13)$$

由式(5.7)和式(5.10),并且利用式(5.12)普西函数的关系,可得

$$\frac{1}{(L-1)^2}+2k_2\{\tau\}=k_{2,2}-2k_{2,1} \qquad (5.14)$$

将式(5.13)与式(5.14)相减,可得到

$$\frac{(L-1)+(L-2)}{(L-2)^2(L-1)^2}=k_{2,3}-3k_{2,2}+3k_{2,1} \qquad (5.15)$$

令式(3.15)中等式右边的样本对数累积量为 K,式(3.15)可变为多项式的形式:

$$L^4-6L^3+13L^2-2\left(\frac{1}{K}+6\right)L+\left(4+\frac{3}{K}\right)=0 \qquad (5.16)$$

等价于

$$(L-2)^2(L-1)^2=\frac{2}{K}\left(L-\frac{3}{2}\right) \qquad (5.17)$$

由式(3.17)可知,通过利用极化协方差矩阵不同维数的二阶对数累积量,可以建立 ENL 的求解方程。这里我们将式(3.17)称为基于二阶对数累积量(Second Order Log-cumulant,SOL)的 ENL 估计方法,简称 SOL。该方程与乘积模型的纹理分量无关,既能适用于高斯模型,又能适用于不同纹理分布的乘积模型。由于式(5.17)等式右边大于 0 并且有 $L \geqslant d$,得到式(5.17)有解的条件为 $K>0$。因此上述推导得到的基于二阶 MLC 的 ENL 估计方法有一定的适用条件,这就需要研究参数 K 的统计分布特性。图 5.8 和图 5.9 分别给出了 $K>0$ 和 $K<0$ 时式(5.17)的 ENL 求解示意图。由图 5.8 中可以看出,当 $K>0$ 时方程存在两个解,较大的解满足 $L \geqslant d$ 的条件即为我们要求的 ENL 值。而当 $K<0$ 时,方程虽然也有两个解,但是这两个解都不满足 $L \geqslant d$ 的条件。

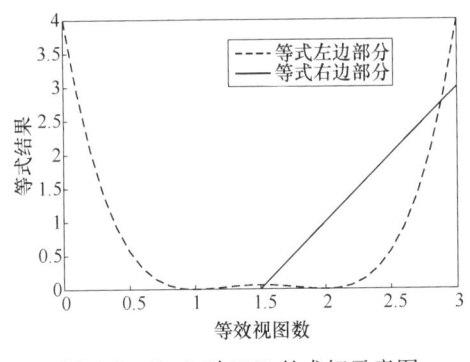

图 5.8 $K>0$ 时 ENL 的求解示意图

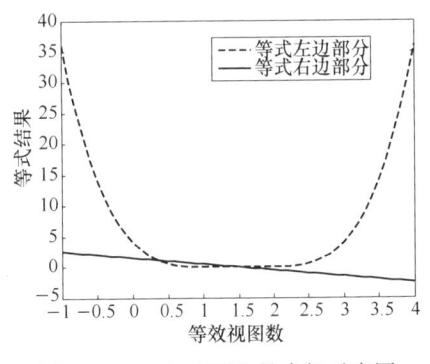

图 5.9 $K<0$ 时 ENL 的求解示意图

5.3.2 仿真数据分析

为了进一步了解式(5.17)失效即 $K<0$ 可能出现的情形,需要对 K 的统计特性进行分析。虽然极化协方差矩阵的二阶 MLC 的统计特性很难通过解析方法获得,但是在样本数较多的情况下,根据中心极限定理可知其应该近似服从高斯分布。这里用 Wishart 分布仿真数据来分析样本统计量 K 的统计特性。图 5.10 给出了不同样本数下 K 的统计分布直方图。视图数的真值为 $L=4$,其对应 K 理论值为 0.14。参数 K 的统计分布直方图由 10000 次蒙特卡洛仿真方法得到。从图中可以看出,总体来说由样本计算得到的参数 K 服从高斯分布,并且其方差随着样本数的增加而减小。从样本数为 64 和 128 的图中可以看到,当样本数较小时,较大的方差将导致 K 可能会小于 0,从而出现 ENL 估计失效的情形。但是随着样本数的增加,估计失效的概率会大大较小。另外随着 L 的增大,K 的真值将会往左移动,导致相同样本数下 L 越大则失效的概率越大。

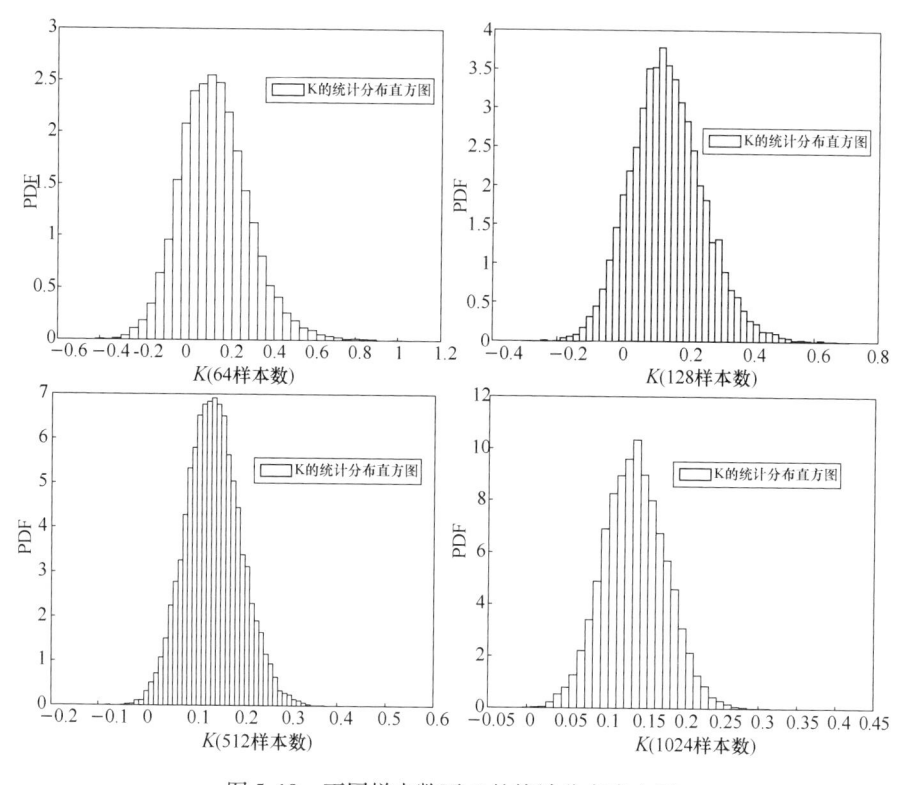

图 5.10 不同样本数下 K 的统计分布直方图

图 5.11 和图 5.12 分别给出 Wishart 分布和 K 分布 $\alpha=2$ 的仿真数据情形下,SOL 方法在不同 L 值下的估计结果的比较(其中样本数为 512,仿真次数为

10000次)。图中还给出了SOL方法的失效率,其定义为失效的样本个数除以总的样本个数。从图中可以看出,当L较小时该方法的估计误差和方差都较小,同时失效率也越低。当L变大时,该方法性能较差。这是因为随着L值的增加,图5.8中所示的式(5.17)中等式左边部分的斜率将变大,此时K的微小变化将导致中图5.8的交点的位置发生很大的变化。同时可以看到,随着L值的增大,SOL方法的失效率在增加。这是因为当L值增大时,K的值将越趋近于0,此时K的微小变化将导致$K<0$使得估计方法无效。由于Wishart分布可看成α无穷大时的K分布,因此从图5.11和图5.12中相同L下的估计结果的对比可以看出,该方法对于纹理变量的变化不敏感。

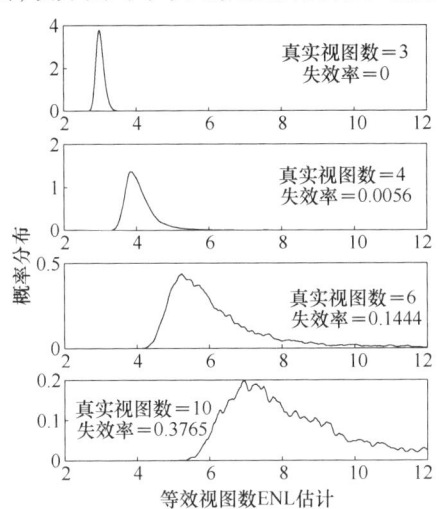

图 5.11 Wishart 分布情形下 SOL 方法在不同 L 值下的估计结果比较(样本数为 512,仿真次数为 10000)

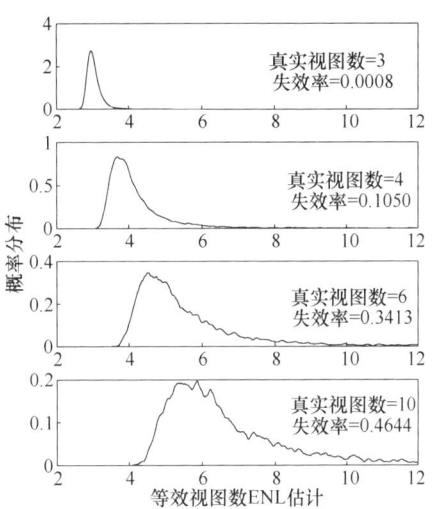

图 5.12 K 分布 $\alpha=2$ 情形下 SOL 方法在不同 L 值下的估计结果比较(样本数为 512,仿真次数为 10000)

5.3.3 实测数据分析

下面用PolSAR实测数据对本节提出的方法和常用方法进行比较分析。实测数据采用 San Francisco 地区图像和 Oberpfaffenhofen 地区图像。用大小为 $k=\{3,5,7,11,15\}$ 的滑窗分别对两幅图的 ENL 进行估计,多视处理过程中名义视图数为4。将 ML, FOL 与本节的 SOL 方法以及上节提出的 DTM 方法进行了比较。

在分析 ENL 的估计结果前,我们首先讨论这两幅图本身的特性差异。San Francisco 图像的分辨率为 $10m \times 10m$,图中的海洋区域可认为服从 Wishart 分布。而 Oberpfaffenhofen 图像的分辨率为 $3m \times 3m$,其大部分区域满足 K 分布。

图 5.13 和图 5.14 分别给出了 San Francisco 图像和 Oberpfaffenhofen 图像在不同大小滑窗下的 ENL 估计结果。从两幅图中的 ML 方法估计结果的分布可以看到,随着窗口值的变大,ML 方法会在 ENL 较小的地方出现一个峰点。这是因为当窗口较小时,窗口内的样本服从 Wishart 分布的概率较大。随着窗口值的变大,样本服从 Wishart 分布的概率变小。对于非高斯的区域,ML 方法的结果将会偏小。其次观察 FOL 可以看到随着窗口的变大,其分布基本不变,说明图中大部分窗口内的样本都可以用 K 分布拟合。

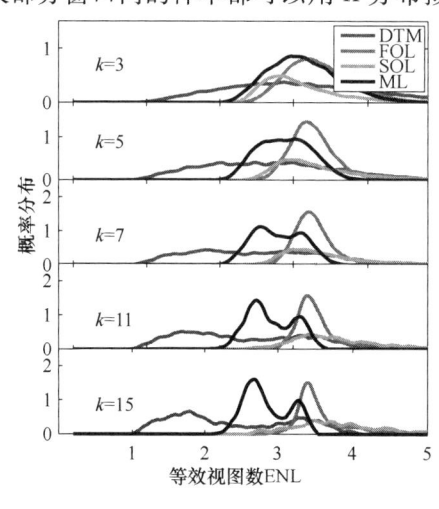

图 5.13　San Francisco 图像不同滑窗大小下的 ENL 估计结果(见彩图)

图 5.14　Oberpfaffenhofen 图像不同滑窗大小下的 ENL 估计结果(见彩图)

下面比较本节的 SOL 方法和上节提出 DTM 方法。从 SOL 方法的结果可以看到,随着窗口的增大,其估计结果的分布基本不变,说明该方法能适应不同类型的分布。而在名义视图数较小时,DTM 方法的估计效果较差。随着窗口值的增大,该方法会在 ENL 较小的地方出现一个峰值点,这将导致 ENL 的错误估计。

5.4　基于子矩阵一阶 MLC 的 ENL 估计

由 5.3 节的分析可知,随着 ENL 真值的增大 SOL 方法的性能会变差。其原因主要有两个:一是当 ENL 值增大时,参数估计表达式的畸变增加,样本统计量的微小偏差就能引起 ENL 估计值很大的变动;二是样本的二阶对数累积量的方差相对较大。针对 SOL 存在的问题,本节以方差相对较小的一阶对数累积量为基础,同样利用子矩阵统计量的方法消除纹理变量的影响,推导得到了基于子矩阵一阶对数累积量的 ENL 估计方法。最后用仿真数据和实测数据对新方法进行分析,实验结果表明本节方法具有适用范围广并且估计偏差和方差小的优点。

5.4.1 基于子矩阵一阶 MLC 的 ENL 估计

将 Wishart 分布相干斑的 MLC 表达式代入式(2.53),可得乘积模型的一阶 MLC 为

$$k_{1,d}\{\boldsymbol{C}_d\} = \psi^{(0)}(L) + \ln|\boldsymbol{\Sigma}_d| - d(\ln L - k_1\{\tau\}) \quad (5.18)$$

式中,d 表示维数。在互易性的假设下,协方差矩阵的维数为 3。但是实际上当 d 取 1,2 或 3 时式(5.18)都是成立的,对应于协方差矩阵维数分别为 1×1,2×2 和 3×3 的子矩阵。我们可以利用协方差矩阵和其子矩阵对数累积量表达式联立消掉纹理参数求出 ENL。并且这种利用协方差矩阵和其子矩阵的全部信息得到的 ENL 参数估计表达式与纹理变量无关,适用于任意纹理参数的乘积模型。

当 $d=1$ 时,由式(5.18)可得一维子矩阵的一阶 MLC 表达式为

$$k_{1,1}\{\boldsymbol{C}_1\} = \psi^{(0)}(L) + \ln|\boldsymbol{\Sigma}_1| - (\ln L - k_1\{\tau\}) \quad (5.19)$$

当 $d=2$ 时,由式(5.18)可得二维子矩阵的一阶 MLC 表达式为

$$k_{1,2}\{\boldsymbol{C}_2\} = \psi^{(0)}(L) + \psi^{(0)}(L-1) + \ln|\boldsymbol{\Sigma}_2| - 2(\ln L - k_1\{\tau\}) \quad (5.20)$$

当 $d=3$ 时,由式(5.18)可得协方差矩阵的一阶 MLC 表达式为

$$k_{1,3}\{\boldsymbol{C}_3\} = \psi^{(0)}(L) + \psi^{(0)}(L-1) + \psi^{(0)}(L-2) + \ln|\boldsymbol{\Sigma}_3| - 3(\ln L - k_1\{\tau\})$$
$$(5.21)$$

下面给出基于本节基于子矩阵一阶 MLC 推导得到的几种 ENL 估计方法。

1) 第二类基于子矩阵一阶 MLC(Second Log Determinant Moment,SLDM)的 ENL 估计方法

将式(5.19)×2 后再减去式(5.20),可以得到

$$L = 1 + \frac{1}{(2k_{1,1}\{\boldsymbol{C}_1\} - k_{1,2}\{\boldsymbol{C}_2\}) - (2\ln|\boldsymbol{\Sigma}_1| - \ln|\boldsymbol{\Sigma}_2|)} \quad (5.22)$$

式(5.22)中消掉了纹理变量,这里假设协方差矩阵 $\boldsymbol{C}_3$ 的元素为

$$\boldsymbol{C}_3 = \begin{bmatrix} C_{11} & C_{12} & C_{13} \\ C_{21} & C_{22} & C_{23} \\ C_{31} & C_{32} & C_{33} \end{bmatrix} \quad (5.23)$$

一维子矩阵 $\boldsymbol{C}_1$ 有 3 个,分别为矩阵 $\boldsymbol{C}_3$ 的对角元素 C_{11},C_{22} 和 C_{33}。二维子矩阵 $\boldsymbol{C}_2$ 也有 3 个,分别为

$$\boldsymbol{C}_2^{(1)} = \begin{bmatrix} C_{11} & C_{12} \\ C_{21} & C_{22} \end{bmatrix} \quad (5.24)$$

$$\boldsymbol{C}_2^{(2)} = \begin{bmatrix} C_{11} & C_{13} \\ C_{31} & C_{33} \end{bmatrix} \quad (5.25)$$

$$\boldsymbol{C}_2^{(3)} = \begin{bmatrix} C_{11} & C_{12} \\ C_{21} & C_{22} \end{bmatrix} \quad (5.26)$$

由推导过程可知,上述的 3 个一维子矩阵和 3 个二维子矩阵都满足式 (5.22)。这里我们首先分别根据每个子矩阵计算出其对应的 L,再对其取平均作为最终的估计值。下面推导的估计方法也采用类似的处理过程。将式 (5.22)中的真值 $\boldsymbol{\Sigma}_1$ 和 $\boldsymbol{\Sigma}_2$ 用其估计值 $\langle\boldsymbol{C}_1\rangle$ 和 $\langle\boldsymbol{C}_2\rangle$ 代替,可以得到 SLDM 方法的表达式为

$$\hat{L}_{\text{SLDM}} = 1 + \frac{1}{(2\langle\ln C_1\rangle - \langle\ln C_2\rangle) - (2\ln|\langle\boldsymbol{C}_1\rangle| - \ln|\langle\boldsymbol{C}_2\rangle|)} \quad (5.27)$$

注意到,式(5.27)中并没有用到整个协方差矩阵 $\boldsymbol{C}_3$ 的 MLC。利用 $\boldsymbol{C}_3$ 的 MLC 可以推导出另外两种估计方法。下面分别将 $d=2$ 和 $d=3$,或者 $d=1$ 和 $d=3$ 情形下的一阶 MLC 表达式组合起来,消去纹理变量得到两种 ENL 估计方法。这里分别称这两种方法为第二种和第三种 SLDM 方法,简称 SLDM2 和 SLDM3。其推导过程与式(5.27)类似,不再详述。这两种方法的表达式如下:

$$\begin{cases} \hat{L}_{\text{SLDM2}} = \dfrac{3(\hat{K}+1) + \sqrt{(\hat{K}+1)^2 + 8}}{2\hat{K}} \\ \hat{K} = (3\langle\ln|\boldsymbol{C}_2|\rangle - 2\langle\ln|\boldsymbol{C}_3|\rangle) - (3\ln|\langle\boldsymbol{C}_2\rangle| - 2\ln|\langle\boldsymbol{C}_3\rangle|) \end{cases} \quad (5.28)$$

$$\begin{cases} \hat{L}_{\text{SLDM3}} = \dfrac{3(\hat{K}+1) + \sqrt{(\hat{K}-1)^2 + 8}}{2\hat{K}} \\ \hat{K} = (3\langle\ln|\boldsymbol{C}_1|\rangle - \langle\ln|\boldsymbol{C}_3|\rangle) - (3\ln|\langle\boldsymbol{C}_1\rangle| - \ln|\langle\boldsymbol{C}_3\rangle|) \end{cases} \quad (5.29)$$

注意:上述 3 种估计方法都只用了两种子矩阵的信息。下面我们推导的第三类和第四类基于子矩阵一阶对数累积量将用到所有子矩阵的信息。

2) 第三类基于子矩阵一阶 MLC(Third Log Determinant Moment,TLDM)的 ENL 估计方法

将式(5.19)与式(5.20)相加后,再减去式(5.21),可以消除纹理变量 τ,从而得到

第5章 PolSAR 图像多变量乘积模型的等效视图数估计方法

$$\begin{cases} L = \dfrac{3K+2+\sqrt{K^2+4}}{2K} \\ K = (k_{1,1}\{\boldsymbol{C}_1\} + k_{1,2}\{\boldsymbol{C}_2\} - k_{1,3}\{\boldsymbol{C}_3\}) - (\ln|\boldsymbol{\Sigma}_1| + \ln|\boldsymbol{\Sigma}_2| - \ln|\boldsymbol{\Sigma}_3|) \end{cases} \tag{5.30}$$

将 $\boldsymbol{\Sigma}_1, \boldsymbol{\Sigma}_2$ 和 $\boldsymbol{\Sigma}_3$ 用其估计值代替,可以得到 TLDM 估计方法为

$$\begin{cases} \hat{L}_{\text{TLDM}} = \dfrac{3\hat{K}+2+\sqrt{\hat{K}^2+4}}{2\hat{K}} \\ \hat{K} = (\langle\ln|\boldsymbol{C}_1|\rangle + \langle\ln|\boldsymbol{C}_2|\rangle - \langle\ln|\boldsymbol{C}_3|\rangle) \\ \qquad - (\ln|\langle\boldsymbol{C}_1\rangle| + \ln|\langle\boldsymbol{C}_2\rangle| - \ln|\langle\boldsymbol{C}_3\rangle|) \end{cases} \tag{5.31}$$

式(5.31)中 L 的解为一个二次方程,并且由前面的定义可知 $\hat{L}_{\text{TLDM}} \geq 3$。

3) 第四类基于子矩阵一阶 MLC(Forth Log Determinant Moment, FLDM)的 ENL 估计方法

下面推导另外一种利用协方差矩阵和其所有子矩阵一阶 MLC 的 ENL 估计方法。

将式(5.20)减去式(5.19),可以得到

$$k_{1,2}\{\boldsymbol{C}_2\} - \tilde{k}_{1,1}\{\boldsymbol{C}_1\} = \psi^{(0)}(L-1) + \ln|\boldsymbol{\Sigma}_2| - \ln|\boldsymbol{\Sigma}_1| - (\ln L - k_1\{\tau\}) \tag{5.32}$$

将式(5.21)减去式(5.20),可以得到

$$k_{1,3}\{\boldsymbol{C}_3\} - k_{1,2}\{\boldsymbol{C}_2\} = \psi^{(0)}(L-2) + \ln|\boldsymbol{\Sigma}_3| - \ln|\boldsymbol{\Sigma}_2| - (\ln L - k_1\{\tau\}) \tag{5.33}$$

将式(5.32)减去式(5.33),可以得到关于 L 的表达式为

$$2k_{1,2}\{\boldsymbol{C}_2\} - k_{1,1}\{\boldsymbol{C}_1\} - k_{1,3}\{\boldsymbol{C}_3\} = \dfrac{1}{L-2} + 2\ln|\boldsymbol{\Sigma}_2| - \ln|\boldsymbol{\Sigma}_1| - \ln|\boldsymbol{\Sigma}_3| \tag{5.34}$$

式(5.34)可简化为

$$L = 2 + \dfrac{1}{(2k_{1,2}\{\boldsymbol{C}_2\} - k_{1,1}\{\boldsymbol{C}_1\} - k_{1,3}\{\boldsymbol{C}_3\}) - (2\ln|\boldsymbol{\Sigma}_2| - \ln|\boldsymbol{\Sigma}_1| - \ln|\boldsymbol{\Sigma}_3|)} \tag{5.35}$$

将 $\boldsymbol{\Sigma}_1, \boldsymbol{\Sigma}_2$ 和 $\boldsymbol{\Sigma}_3$ 用其估计值代替,可以得到 FLDM 估计方法为

$$\hat{L}_{\text{FLDM}} = 2 + \frac{1}{(2\langle \ln|C_2|\rangle - \langle \ln|C_1|\rangle - \langle \ln|C_3|\rangle) - (2\ln|\langle C_2\rangle| - \ln|\langle C_1\rangle| - \ln|\langle C_3\rangle|)} \tag{5.36}$$

5.4.2 不同分布下 MLC 的方差

为了比较上一小节中提出的几种 ENL 估计方法的性能，这里将对协方差矩阵及其子矩阵 MLC 的方差进行分析。假设协方差矩阵 C 的 $1,2,\cdots,2v$ 阶对数矩都存在，当样本数较多时，可认为第 v 阶 MLC 满足中心极限定理。此时，协方差矩阵 C 的 MLC 的样本均值与真值之差满足均值为 0 的高斯分布[92]

$$(\langle k_v\rangle - k_v) : N\left(0, \frac{\sigma_{k_v}^2}{n}\right) \tag{5.37}$$

其中方差定义为

$$\sigma_{k_v}^2 = \text{Var}\{k_v\} = n\text{Var}\{\langle k_v\rangle\} \tag{5.38}$$

根据式(5.38)的定义，可得到 MLC 的方差为

$$\begin{cases}\sigma_{k_1}^2 = k_2 \\ \sigma_{k_2}^2 = k_4 + 2k_2^2 \\ \sigma_{k_3}^2 = k_6 + 9k_4 k_2 + 9k_3^2 + 6k_2^3\end{cases} \tag{5.39}$$

这里要注意的是，如果协方差矩阵的维数为 $d \times d$，那么维数为 $i \times i (i=1,2,\cdots,d)$ 的子矩阵的个数为

$$C_d^i = \frac{i!\ (d-i)!}{d!} \tag{5.40}$$

由于在计算过程中对相同维数的子矩阵的估计结果进行了平均，因此维数为 $i \times i$ 的子矩阵 MLC 的方差可表示为

$$\begin{cases}\sigma_{k_{1,i}}^2 = k_{2,i}/C_d^i \\ \sigma_{k_{2,i}}^2 = (k_{4,i} + 2k_{2,i}^2)/C_d^i \\ \sigma_{k_{3,i}}^2 = (k_{6,i} + 9k_{4,i}k_{2,i} + 9k_{3,i}^2 + 6k_{2,i}^3)/C_d^i\end{cases} \tag{5.41}$$

其中，$k_{r,i}$ 表示协方差矩阵维数为 i 的子矩阵的 k 阶 MLC。

由式(2.58)和表 2.1 可知 K 分布乘积模型的 MLC 为

$$\begin{cases}k_1\{C\} = \psi_d^{(0)}(L) + \ln|C| - d(\ln L - \psi^{(0)}(\alpha) + \ln\alpha) & r=1 \\ k_r\{C\} = \psi^{(r-1)}(L) + d^r\psi^{(r-1)}(\alpha) & r>1\end{cases} \tag{5.42}$$

同样可得 G0 分布的 MLC 为

$$\begin{cases} k_1\{\boldsymbol{C}\} = \psi_d^{(0)}(L) + \ln|\boldsymbol{C}| - d(\ln L + \psi^{(0)}(\lambda) - \ln(\lambda-1)) & r=1 \\ k_r\{\boldsymbol{C}\} = \psi^{(r-1)}(L) + (-1)^r d^r \psi^{(r-1)}(\lambda) & r>1 \end{cases} \quad (5.43)$$

表 5.4 给出了 $L=10$ 时不同分布下 MLC 的方差。从表中可以看出不同纹理参数的乘积模型，其 MLC 的方差差异很大。这将导致不同分布下 ENL 估计结果的方差也会差别很大。另外从表中可以看出高斯情形下的 Wishart 分布，其 MLC 的方差最小。对于 K 分布或者 G0 分布来说，随着纹理参数的值的变大，其 MLC 的方差变小。

表 5.4 $L=10$ 时不同分布的对数累积量方差

	$i=1$			$i=2$			$i=3$		
	$\sigma_{k1,1}^2$	$\sigma_{k2,1}^2$	$\sigma_{k3,1}^2$	$\sigma_{k1,2}^2$	$\sigma_{k2,2}^2$	$\sigma_{k3,2}^2$	$\sigma_{k1,3}^2$	$\sigma_{k2,3}^2$	$\sigma_{k3,3}^2$
Wishart 分布	0.0351	0.0082	0.0035	0.0352	0.0082	0.0036	0.1061	0.0248	0.0108
K 分布 ($\alpha=8$)	0.0794	0.0402	0.0350	0.2126	0.2970	0.7581	1.3034	3.7807	20.6512
K 分布 ($\alpha=32$)	0.0456	0.0133	0.0067	0.0774	0.0370	0.0286	0.3909	0.3130	0.3987
G0 分布 ($\lambda=32$)	0.0456	0.0133	0.0065	0.0774	0.0370	0.0275	0.3908	1.6830	5.4779
G0 分布 ($\lambda=8$)	0.0794	0.0402	0.0326	0.2126	0.2970	0.7393	1.3034	3.7807	20.4611

表 5.5 给出了 SLDM3 方法在不同分布数据下的估计方差和偏差。其中估计偏差和方差分别定义为 $E\{\hat{L}\} - L$ 和 $\text{var}(\hat{L})$。从表中可以看出，SLDM3 估计方法的偏差和方差与 MLC 的方差是相关的，其结论与表 5.4 类似。对于越均匀的区域，ENL 估计偏差和方差越小；而对于 K 分布和 G0 分布，纹理参数较小则表示区域不均匀程度在增加，其估计偏差和方差变大。

表 5.5 SLDM3 方法在不同分布数据下的估计方差和偏差

	Wishart 分布	K 分布 ($\alpha=8$)	K 分布 ($\alpha=32$)	G0 分布 ($\lambda=32$)	G0 分布 ($\lambda=8$)
$E\{\hat{L}\} - L$	0.0122	0.0170	0.0127	0.0128	0.0178
$\text{var}(\hat{L})$	0.0248	0.0279	0.0256	0.0255	0.0287

5.4.3 仿真数据分析

下面用仿真数据将 ML 方法、FOL 方法与本节提出的 SLDM、SLDM2、SLDM3、TLDM 和 FLDM 方法进行估计偏差与方差的比较。其中 ML 方法本质上是 Wishart 分布的一阶 MLC 的表达式。FOL 适用于 K 分布,而本节的 5 种方法适用于不同纹理变量分布的乘积模型。

这里分别用 K 分布、G0 分布、Wishart 分布以及几种分布混合情形下的仿真数据对以上几种方法的估计偏差和方差进行比较。仿真数据中视图数的真值为 $L=10$。注意本节的仿真实验中各图中的图例是相同的,为了可以更清晰地观察其结果,有部分仿真图未标示图例。另外每幅图中最下方的子图对应样本数为 512 时 ENL 估计结果的分布。

图 5.15 给出了 K 分布情形下各估计方法的估计偏差和方差。图 5.15(a) 为 K 分布 $\alpha=2$ 的情形,可以得到此时 FOL 的估计偏差和方差都明显较大。而对于图 5.15(b) 中 K 分布 $\alpha=8$ 的情形,可以看到 FOL 的性能与本节的几种方法类似。从图中可以得到如下结论:①ML 方法在 K 分布下失效;②FOL 方法基于 K 分布推导得到,但是其估计性能与纹理参数有关,当纹理参数 α 较小时其估计性能较差;③对比本节提出的几种方法,其估计性能非常相近,总的来说, SLDM3 ≈ TLDM > SLDM2 > SLDM > FLDM。

(a) K 分布 $\alpha=2$

(b) K 分布 $\alpha=8$

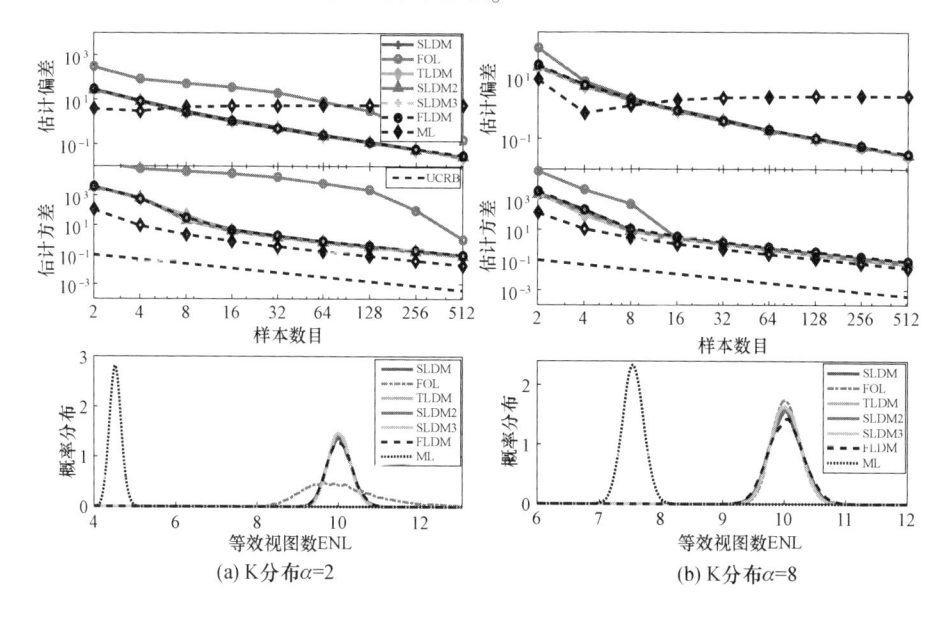

图 5.15 K 分布仿真数据下各估计方法的性能比较(见彩图)

图 5.16 给出了高斯情形下几种估计方法的估计偏差与方差。Wishart 分布可看成是 $\alpha=+\infty$ 时的 K 分布,因此 FOL 方法和本节基于乘积模型推导得到的方法都适用。从图中可以看出,ML 估计方法性能最优。FOL 效果最差,说明该方法在 α 较大时估计性能会下降。另外,本节提出的几种估计方法的性能比较结果与的图 5.15 的结论类似。

图 5.17 给出了 Wishart 分布和 K 分布混合数据下各估计方法的估计偏差和方差。从图中可以看出,ML 方法失效,FOL 方法性能最优,其原因是该混合数据实际上可以看成是两种不同参数的 K 分布数据的混合。本节提出的几种方法的估计方差要略大于 FOL,其性能比较结果与图 5.15 的结论类似。

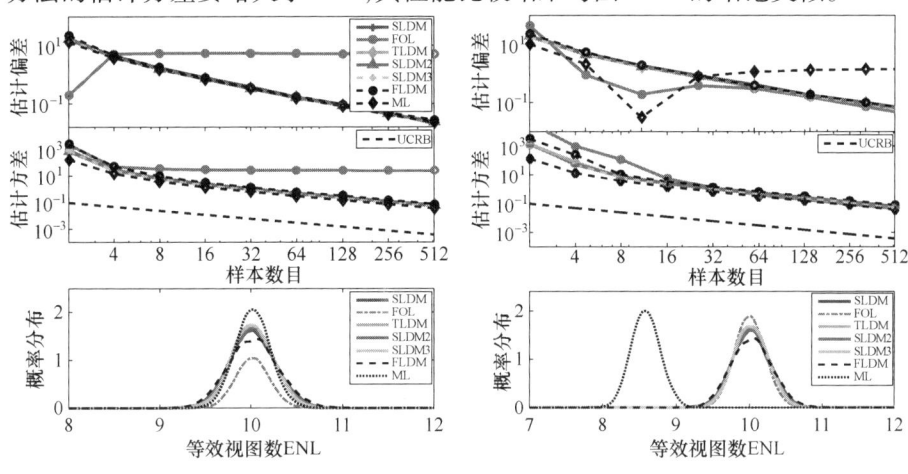

图 5.16 Wishart 分布仿真数据下各估计方法的性能比较(见彩图)

图 5.17 Wishart 分布与 K 分布 $\alpha=8$ 的混合数据下各估计方法的性能比较(见彩图)

图 5.18 为不同参数的 G0 分布下各估计方法的性能比较。其中图 5.18(a)是 G0 分布的纹理参数为 $\lambda=5$,图 5.18(b)中 $\lambda=8$。从图中可以看出,在 G0 分布情形下,ML 和 FOL 方法失效,而本节的方法仍然能得到正确的结果。并且本

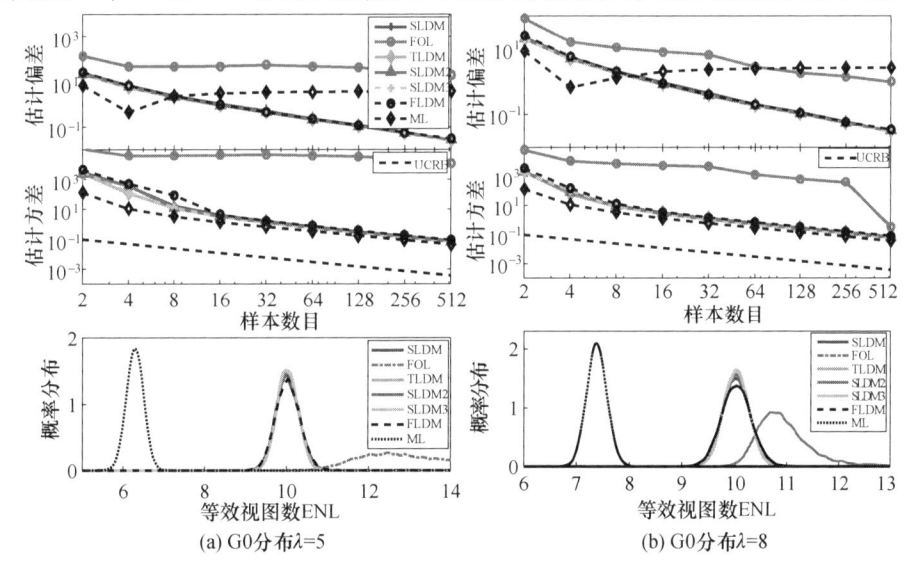

(a) G0 分布 $\lambda=5$

(b) G0 分布 $\lambda=8$

图 5.18 G0 分布仿真数据下各估计方法的性能比较(见彩图)

节方法的性能比较结果与 K 分布情形下类似,SLDM3 仍然具有最小的方差。图 5.19 给出了 G0 分布 $\lambda=5$ 与 $\lambda=8$ 混合数据下各估计方法的性能比较,从中可以得到与图 5.18 单纹理参数 G0 分布数据情形类似的结果。

图 5.20 给出了 K 分布与 G0 分布混合数据情形下各估计方法的性能比较。从图中可以看出,与 G0 分布情形类似,ML 和 FOL 方法都失效。而本节提出的 5 种方法仍然有效,并且具有较小的估计方差。

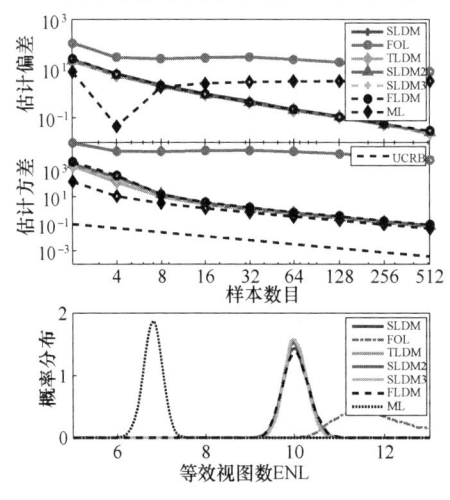

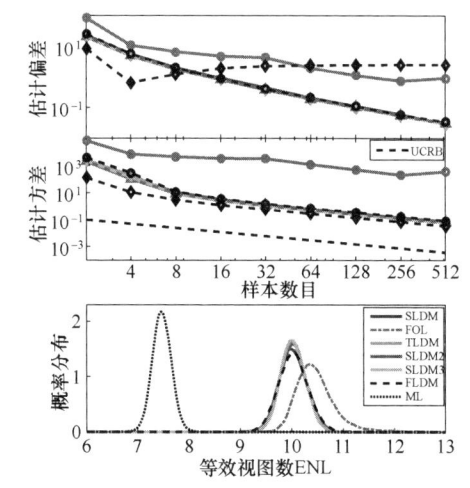

图 5.19　G0 分布 $\lambda=5$ 与 $\lambda=8$ 混合数据下各估计方法的性能比较(见彩图)

图 5.20　K 分布 $\alpha=8$ 与 G0 分布 $\lambda=8$ 混合数据下各估计方法的性能比较(见彩图)

上述仿真数据实验一方面指出了原有方法只针对特定分布有效的局限性,另一方面验证了本节的 5 种方法适用范围广的特点。对于事先不知道地物分布类型的实测数据,本节方法具有很好的应用前景。

5.4.4　实测数据分析

下面用 San Francisco 地区和 Oberpfaffenhofen 地区 PolSAR 实测数据评估上述几种方法的 ENL 估计性能。首先对实测数据的协方差矩阵进行多视处理,视图数取 $L=4$。

用无监督估计方法来计算实测数据的 ENL,将不同大小的滑窗覆盖整个图像,然后统计各方法在滑窗内的 ENL 估计值。图 5.21 给出了滑窗值大小分别为 $k=\{3,5,7,11,15\}$ 时实测数据的 ENL 估计结果。其中图 5.21(a) 和 (b) 分别为 San Francisco 地区图像和 Oberpfaffenhofen 图像的结果。从图 5.21 中可以得出估计结果与滑窗大小存在如下关系:随着滑窗的增大,估计结果的方差会变小,窗口内包含不同地物类型样本点的概率增加,这将导致 ML 和 FOL 等基于特定分布类型下推导得到的估计方法无法得到正确的结果。

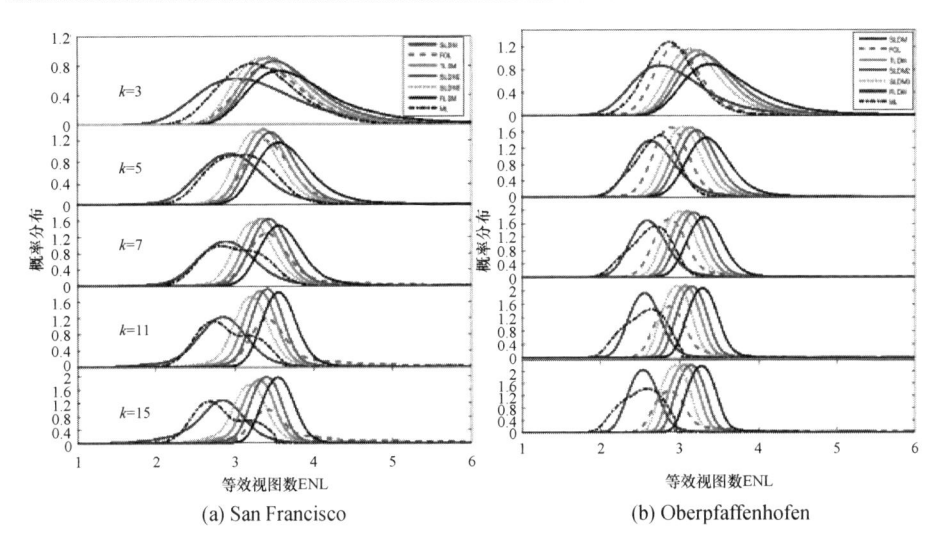

图 5.21 不同滑窗大小下实测数据的 ENL 估计结果(见彩图)

这里以 ENL 估计值统计分布的峰值点作为整个区域的 ENL 值。

表 5.6 和表 5.7 分别给出了在滑窗值 $k=5$ 和 11 时各估计方法的 ENL 无监督估计结果。由于 San Francisco 图像中的海洋区域服从 Wishart 分布,因此表 5.6 中列出了海洋区域的 ML 方法的估计结果,以 3.3 作为 ENL 的真值。从 San Francisco 图像的 ENL 估计结果可以看出,除了 ML 和 SLDM 方法的估计结果偏小,其它几种方法的估计结果都接近真值。另外由于 Oberpfaffenhofen 图像中难以找到面积较大的 Wishart 分布区域,只能找到大面积的服从 K 分布的森林区域,因此以森林区域的 FOL 方法结果作为真值,得到其值为 3.066。对比各方法的估计结果,可以看到 ML 和 SLDM 方法的估计结果依然偏小。由上节的仿真数据的结果得知 ML 方法不准的原因是对于非均匀区域其 ENL 估计结果偏小。另外 SLDM 方法由于只用到了 1 维和 2 维的子矩阵,没有用到整个协方差矩阵的信息,这可能是其估计不准的原因。而表 5.7 中 FOL 估计结果偏小的原因是图中大部分服从 K 分布区域的纹理参数值较小,见仿真数据结果图 5.15。

表 5.6 $k=5$ 和 $k=11$ 时 San Francisco 图像的 ENL 估计结果

	ML(海洋)	FOL	ML	SLDM	SLDM2	SLDM3	TLDM	FLDM
$k=5$	3.361	3.425	3.098	2.943	3.454	3.264	3.368	3.565
$k=11$	3.306	3.415	2.724	2.847	3.418	3.200	3.324	3.562

表 5.7 $k=5$ 和 $k=11$ 时 Oberpfaffenhofen 图像的 ENL 估计结果

	FOL(森林)	FOL	ML	SLDM	SLDM2	SLDM3	TLDM	FLDM
$k=5$	3.110	2.892	2.760	2.635	3.220	3.032	3.137	3.343
$k=11$	3.066	2.876	2.652	2.561	3.163	2.968	3.077	3.296

图 5.22 和图 5.23 给出了 $k=4$ 时不同估计方法下 San Francisco 图像和 Oberpfaffenhofen 图像各区域的 ENL 估计结果。其中图 5.22(a) 和图 5.23(a) 为 Google 光学地图,为图中的地物类型提供参考。FOL 方法存在失效问题,当它失效时,将其值设为 0。首先来看 San Francisco 图像的结果,该图主要由海洋、城区和植被 3 部分组成。FOL 结果中有特别暗的点就是其失效点,可以看到 FOL 方法在服从高斯分布的海洋区域失效率较高。ML 方法在服从 G0 分布的城区和服从 K 分布的植被区域都存在估计值偏小的问题,只有在海洋区域表现较好。而本节提出的 SLDM3 在各分布类型区域的估计结果变化不大,受分布的影响较小。从图 5.23 中也可以得出类似的结论:即在非高斯分布区域 ML 方法存在估计值偏小的问题;FOL 方法存在失效的问题,并且在 G0 分布的纹理下该方法的估计结果存在偏差;本节提出的 SLDM3 的估计结果受地物类型的影响较小,各分布类型的区域 ENL 估计结果相差不大。

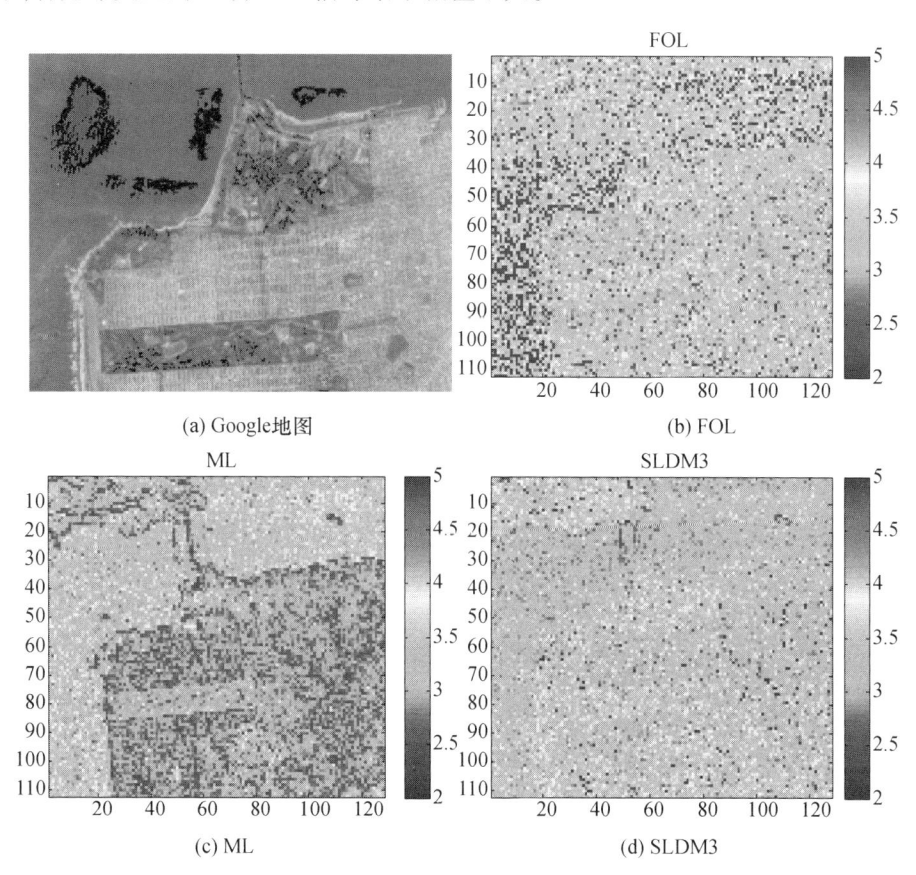

(a) Google 地图

(b) FOL

(c) ML

(d) SLDM3

图 5.22 在 $k=4$ 时不同估计方法下 San Francisco 图像各区域的 ENL 估计结果(见彩图)

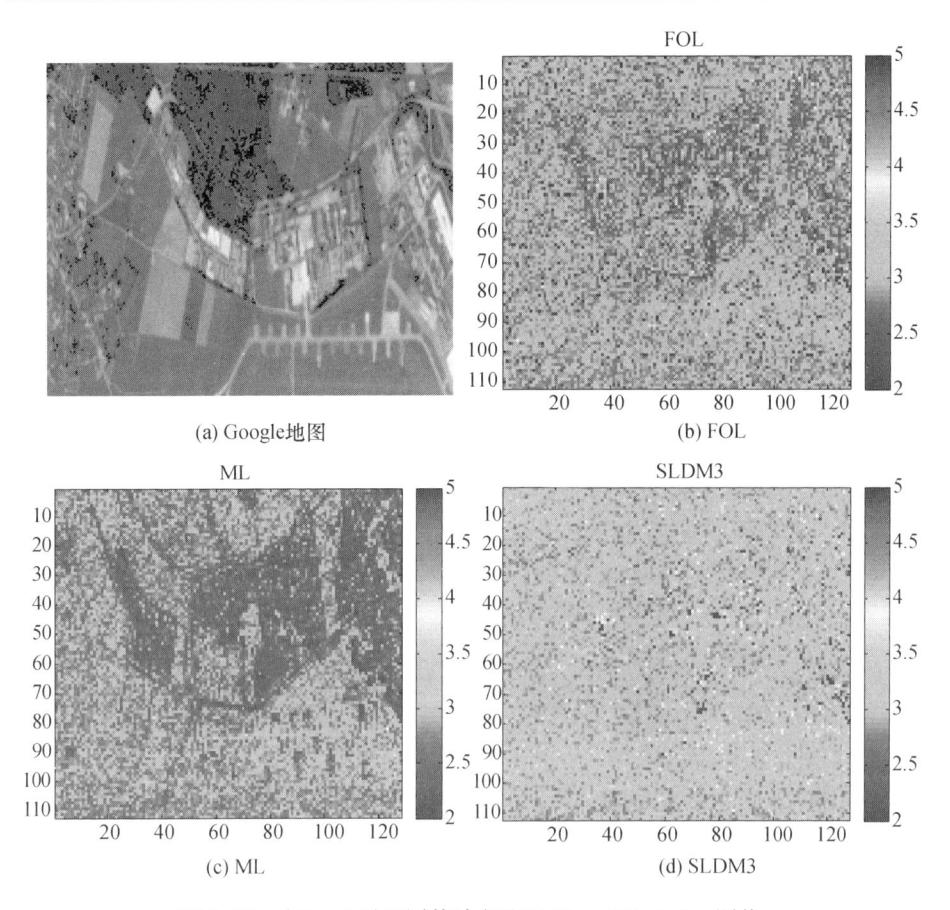

图 5.23 在 $k=4$ 时不同估计方法下 Oberpfaffenhofen 图像各区域的 ENL 估计结果(见彩图)

对于给定大小的图像,如何选择合适的窗口值也是值得研究的问题。下面分别用仿真数据和实测数据进行分析。图 5.24(a)给出了不同滑窗下,仿真图像的全图 ENL 估计结果。图中仿真数据分别采用 K 分布 $\alpha=8$、G0 分布 $\lambda=8$ 和 Wishart 分布数据。仿真图像的大小为 512×450,视图数的真值为 $L=4$。从图中可以看出,ML 估计方法在 K 分布和 G0 分布下估计结果偏小,而 FOL 方法在 G0 分布下估计结果偏大。另外可以看出,除了上述讨论的估计不准的情形外,所有方法在 $k>4$ 时估计偏差都小于 0.1。图 5.24(b)给出了不同滑窗下的实测数据的全图 ENL 估计结果。对于 ML 方法,随着窗口的增大,包含非高斯样本的概率增加将导致估计值偏小。相反地,当滑窗值较小时,估计方差偏大。综合考虑上述两个因素,ML 方法取 $k=5$ 比较合适。同理,FOL 的最佳滑窗值也是 $k=5$。本节提出的几种方法其 ENL 估计结果与纹理分量分布无关,因此可以适当增加滑窗值的大小。

(a) 仿真数据　　　　　　　　　　　(b) 实测数据

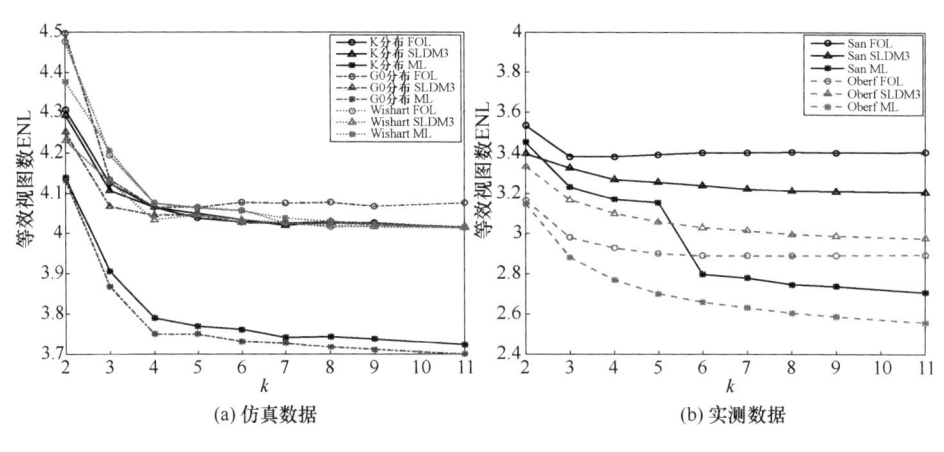

图 5.24　不同滑窗下的全图 ENL 估计结果(见彩图)

图 5.25 给出了在大小为 512×450 的 Wishart 分布仿真图像下采用不同滑窗大小计算全图 ENL 时的耗时比较。从图中可以看出,随着窗口值的增加计算所花时间变小。由于本节方法可以采用比 ML 和 FOL 方法更大的滑窗值,将有助于减少计算时间。图 5.26 给出了不同样本数下各估计方法进行 1 次计算所需的时间比较。从该图中可以看出,ML 方法和 SLDM3 方法速度优势明显。

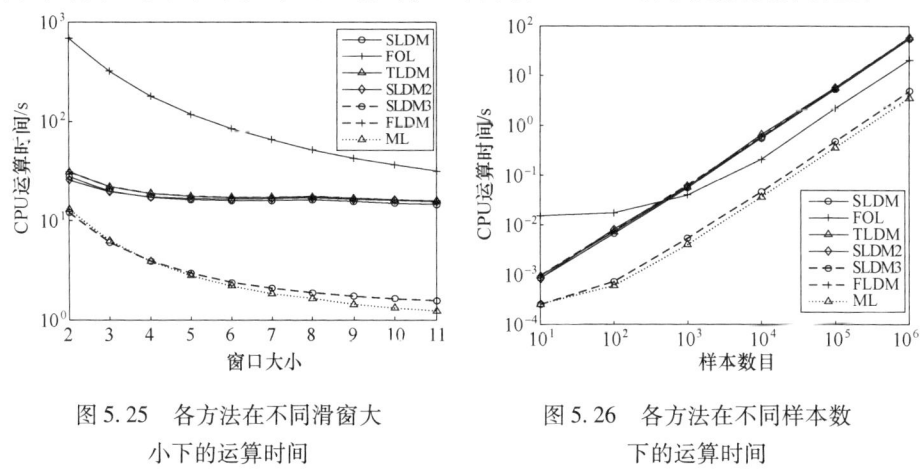

图 5.25　各方法在不同滑窗大小下的运算时间

图 5.26　各方法在不同样本数下的运算时间

5.5　本章小结

现有的 ENL 估计方法普遍存在纹理适应性差、计算量较大的缺点。为解决此问题,本章提出了 3 种适用于任意纹理变量分布的多变量乘积模型的 ENL 估计方法,拓展了 ENL 估计方法的适用范围。

首先,分析了矩阵迹的物理意义及其在参数估计中的应用前景,根据

Wishart 分布矩阵的迹和乘积模型矩阵迹的内在联系,推导了适用于不同纹理变量分布类型的乘积模型 ENL 估计方法。

其次,根据乘积模型中各极化通道的纹理变量相同的特性,提出可以通过协方差矩阵的子矩阵来消除纹理变量。针对二阶 MLC 表达式中不包含方差项的特点,给出了基于子矩阵二阶 MLC 的 ENL 估计方法。

最后,针对子矩阵二阶 MLC 方法存在估计性能受 ENL 真值大小影响的缺点,提出用方差更小的一阶 MLC 来代替二阶 MLC,得到了基于子矩阵一阶 MCL 的 ENL 估计方法。

第6章
PolSAR图像多变量乘积模型的纹理参数估计方法

6.1 PolSAR图像模型参数估计概述

杂波统计建模及其参数估计方法是PolSAR图像相干斑抑制[7]、目标检测[151,152]和分类识别[88,143]等图像解译手段的基础课题。在高分辨情形下,地面或者海面散射杂波一般服从某种非高斯分布。针对PolSAR图像杂波非高斯建模问题,目前研究最多的是多变量乘积模型。在多变量模型中,伽马分布[70]、逆伽马分布[89,116]、Fisher分布[117,144]、α稳定分布[145]和Weibull[65]分布等非高斯分布常常用来对纹理分量进行建模。K分布模型[70]和G0分布模型[115,116]是应用非常广泛的PolSAR图像非高斯统计模型,它们分别是在假设纹理分量服从伽马分布和逆伽马分布时根据多变量乘积模型得到的。其中K分布模型适用于一般不均匀区域的统计建模,例如植被、森林等。而G0分布模型适用于如城区等极度不均匀区域的统计建模。

寻找快速、准确的参数估计是多变量乘积模型研究的核心问题。根据采用的数据源,可将参数估计方法分为单极化估计方法和全极化估计方法。其中传统的单极化估计方法分别估计出每个极化通道的参数,然后将各通道的参数求平均。常用的单通道参数估计方法有矩估计法和最大似然估计法。其中矩估计法计算简单,但是精度较差[84]。Frery等的研究表明在矩估计法中采用分数阶矩能取得更好的估计效果[85]。最大似然估计(ML)方法的估计方差逼近UCRB下界,但是该方法没有解析的表达式,数值法计算非常复杂[83]。Nicolas等提出了基于对数累积量参数估计方法,该方法适用于不同纹理分量下的乘积模型[87],并且估计精度较好。而全极化估计方法利用了各通道之间的极化信息,其估计性能优于单极化的方法。目前最常用的全极化估计方法是Anfinsen等提出的基于协方差矩阵的对数累积量的参数估计方法,其本质上是协方差矩阵行列式值的Mellin变换[79,90,91,123,145]。另外,Doulgeris等将Frery的方法扩展到全极化情形,给出了基于协方差矩阵行列式值二阶矩的参数估计方法[88]。

由于全极化估计方法利用了极化信息,相比单极化方法的性能优势明显。本章在现有估计方法的基础上,给出了 3 种针对多变量乘积模型纹理参数的全极化参数估计方法。由于多变量乘积模型的纹理参数估计方法的表达式与纹理变量统计模型的选择相关,因此模型的辨识和选择也很重要。常见的 K 分布模型对海域、森林和耕地等不均匀区域具有较强的建模能力,而 G0 分布模型对存在较多人造建筑物的城区等非均匀奇异散射区域的建模效果较好,两者都属于近年来应用最广泛、最著名的统计模型。本书主要以 K 分布和 G0 分布为例,比较新方法和现有方法的参数估计性能。其它纹理变量模型,如 Fisher 分布和 Beta 分布的纹理参数也可用本章的方法进行估计,但是在这里未做讨论。

本章的结构安排如下:6.2 节给出一种基于PolSAR协方差矩阵$|Z|^r\log|Z|$混合矩的 K 分布参数估计方法。对该方法在 r 取值不同值时的估计性能进行分析,并在 $r=1/d$ 得到了一个解析的表达式。6.3 节分析PolSAR数据进行 MPWF 处理后的统计特性,推导 K 分布和 G0 分布下滤波后数据的对数累积量表达式,得到一种基于 MPWF 对数累积量的纹理参数估计方法。6.4 节结合 6.2 节的混合矩方法和 6.3 节 MPWF 滤波后的数据特性,提出一种基于 MPWF 混合矩并且具有解析表达式的参数估计方法,该方法具有表达式简洁的优点。另外,我们分别用仿真数据和PolSAR实测数据对本章推导得到的新方法的估计性能进行分析,并给出了新方法与常用估计方法的性能比较。

6.2 基于混合矩的纹理参数估计

传统的PolSAR图像 K 分布参数估计方法是利用单PolSAR的方法分别估计出每个极化通道强度图像的参数,然后将各通道的参数求平均。Blacknell 等提出了基于 $z^r\log(z)$ 的 K 分布参数估计方法,该方法在 $z\log(z)$($r=1$ 时的表达式)情形下有解析的形式[153]。Hu 等对 Blacknell 等的方法在不同 r 值下的性能进行了仿真比较,指出 $0<r<1$ 时该方法能取得较好的估计效果[154]。

上述基于单通道的 $z^r\log(z)$ 估计方法实际上只用了PolSAR图像协方差矩阵的对角元素,没有用到各极化通道间的相关信息。在单通道方法的基础上,本节针对 K 分布下PolSAR图像协方差矩阵的分布特性,以矩阵为变量对参数估计方法进行了研究。将 Blacknell 等提出的估计方法扩展到全极化多视数据的情形[153],提出了基于$|Z|^r\log|Z|$混合矩的参数估计方法,简称 ZrLZ 方法。并且对 ZrLZ 方法在 r 取值不同时的估计性能进行了仿真分析。最后用仿真数据和实测数据对本节的方法与已有方法进行比较,结果表明 ZrLZ 方法对不同 α 值区域的适应能力更好,并且在 $r=1/d$ 时的计算速度明显优于对数累积量方法。

6.2.1 基于混合矩的纹理参数估计方法

对于PolSAR图像乘积模型,由于纹理分量与相干斑分量是相互独立的,因此其矩特征存在如下关系:

$$E(|\mathbf{Z}|^r) = E(\tau^{dr})E(|\mathbf{Y}|^r) \tag{6.1}$$

注意本节中用 $\mathbf{Z}$ 表示协方差矩阵,其它变量与前面章节相同(也可参考文献后附录主要符号说明)。由式(6.1)的 Mellin 逆变换可知高斯假设下协方差矩阵的行列式值的高阶矩为

$$|\mathbf{Z}|^r = \frac{\Gamma(L+r)\cdots\Gamma((L-d+1)+r)}{L^{rd}\Gamma(L)\cdots\Gamma(L-d+1)}|\mathbf{\Sigma}|^r \tag{6.2}$$

当纹理变量为伽马分布时,其乘积模型服从 K 分布,伽马分布的矩特征为

$$E(\tau^r) = \frac{\Gamma(\alpha+r)}{\alpha^r\Gamma(\alpha)} \tag{6.3}$$

将式(6.2)和式(6.3)代入式(5.1),可以得到 K 分布下协方差矩阵行列式值的矩特征为

$$E(|\mathbf{Z}|^r) = \frac{\Gamma(\alpha+rd)}{\alpha^r\Gamma(\alpha)}\frac{\Gamma(L+r)\cdots\Gamma((L-d+1)+r)}{L^{rd}\Gamma(L)\cdots\Gamma(L-d+1)}|\mathbf{\Sigma}|^r \tag{6.4}$$

将式(6.4)关于 r 求导,可得

$$\frac{\partial E(|\mathbf{Z}|^r)}{\partial r} = \frac{\partial \int |\mathbf{Z}|^r f(\mathbf{Z})\mathrm{d}\mathbf{Z}}{\partial r}$$

$$= \int |\mathbf{Z}|^r \log(|\mathbf{Z}|) f(\mathbf{Z})\mathrm{d}\mathbf{Z} = E(|\mathbf{Z}|^r \log(|\mathbf{Z}|)) \tag{6.5}$$

因此有

$$E(|\mathbf{Z}|^r \log(|\mathbf{Z}|)) = E(|\mathbf{Z}|^r)[d\psi^{(0)}(\alpha+rd)$$
$$+ \sum_{i=0}^{d-1} \psi^{(0)}(L+r-i) + \log(|\mathbf{\Sigma}|) - \log\alpha - d\log L] \tag{6.6}$$

其中, $\psi^{(0)}(x)$ 为 digamma 函数,并且 $\psi^{(0)}(x) = \Gamma'(x)/\Gamma(x)$。由式(6.6)可得

$$\frac{E(|\mathbf{Z}|^r \log(|\mathbf{Z}|))}{E(|\mathbf{Z}|^r)} = d\psi^{(0)}(\alpha+rd)$$
$$+ \sum_{i=0}^{d-1} \psi^{(0)}(L+r-i) + \log(|\mathbf{\Sigma}|) - \log\alpha - d\log L \tag{6.7}$$

对式(6.7)取不同的 r 值,并且将两个式子相减,可以得到 α 的参数估计方法如下：

$$\frac{E(|\mathbf{Z}|^{r_1}\log(|\mathbf{Z}|))}{E(|\mathbf{Z}|^{r_1})} - \frac{E(|\mathbf{Z}|^{r_2}\log(|\mathbf{Z}|))}{E(|\mathbf{Z}|^{r_2})}$$

$$= d[\psi^{(0)}(\hat{\alpha} + r_1 d) - \psi^{(0)}(\hat{\alpha} + r_2 d)]$$

$$+ \sum_{i=0}^{d-1}\psi^{(0)}(L + r_1 - i) - \sum_{i=0}^{d-1}\psi^{(0)}(L + r_2 - i) \quad (6.8)$$

其中,$r_1 \ne r_2$。当 $r = 0$ 时,式(6.6)实际上就是一阶 MLC 的表达式,即

$$E(\log(|\mathbf{Z}|)) = d\psi^{(0)}(\alpha) + \sum_{i=0}^{d-1}\psi^{(0)}(L-i) + \log(|\mathbf{\Sigma}|) - \log\alpha - d\log L \quad (6.9)$$

已有的研究表明,将式(6.9)用于参数估计其估计性能较好[145],同时为了便于对估计方法进行分析,这里将 r_2 的值取 0,此时式(6.8)可写为

$$\frac{E(|\mathbf{Z}|^r\log(|\mathbf{Z}|))}{E(|\mathbf{Z}|^r)} - E(\log(|\mathbf{Z}|))$$

$$= d[\psi^{(0)}(\hat{\alpha} + rd) - \psi^{(0)}(\hat{\alpha})] + \sum_{i=0}^{d-1}[\psi^{(0)}(L + r - i) - \psi^{(0)}(L - i)]$$

$$(6.10)$$

式(6.10)即为本节提出的 ZrLZ 参数估计方法,为了求解式(6.10),这里令

$$g(\alpha) = d[\psi^{(0)}(\alpha + rd) - \psi^{(0)}(\alpha)] + \sum_{i=0}^{d-1}[\psi^{(0)}(L + r - i) - \psi^{(0)}(L - i)]$$

$$- \frac{E(|\mathbf{Z}|^r\log(|\mathbf{Z}|))}{E(|\mathbf{Z}|^r)} + E(\log(|\mathbf{Z}|)) \quad (6.11)$$

对式(6.11)求导可得

$$\partial g(\alpha)/\partial \alpha = d[\psi^{(1)}(\alpha + rd) - \psi^{(1)}(\alpha))] < 0 \quad r > 0, \alpha > 0 \quad (6.12)$$

从式(6.12)可得 $g(\alpha)$ 是单调递减的。又因为当 $x > 0$ 时,$\psi^{(0)}(x)$ 单调递增,故当 $r > 0$ 并且 $\alpha > 0$ 时,$g(\alpha) > 0$。基于 $g(\alpha)$ 的单调递减特性,可以利用基于中值的搜索方法进行快速求解,其求解流程如下：

(1) 初始化 $\alpha_{\text{left}} = 0$,$\alpha_{\text{right}} = 1000$,精度 $t = 0.001$;

(2) 如果 $|\alpha_{\text{left}} - \alpha_{\text{right}}| < t$,至(4);否则,至(3);

(3) $\alpha_{\text{mid}} = (\alpha_{\text{left}} + \alpha_{\text{right}})/2$,计算 $g(\alpha_{\text{mid}})$ 的值;如果 $g(\alpha_{\text{mid}}) > 0$,则 $\alpha_{\text{left}} = \alpha_{\text{mid}}$,至(2);

否则，$\alpha_{\text{right}} = \alpha_{\text{mid}}$，至(2)；

(4) $\hat{\alpha} = (\alpha_{\text{left}} + \alpha_{\text{right}})/2$。

另外，我们发现当 $r = 1/d$ 时，由式(6.10)可得到估计 α 的解析表达式

$$\hat{\alpha} = \frac{d}{\dfrac{E(|\mathbf{Z}|^{1/d}\log(|\mathbf{Z}|))}{E(|\mathbf{Z}|^{1/d})} - E(\log(|\mathbf{Z}|)) - \sum_{i=0}^{d-1}[\psi^{(0)}(L + 1/d - i) - \psi^{(0)}(L - i)]} \tag{6.13}$$

式(6.13)的推导应用了等式

$$\psi^{(0)}(\alpha + 1) - \psi^{(0)}(\alpha) = \frac{1}{\alpha} \tag{6.14}$$

6.2.2 仿真数据分析

这里对以下几种 K 分布的参数估计方法的性能进行比较：

(1) Anfinsen 等提出的基于协方差矩阵行列式值二阶对数累积量的参数估计方法(Second-order Matrix Log-cumulants, SMLC)[91]

$$\psi^{(1)}(\alpha) = \frac{\langle k_2\{\mathbf{Z}\}\rangle - \psi_d(L)}{d^2} \tag{6.15}$$

式中，$\psi^{(1)}(\alpha)$ 表示一阶 Polygamma 函数，$\psi_d(L) = \sum_{i=0}^{d-1}\psi^{(1)}(L - i)$。

(2) Doulgeris 等提出的基于二阶矩特征(Second Moment, SMOM)的参数估计方法[88]

$$\alpha = \frac{d(Ld + 1)}{L\text{var}\{\tau\} - d} \tag{6.16}$$

式中，$\tau = \text{tr}(\hat{\boldsymbol{\Sigma}}^{-1}\mathbf{C})$。

(3) Frcry 等提出的基于单极化通道强度数据的分数阶矩的参数估计方法(Fractional Moment, FMOM)[85]，结合 1/2 阶矩与 1/4 阶矩的表达式，得到

$$\frac{\Gamma^2(\alpha_i + 1/4)}{\Gamma(\alpha_i)\Gamma(\alpha_i + 1/2)} \frac{\Gamma^2(L + 1/4)}{\Gamma(L)\Gamma(L + 1/2)} - \frac{\langle C_i^{1/4}\rangle^2}{\langle C_i^{1/2}\rangle} = 0 \tag{6.17}$$

式中，$i \in \{hh, hv, vv\}$，$\hat{\alpha} = (\alpha_{hh} + \alpha_{hv} + \alpha_{vv})/3$。

(4) 本节给出的 ZrLZ 方法，如式(6.10)和式(6.13)。

上述几种方法中，FMOM 为基于单极化通道的方法，其它方法为基于协方差矩阵的全极化估计方法。ZrLZ 方法在 $r = 1/d$ 时和 SMOM 方法具有解析的表达式。SMLC 和 ZrLZ 方法 $(r \neq 1/d)$ 用本节给出的基于中值的搜索方法进行求解。FMOM 方法的求解方程不具备单调性，因此用遍历搜索的方法求解，选取的遍历

范围为 $\alpha \in (0,100)$，精度为 0.001。

K 分布仿真数据由式(2.20)所示的乘积模型得到，视图数取 $L=10$。由于得不到 ZrLZ 方法估计方差的表达式，因此无法从理论上推导对应最小方差的 r 值。文献[154]指出在单极化通道情形下 $0<r<1$ 时估计效果较好，这里随机取 $r=\{0.05, 0.2, 0.4, 0.8\}$ 以及 $r=1/d$ 比较不同 r 值对估计性能的影响。

K 分布中形状参数 α 的取值范围一般在 0.1（极不均匀区域）到 10（海洋、平原等均匀区域）之间。图 6.1 给出了在不同的 α 取值下（$\alpha \in [0.1, 10]$），不同 r 值的 ZrLZ 方法在样本数为 512 时的相对估计偏差与方差，仿真次数为 10000 次。从该图中可以看出，$r=0.2$ 时的估计性能最优，$r=0.05$ 次之，它们要略优于 $r=1/d$。而 $r=1/d$ 时的性能要优于 $r=0.4$，性能最差的是 $r=0.8$。另外可以看到，相对方差随着 α 值的增大而增大。当 r 变化为 0~1 之间其它数值时，仍然保持 $r=0.2$ 时的估计性能最优的规律。

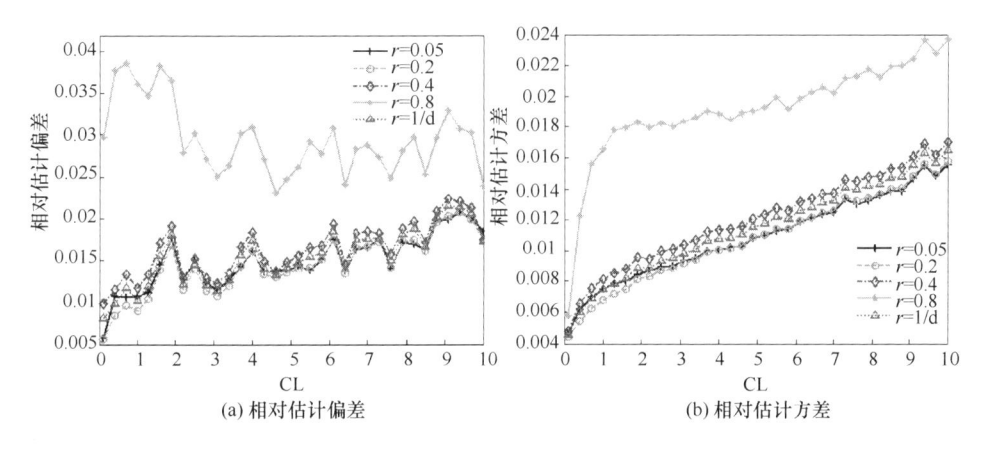

图 6.1 在不同的 α 取值下（$\alpha \in [0.1, 10]$），不同 r 值的 ZrLZ 方法在样本数为 512 时的相对估计偏差与相对估计方差（仿真次数为 10000 次）（见彩图）

从上述比较可知，ZrLZ 方法取 $r=0.2$ 时性能最佳，另外，$r=1/d$ 时该方法有解析表达式，因此下面将这两种方法与原有方法进行比较。图 6.2 给出在不同的 α 取值下，这两种估计方法与原有方法在样本数为 512 时的相对估计偏差与方差，仿真次数为 10000 次。结合图 6.2(a) 和 (b)，可以看出，当 α 值较小时，SMOM 方法相对估计偏差和方差都非常大，此时该方法几乎失效。FMOM 方法在 α 很小时效果最好，但是在 α 较大时，性能不如其它方法。另外从图中可以看出，本节的 ZrLZ 方法在 α 值较小时，相对估计偏差和方差都要优于 SMLC 方法。并且当 α 值增大时，ZrLZ 方法与 SMLC 方法性能相当。因此可以得出 ZrLZ 方法对于不同的 α 值的估计性能的要更稳健。

图 6.3 给出了在 K 分布 $\alpha=6$ 的情形下，ZrLZ 方法在 r 取不同值时在不同

(a) 相对估计偏差

(b) 相对估计方差

图 6.2　在不同的 α 取值下（α∈[0.1,10]），本节的估计方法与原有估计方法在样本数为 512 时的相对估计偏差与相对估计方差（仿真次数为 10000 次。这里 ZrLZ 方法取 $r=0.2$ 与 $r=1/d$）（见彩图）

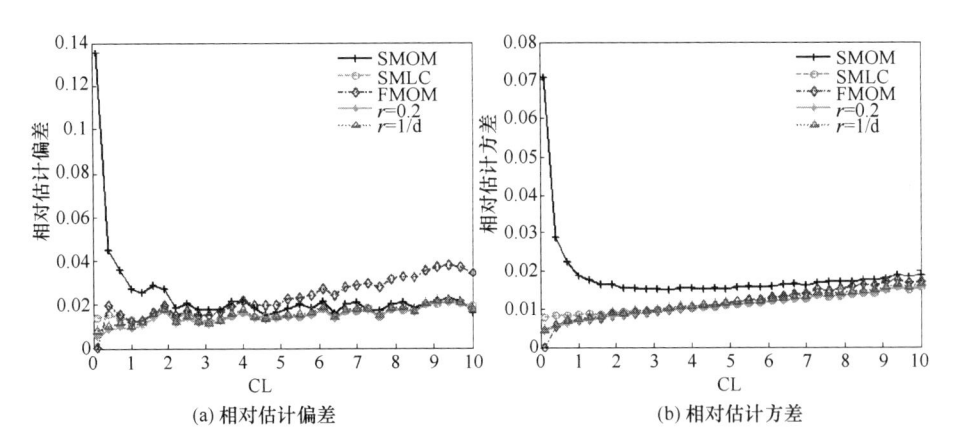

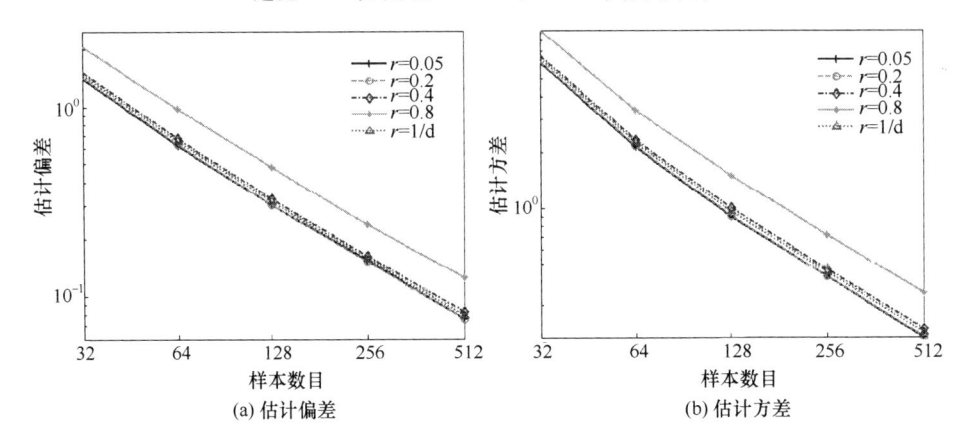

(a) 估计偏差

(b) 估计方差

图 6.3　K 分布 α=6 的情形下，r 取不同值时 ZrLZ 方法在不同样本数下的估计偏差与估计方差（仿真次数为 10000 次）（见彩图）

样本数下的估计偏差与方差，仿真次数为 10000 次。从图中可以看出 α 值的估计偏差和估计方差都随着样本数的增加而减小。另外可以得到与图 6.1 类似的结论，即在估计性能上有 $r=0.2 > r=0.05 > r=1/d > r=0.4 > r=0.8$。

图 6.4 给出了 K 分布 α=6 的情形下，本节的估计方法与原有估计方法的性能比较，仿真次数为 10000 次。从估计偏差和方差图中同样可以看出 ZrLZ 在 $r=0.2$ 与 $r=1/d$ 时的性能与 SMLC 方法非常接近，并且要优于 FMOM 和 SMOM。

图 6.5 为不同估计方法运算时间的比较，这里数据源为 α=6 的 K 分布仿真数据。计算机 CPU 为 Inter E5700，双核 3GHz，内存大小为 2G。这里对式

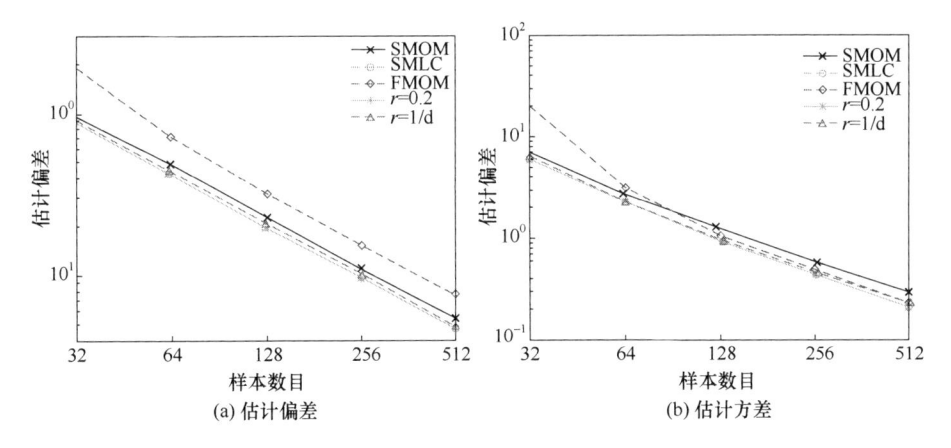

第6章　PolSAR 图像多变量乘积模型的纹理参数估计方法

(a) 估计偏差

(b) 估计方差

图 6.4　K 分布 $\alpha=6$ 的情形下,本节的估计方法与原有估计方法在不同样本数下的估计偏差与方差(仿真次数为 10000 次。这里 ZrLZ 方法取 $r=0.2$ 与 $r=1/d$)(见彩图)

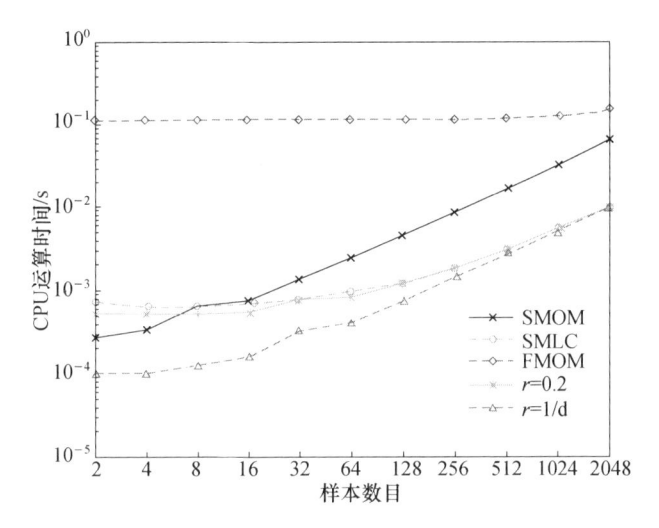

图 6.5　本节的估计方法与原有估计方法在不同样本数下的运算时间比较(这里用的数据为 K 分布 $\alpha=6$)(见彩图)

(6.15)所示的 SMLC 方法的求解进行优化,由式(6.15)可以得到

$$f(\hat{\alpha}) = \langle k_2\{C\}\rangle - \psi_d^{(1)}(L) - d^2\psi^{(1)}(\hat{\alpha}) \tag{6.18}$$

可知,式(6.18)为关于 $\hat{\alpha}$ 的单调递增函数,因此可用基于中值的搜索方法对 SMLC 的搜索求解进行优化,其算法流程与本节中对式(6.10)的优化计算流程类似。

从该图可以看出,在样本数小于 256 时,ZrLZ 方法在 $r=1/d$ 时的运算速度要明显快于其它方法。实际中往往采用滑窗的方法来对实测图像进行估计,为了适应不同的地物类型,每个滑窗包含的像素点一般都不会很多,因此该速度优势具有很高的实用价值。SMOM 方法用了遍历法搜索解,其运算时间要远大于其它方法,这也说明了 SMLC 和 ZrLZ 方法中基于中值的搜索求解对运算速度有明显提升。

6.2.3 实测数据分析

传统的 PolSAR 图像统计模型的假设检验方法是对各极化通道的幅度或强度数据分别进行假设检验。该方法的缺点在于只考虑了协方差矩阵的对角元素,没有用到协方差矩阵中非对角元素的信息。最近 Anfinsen 等提出了基于 MLC 的假设检验方法,实验结果表明该假设检验方法有效并且直观[155]。下面简要介绍基于 MLC 的假设检验方法,详细的推导过程见文献[155]。

假设由样本值计算得到的各阶 MLC 的值为

$$\langle \boldsymbol{k} \rangle = [\langle k_{v_1} \rangle, \langle k_{v_2} \rangle, \cdots, \langle k_{v_p} \rangle]^{\mathrm{T}} \qquad (6.19)$$

式中,$v_1, v_2, \cdots, v_p$ 为 MLC 的阶数;p 为向量的维数。

由 PolSAR 图像统计模型理论计算得到的各阶 MLC 为

$$\boldsymbol{k} = E\{\langle \boldsymbol{k} \rangle\} = [k_{v_1}, k_{v_2}, \cdots, k_{v_p}]^{\mathrm{T}} \qquad (6.20)$$

这里,$v_1, v_2, \cdots, v_p$ 的取值对应式(6.19)。

对于特定模型参数的一般假设检验,例如 H_0:样本值服从 $K(L=4, \boldsymbol{\Sigma}=\boldsymbol{\Sigma}_0, \alpha=8)$,可得统计量

$$Q_p = n(\langle \boldsymbol{k} \rangle - \boldsymbol{k})^{\mathrm{T}} \boldsymbol{K}^{-1} (\langle \boldsymbol{k} \rangle - \boldsymbol{k}) \xrightarrow{D} \chi^2(p) \qquad (6.21)$$

式中,$\boldsymbol{K} = nE\{(\langle \boldsymbol{k} \rangle - \boldsymbol{k})(\langle \boldsymbol{k} \rangle - \boldsymbol{k})^{\mathrm{T}}\}$,$n$ 为样本数。

假设检验中概率值(Probability Value,p 值)是指在由 H_0 所规定的总体中随机抽样,获得等于及大于现有统计量的概率。由于统计量 Q_p 服从 $\chi^2(p)$ 分布,因此可以很容易计算得到 p 值。计算出 p 值后,将在给定显著性水平 α 与 p 值做比较,若 $p \geq \alpha$,则在显著性水平 α 下接受 H_0;若 $p < \alpha$,则在显著性水平 α 下接受 H_0。

对于模型参数未知需要从样本值估计得到的复合假设检验,统计量可由下式得到:

$$Q'_p = n(\langle \boldsymbol{k} \rangle - \boldsymbol{k}(\hat{\boldsymbol{\theta}}))^{\mathrm{T}} \boldsymbol{K}(\hat{\boldsymbol{\theta}})^{-1} (\langle \boldsymbol{k} \rangle - \boldsymbol{k}(\hat{\boldsymbol{\theta}})) \qquad (6.22)$$

式中,$\hat{\boldsymbol{\theta}} = \{\theta_1, \theta_2, \cdots, \theta_m\}$ 表示需要估计的未知参数,m 为未知参数的个数。这里的统计量 Q'_p 不再服从 $\chi^2(p)$ 分布,因此 p 值不能直接计算得到,但是可以通

过蒙特卡洛仿真的方法得出 p 值[155]。

在进行假设检验时,向量$\langle \boldsymbol{k} \rangle$的维数 p 要求大于 m。对于 K 分布,其阶数大于 1 的 MLC 与参数 $\boldsymbol{\Sigma}$ 无关。另外 L 采用名义视图数代替,此时只剩下一个未知参数 α,这里取$\langle \boldsymbol{k} \rangle = [\langle k_2 \rangle, \langle k_3 \rangle]^T$,对应的 $\boldsymbol{k}$ 和 $\boldsymbol{K}$ 为

$$\boldsymbol{k} = [k_2, k_3]^T = [d^2 \psi^{(1)}(\alpha) + \psi_d^{(1)}(L), d^3 \psi^{(1)}(\alpha) + \psi_d^{(2)}(L)]^T \quad (6.23)$$

$$\boldsymbol{K} = \begin{bmatrix} k_4 + 2k_2^2 & k_5 + 6k_2 k_3 \\ k_5 + 6k_2 k_3 & k_6 + 9k_2 k_4 + 9k_3^2 + 6k_2^2 \end{bmatrix} \quad (6.24)$$

这里取的实测数据 San Francisco 地区的 L 波段图像和 Oberpfaffenhofen 地区的 L 波段图像,其中多视视图数假定为 $L = 4(2 \times 2)$。在两幅图像中各选取了 4 个大小为 20×20 的区域进行参数估计与假设检验。由于 FMOM 估计效果较差,这里不做比较。由仿真比较可知,ZrLZ 方法在 $r = 0.2$ 时是上述 ZrLZ 方法中性能最优的,而 $r = 1/d$ 时,该方法有解析的表达式,因此这里参数估计方法选取 ZrLZ($r = 0.2$ 和 $r = 1/d$),SMLC 和 SMOM 方法。

两幅图像中 4 个区域的选择及其$(\langle k_2 \rangle, \langle k_3 \rangle)$散点图如图 6.6 和图 6.7 所示。该散点图是在 400 个样本中随机选取 200 个计算$(\langle k_2 \rangle, \langle k_3 \rangle)$,并且重复该过程 50 次得到的。图中 K 分布 MLC 的理论曲线由式(5.42)计算得到,G0 分布的曲线与 K 分布为对称关系[155]。San Francisco 图像中选取的 4 个区域分别为城区、海洋、植被 A 和植被 B,由图 6.6 可知,城区的 MLC 靠近 G0 分布,海洋的 MLC 靠近 Wishart 分布,而植被 A 和植被 B 靠近 K 分布。Oberpfaffenhofen 图像中选取的 4 个区域分别为城区、森林、植被 A 和植被 B,由图 6.7 可知城区 MLC 在 K 分布和 G0 分布之间,实际上这是 Fisher 分布的区域[156]。而其它的 3 个区域都靠近 K 分布。

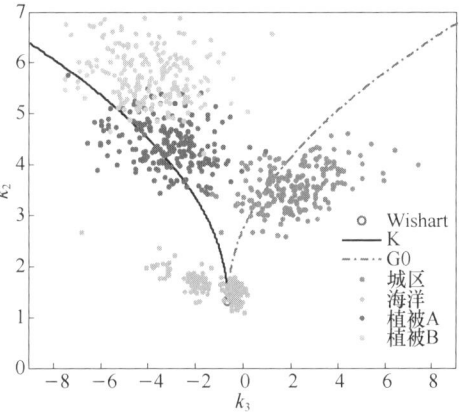

(a) San Francisco 4 个区域 (b) San Francisco 各区域的($<k_2>, <k_3>$)散点图

图 6.6 San Francisco 区域选取及 MLC 散点图(见彩图)

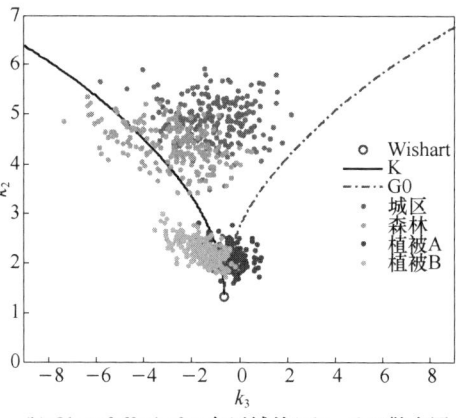

(a) Oberpfaffenhofen 4个区域　　(b) Oberpfaffenhofen 各区域的($<k_2>$,$<k_3>$)散点图

图 6.7　Oberpfaffenhofen 区域选取以及 MLC 散点图(见彩图)

下面对选定的区域进行参数估计与假设检验,特定区域的实验步骤如下:
(1) 在显著性水平 α 下,检验假设 H_0:区域内样本值服从 $K(L=4,\Sigma,\hat{\alpha})$
(2) 根据区域中包含的 400 个样本点计算 $\langle \boldsymbol{k} \rangle = [\langle k_2 \rangle, \langle k_3 \rangle]^{\mathrm{T}}$;
(3) 根据选定的参数估计方法估计 $\hat{\alpha}$;
(4) 由式(6.23)计算 $\boldsymbol{k} = [k_2(L=4,\hat{\alpha}), k_3(L=4,\hat{\alpha})]$;
(5) 由式(6.24)计算 $\boldsymbol{K}$;
(6) Q'_p 可由式(6.22)计算得到;
(7) 用蒙特卡洛仿真的方法得到 Q'_p 对应的 p 值。
(8) 若 $p \geqslant \alpha$,则在显著性水平 α 下接受 H_0;否则拒绝 H_0。

图 6.8 给出 San Francisco 图像和 Oberpfaffenhofen 图像中植被 A 区域的样本数据在不同估计方法下的样本对数累积量 $\langle \boldsymbol{k} \rangle$ 和模型估计的对数累积量 $\boldsymbol{k}$ 的示意图。由该图中可以直观的看到,不同估计方法下得到的向量 $\boldsymbol{k} - \langle \boldsymbol{k} \rangle$ 的差别。但是由于以样本 MLC 为中心,各个方向上的方差不同,因此 $\boldsymbol{k} - \langle \boldsymbol{k} \rangle$ 不能直接评估算法的优劣,实际上 Q'_p 就是对向量 $\boldsymbol{k} - \langle \boldsymbol{k} \rangle$ 进行白化后结果。

表 6.1 给出 San Francisco 4 个区域不同算法下的 K 分布模型假设检验 p 值。从表中可以看出,对于城区,所有估计方法得到的 p 值都无法通过显著性水平 $\alpha = 0.05$ 的假设检验,从图 6.6 中散点图中可看到,这是因为该区域的样本 MLC 更靠近 G0 分布,离 K 分布较远。对于海洋区域,所有的估计方法都能通过 $\alpha = 0.05$ 的假设检验,但是相对较来说,SMLC 方法的 p 值最大,SMOM 方法最小,而其它两种方法相等。在植被 A 区域,4 种方法的 p 值都较大。而在植被 B 区域,SMOM 方法的 p 值特别小,无法通过 $\alpha = 0.05$ 的假设检验,而其它 3 种方法的 p 值都很大。

(a) San Francisco植被A (b) Oberpfaffenhofen植被A

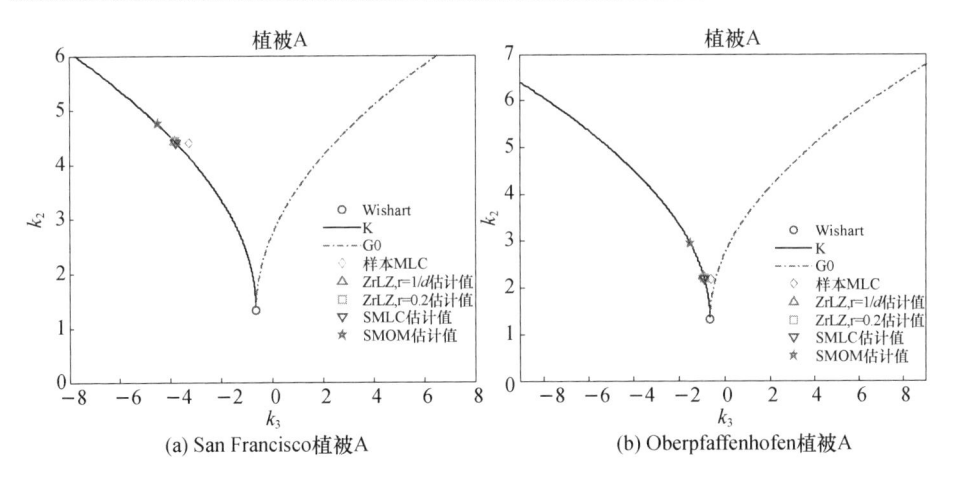

图 6.8　两幅图像中的植被 A 的 $\langle \boldsymbol{k} \rangle$ 与 $\boldsymbol{k}$ 的示意图 (见彩图)

表 6.1　San Francisco 4 个区域不同算法下的 K 分布模型假设检验 p 值

	城区	海洋	植被 A	植被 B
ZrLZ($r = 1/d$)	0.0080	0.0690	0.6990	0.9760
ZrLZ($r = 0.2$)	0.0020	0.0690	0.7070	0.9550
SMLC	0	0.0770	0.6910	0.9250
SMOM	0.0070	0.0520	0.6860	0.0360

表 6.2 给出了 Oberpfaffenhofen 4 个区域不同算法下的 K 分布模型假设检验 p 值,从表中可以看出,对于城区,同样地所有估计方法得到的 p 值都无法通过显著性水平 $\alpha = 0.05$ 的假设检验。对于森林区域,所有估计方法的 p 值都较大,但是相比较来说,SMOM 方法最小,而其它 3 种方法结果相当。对于植被 A 区域,SMOM 方法无法通过 $\alpha = 0.05$ 的假设检验,而其它 3 种方法的 p 值都很大。对于植被 B 区域,SMOM 方法无法通过 $\alpha = 0.05$ 的假设检验,而其它方法都能通过 $\alpha = 0.1$ 的假设检验。

表 6.2　Oberpfaffenhofen 4 个区域不同算法下的 K 分布模型假设检验 p 值

	城区	森林	植被 A	植被 B
ZrLZ($r = 1/d$)	0.0420	0.5660	0.5800	0.1170
ZrLZ($r = 0.2$)	0.0270	0.5550	0.5260	0.1340
SMLC	0.0160	0.5630	0.5400	0.1500
SMOM	0.0030	0.4640	0.0300	0.0090

总体来说,SMOM 方法的稳健性较差,其它 3 种方法的拟合效果相差不大,在接近 K 分布的实测数据区域都有较好的拟合效果。但是另一方面从算法复杂度来说,ZrLZ($r = 1/d$) 具有解析的表达式,其计算速度要明显优于其它方法

(见图6.5)。

6.3　基于 MPWF 对数累积量的纹理参数估计

当前最常用的全极化估计方法为 Anfinsen 等提出的基于协方差矩阵 Mellin 变换的 MLC 估计方法。最近,Khan 等将基于 MPWF 的参数估计方法扩展到分数阶矩的情形,提出了基于 MPWF 分数阶矩的参数估计方法(MPWF-FM)[89]。实验结果表明该方法比 MLC 方法具有更小估计方差和 MSE。

结合上述 MLC 方法和 MPWF-FM 方法,本节提出了一种基于 MPWF 对数累积量(Log Cumulant,LC)的参数估计新方法,分别推导了 K 分布和 G0 分布模型下该参数估计方法的表达式。用 K 分布数据和 G0 分布数据对上述 3 种全极化参数估计方法进行了仿真分析,结果表明新方法的估计偏差、估计方差和 MSE 都要优于 MPWF-FM 方法。最后用实测数据验证了 MPWF-LC 方法的估计准确性与有效性。

6.3.1　基于 MPWF-LC 的参数估计

式(2.20)所示的乘积模型将 PolSAR 图像协方差矩阵表示为纹理变量和高斯相干斑变量的乘积。这里将相干斑变量 Y 进行归一化,使其只包含目标的极化信息,并将强度分量移到纹理变量中去,可表示为

$$|\boldsymbol{\Gamma}| = 1 \Rightarrow E\{\tau\} = |\boldsymbol{\Sigma}|^{\frac{1}{d}} \tag{6.25}$$

其中,$\boldsymbol{\Gamma}$ 为高斯相干斑变量的协方差矩阵。

由于纹理变量与相干变量统计独立,因此有

$$\boldsymbol{\Sigma} = E\{\boldsymbol{C}\} = E\{\tau\}E\{\boldsymbol{Y}\} = E\{\tau\}\boldsymbol{\Gamma} \tag{6.26}$$

MPWF 通过最优地组合极化协方差矩阵中的所有元素,得到一幅降斑的图像[157]。进行 MPWF 处理后的数据可表示为

$$z = \frac{1}{L}\sum_{l=1}^{L} \boldsymbol{k}_l^{\mathrm{H}} \boldsymbol{\Sigma}^{-1} \boldsymbol{k}_l = \mathrm{tr}(\boldsymbol{\Sigma}^{-1}\boldsymbol{C}) \tag{6.27}$$

将式(2.20)和式(6.26)代入式(6.27),MPWF 处理后的数据可分解为

$$z = \frac{\tau}{E\{\tau\}}\mathrm{tr}(\boldsymbol{\Gamma}^{-1}\boldsymbol{Y}) = \tilde{\tau}x \tag{6.28}$$

这里 $\tilde{\tau} = \tau/E\{\tau\}$ 为归一化的纹理分量,$x = \mathrm{tr}(\boldsymbol{\Gamma}^{-1}\boldsymbol{Y})$,可知 x 服从尺度参数为 d、形状参数为 Ld 的伽马分布[158],有

$$x \sim \gamma(d, Ld) \tag{6.29}$$

其中,伽马分布 $\gamma(u,d)$ 的 PDF 见式(2.23)。

基于 Mellin 变换的对数累积量定义为

$$k_r\{z\} = \frac{d^r}{ds^r}\ln E\{z^{s-1}\}\bigg|_{s=1} \qquad (6.30)$$

式中,$k_r\{z\}$ 表示随机变量 z 的第 r 阶对数累积量,$E\{z^{s-1}\}$ 为关于随机变量 z 的数学期望。当随机变量服从式(6.28)所示的乘积模型时,其对应的对数累积量为加性模型[91],即

$$k_r\{z\} = k_r\{\tilde{\tau}\} + k_r\{x\} \qquad (6.31)$$

由于随机变量 x 服从式(6.29)所示的伽马分布,可得其对数累积量为

$$\begin{cases} k_1\{x\} = \psi(Ld) - \ln(L) \\ k_r\{x\} = \psi(r-1, Ld) \qquad \forall r > 1 \end{cases} \qquad (6.32)$$

式中,$\psi(x) = \Gamma'(x)/\Gamma(x)$ 为 digamma 函数,$\Gamma(x)$ 为伽马函数。$\psi(m, x)$ 表示 m 阶 Polygamma 函数,有

$$\psi(m, x) = \frac{d^{m+1}}{dL^{m+1}}\ln\Gamma(x) = (-1)^m \int_0^\infty \frac{t^m e^{-zt}}{1 - e^{-t}}dt \qquad (6.33)$$

当纹理分量 τ 为伽马分布,即 $\tau:\gamma(u,\alpha)$ 时,其乘积模型服从 K 分布,此时 $\tilde{\tau} \sim \gamma(1,\alpha)$ 的对数累积量为

$$\begin{cases} k_1\{\tilde{\tau}\} = \psi(\alpha) - \ln(\alpha) \\ k_r\{\tilde{\tau}\} = \psi(r-1, \alpha) \qquad \forall r > 1 \end{cases} \qquad (6.34)$$

将式(6.32)和式(6.34)代入式(6.31)可得 K 分布模型下 MPWF-LC 估计方法表达式为

$$k_1\{z\} = \psi(\hat{\alpha}) - \ln(\hat{\alpha}) + \psi(Ld) - \ln(L) \qquad (6.35)$$

$$k_r\{z\} = \psi(r-1, \hat{\alpha}) + \psi(r-1, Ld) \qquad \forall r > 1 \qquad (6.36)$$

当纹理分量 τ 为逆伽马分布时,其乘积模型服从 G0 分布,此时 $\tilde{\tau} \sim \gamma^{-1}((\lambda-1)/\lambda, \lambda)$ 的对数累积量为

$$\begin{cases} k_1\{\tilde{\tau}\} = -\psi(\lambda) + \ln(\lambda - 1) \\ k_r\{\tilde{\tau}\} = (-1)^r \psi(r-1, \lambda) \qquad \forall r > 1 \end{cases} \qquad (6.37)$$

可得 G0 分布模型下 MPWF-LC 参数估计方法的表达式为

$$k_1\{z\} = -\psi(\hat{\lambda}) + \ln(\hat{\lambda} - 1) + \psi(Ld) - \ln(L) \qquad (6.38)$$

$$k_r\{z\} = \psi(r-1, Ld) + (-1)^r \psi(r-1, \hat{\lambda}) \qquad \forall r > 1 \qquad (6.39)$$

6.3.2 仿真数据分析

这里分别用 K 分布模型与 G0 分布模型下的仿真数据比较以下几种方法的估计偏差、估计方差、MSE 和计算时间。

(1) MPWF-FM[89]。该方法基于如式(6.27)所示 MPWF 滤波后数据 z 的分数阶矩推导得到，K 分布情形下该方法的表达式为

$$E\{z^v\} = \frac{\Gamma(\hat{\alpha}+v)}{\hat{\alpha}^v \Gamma(\hat{\alpha})} \frac{\Gamma(Ld+v)}{L^v \Gamma(Ld)} \qquad (6.40)$$

式中，分数阶矩 v 取 0.125。

在 G0 分布情形，MPWF-FM 方法的表达式为

$$E\{z^v\} = \frac{\Gamma(\hat{\lambda}_K - v)(\hat{\lambda}_K - 1)^v}{\Gamma(\hat{\lambda}_K)} \frac{\Gamma(Ld+v)}{L^v \Gamma(Ld)} \qquad (6.41)$$

这里分数阶矩的阶数仍然取 $v = 0.125$。

(2) MLC 方法，这里取二阶 MLC(SMLC)进行估计，SMLC 方法的表达式如式(6.39)。注意该估计方法在 G0 分布情形下的表达式与 K 分布相同。

(3) 本节提出的 MPWF-LC 参数估计方法，这里取一阶对数累积量的表达式，如式(6.35)与式(6.38)。

K 分布仿真数据的视图数取 $L=10$，形状参数 $\alpha = 10$。图 6.9 给出了在不同样本数下各参数估计方法的估计偏差、估计方差以及 MSE，仿真次数为 10000 次。由于估计偏差可能为负数，这里对其取绝对值。从图中可以看出，与 MPWF-FM 方法相比，MPWF-LC 具有更小的估计偏差、估计方差以及 MSE。另外，MPWF-LC 的估计偏差比 SMLC 略大，但是估计方差和 MSE 都要小于 SMLC 方法。MSE 是综合评价算法估计性能的一个指标，它实际上等于偏差的平方与方差之和。可以看出，本节提出的 MPWF-LC 具有最小估计方差和 MSE，因此其估计性能要优于 MPWF-FM 与 SMLC 方法。

图 6.10 给出了 G0 分布情形下，不同样本数下各参数估计方法的估计偏差、估计方差和 MSE。其中，G0 分布的参数为 $L=10$，$\lambda = 10$，仿真次数为 10000 次。从图 6.10 中可以得到与 K 分布情形类似的结论，即在 G0 分布情形下，MPWF-LC 仍然具有最小的估计方差和 MSE，其估计性能要优于另外两种方法。

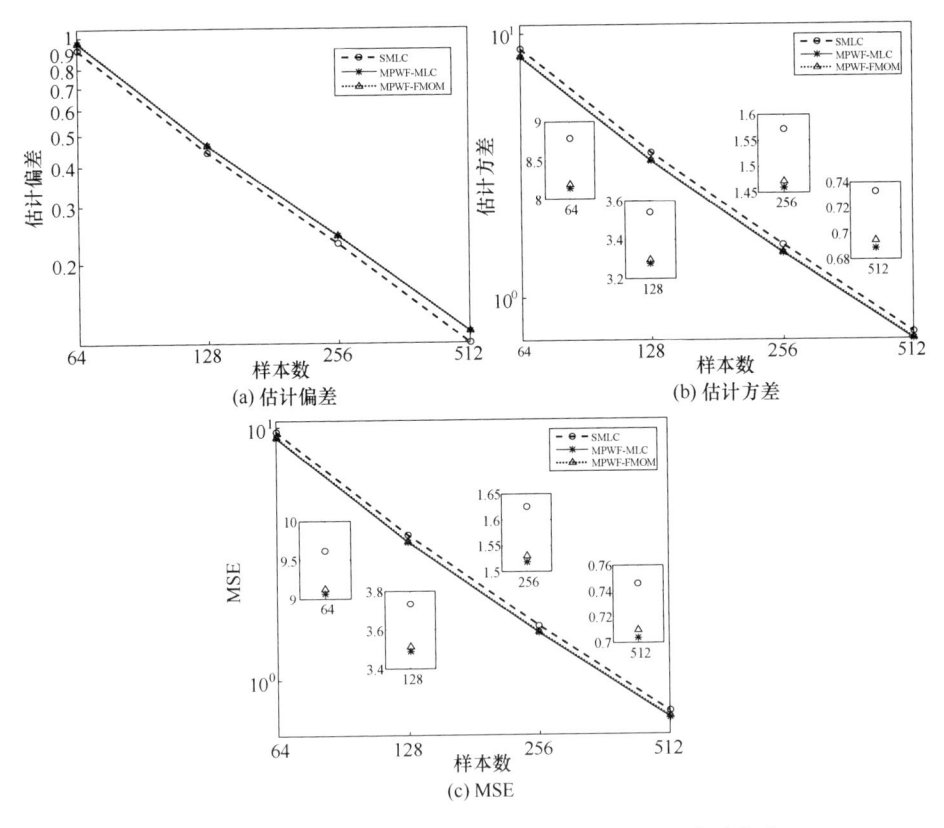

第 6 章　PolSAR 图像多变量乘积模型的纹理参数估计方法

图 6.9　K 分布 $L=10, \alpha=10$ 情形,不同样本数下的估计偏差、
估计方差与 MSE(仿真次数为 10000 次)

6.3.3　实测数据分析

下面用实测数据对 MPWF-LC,MPWF-FM 和 SMLC 这 3 种方法进行分析。选取的实测数据为 AIRSAR 系统于 1989 年获得的 Flevoland 地区 L 波段 PolSAR 图像,其分辨率为 12.1m×6.7m。以及本书中常用的 San Francisco 地区图像。这里对原始数据进行了 $L=4(2\times2)$ 的多视处理,由于 Flevoland 地区的数据源为 4 视数据,因此其名义视图数变为 $L=16$。采用基于对数累积量的假设检验方法对实测数据进行拟合分析。简单假设检验情形下,统计量 Q_p 如 6.2 节中的式(6.21),可以根据该统计量查找 n 元卡方分布 $\chi^2(n)$ 的分位数表得到假设检验的 p 值。

在两幅图像中各选取了 4 个大小为 20×20 的区域进行参数估计与假设检验,比较各参数估计方法在 K 分布和 G0 分布假设下的 p 值。图 6.11 和图 6.12 分别给出了两幅图像中 4 个区域的选择以及各区域的样本对数累积量 $\langle k \rangle$。如

· 115 ·

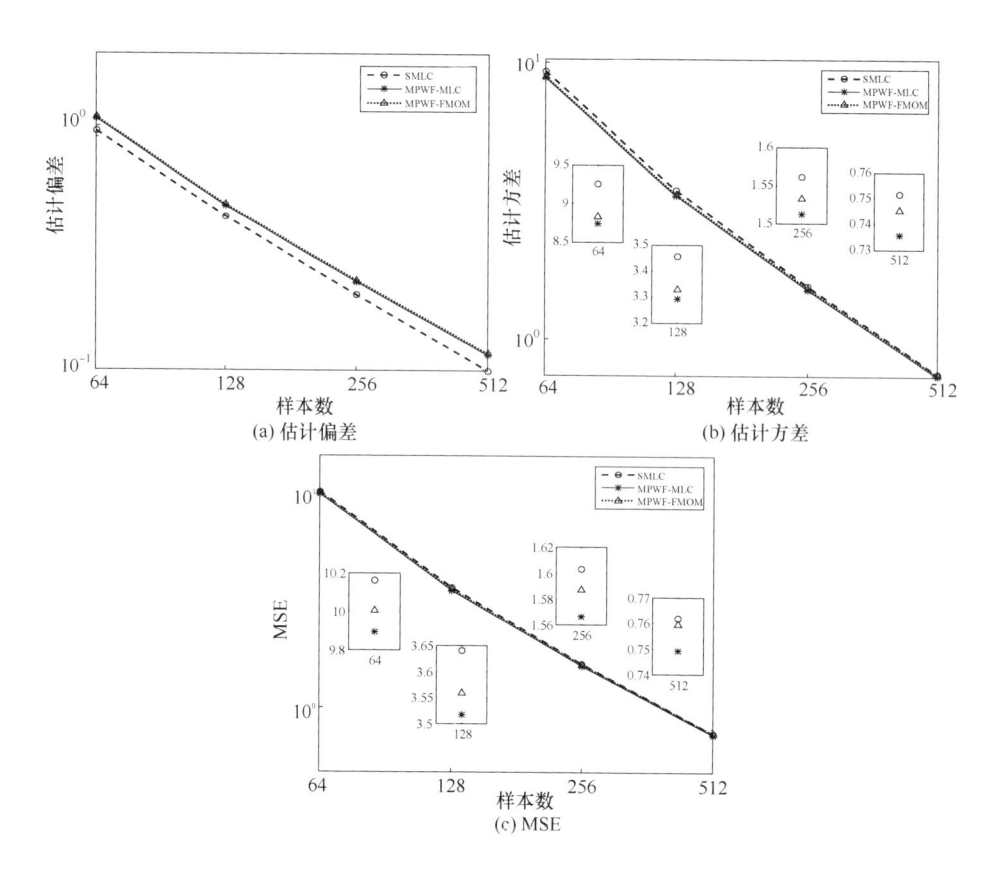

图 6.10　G0 分布 $L=10, \lambda=10$ 情形,不同样本数下的估计偏差、估计方差与 MSE(仿真次数为 10000 次)

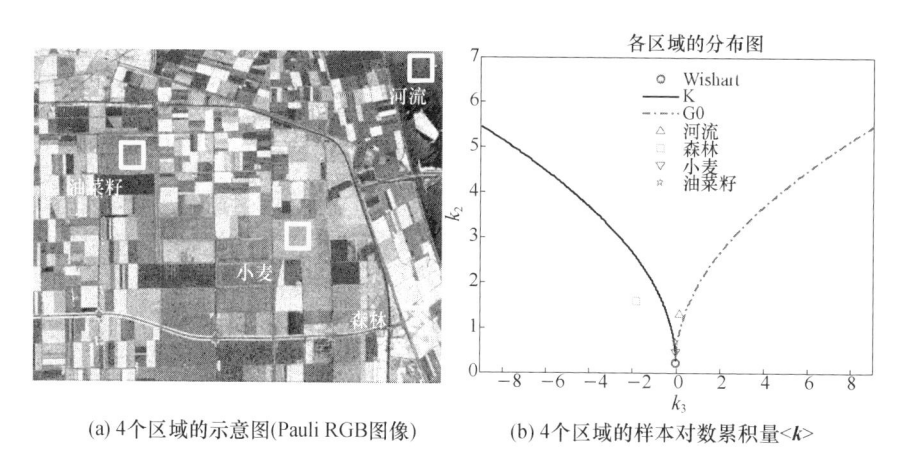

图 6.11　Flevoland 区域选取及各区域的样本对数累积量 $\langle k \rangle$ (见彩图)

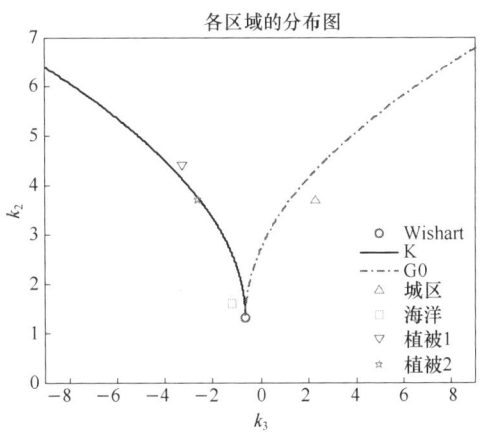

(a) 4个区域的示意图(Pauli RGB图像) (b) 4个区域的样本对数累积量<**k**>

图 6.12　San Francisco 区域选取及各区域的对数累积量〈**k**〉(见彩图)

图 6.11(a)所示,Flevoland 图像中选取的 4 个区域分别为河流、森林、小麦和油菜籽区域[146]。由图 6.11(b)可知,河流的 MLC 靠近 G0 分布,森林的 MLC 靠近 K 分布,而小麦和油菜籽区域与 Wishart、K 和 G0 分布都非常接近。如图 6.12(a)所示,San Francisco 图像中选取的 4 个区域分别为海洋、城区、植被 1 和植被 2。由图 6.12(b)可知,海洋的 MLC 靠近 Wishart 分布,城区的 MLC 靠近 G0 分布,而植被 1 和植被 2 靠近 K 分布。

表 6.3 给出了 Flevoland 4 个区域在 K 分布模型下的参数估计结果及假设检验 p 值。从表中可以看出,对于河流和森林区域,所有估计方法得到的 p 值都无法通过显著性水平 $\alpha=0.05$ 的假设检验。对于小麦和油菜籽区域,所有估计方法的 p 值都较大,并且 3 种方法结果相差不大。表 6.4 给出了 Flevoland 4 个区域在 G0 分布模型下的参数估计结果及假设检验 p 值。从表中可以看出,对于河流区域,与 K 分布模型不同的是,所有估计方法得到的 p 值都能通过显著性水平 $\alpha=0.05$ 的假设检验,但是 SMLC 方法的 p 值最大。对于小麦和油菜籽区域,与 K 分布结果类似,所有估计方法的 p 值都较大。森林区域同样地无法通过显著性水平 $\alpha=0.05$ 的假设检验。

表 6.3　Flevoland 4 个区域在 K 分布模型下的参数估计结果及 p 值

估计方法 \ 区域 估计结果	河流 $\hat{\alpha}$	p 值	森林 $\hat{\alpha}$	p 值	小麦 $\hat{\alpha}$	p 值	油菜籽 $\hat{\alpha}$	p 值
SMLC	8.70	0.0082	6.97	0	35.71	0.9983	19.06	0.5943
MPWF-LC	8.73	0.0077	8.23	0	35.09	0.9906	18.44	0.5871
MPWF-FMOM	8.68	0.0085	8.35	0	35.09	0.9904	18.38	0.5833

表 6.4　Flevoland 4 个区域在 G0 分布模型下的参数估计结果及 p 值

估计方法 \ 区域 估计结果	河流 $\hat{\lambda}$	p 值	森林 $\hat{\lambda}$	p 值	小麦 $\hat{\lambda}$	p 值	油菜籽 $\hat{\lambda}$	p 值
SMLC	8.70	0.3415	6.97	0	35.71	0.7535	19.06	0.7311
MPWF-LC	9.40	0.1610	8.89	0	35.76	0.7536	19.11	0.7304
MPWF-FMOM	9.43	0.1521	9.10	0	35.84	0.7535	19.13	0.7298

表 6.5 给出了 San Francisco 4 个区域在 K 分布模型下的参数估计结果及假设检验 p 值。从表中可以看出，对于城区，所有估计方法得到的 p 值都无法通过显著性水平 $\alpha = 0.05$ 的假设检验。对于海洋、植被 1 和植被 2 区域，所有估计方法的 p 值都能通过显著性水平 $\alpha = 0.05$ 的假设检验。但是在植被 2 区域，SMLC 方法 p 值明显大于其它方法。表 6.6 给出了 San Francisco 4 个区域在 G0 分布模型下的参数估计结果及假设检验 p 值。从表中可以看出，对于城区，只有 SMLC 方法的 p 值都能通过显著性水平 $\alpha = 0.05$ 的假设检验，其它两种方法 p 值很小。对于海洋区域，3 种方法的结果都能通过显著性水平 $\alpha = 0.05$ 的假设检验，但是 SMLC 方法的 p 值略小。植被 1 和植被 2 区域，所有估计方法的 p 值都能无法显著性水平 $\alpha = 0.05$ 的假设检验。

表 6.5　San Francisco 4 个区域在 K 分布模型下的参数估计结果及 p 值

估计方法 \ 区域 估计结果	城区 $\hat{\alpha}$	p 值	海洋 $\hat{\alpha}$	p 值	植被 1 $\hat{\alpha}$	p 值	植被 2 $\hat{\alpha}$	p 值
SMLC	2.97	0	33.10	0.0789	3.39	0.8257	4.26	0.9941
MPWF-LC	1.53	0	37.96	0.1005	3.15	0.71	3.48	0.1475
MPWF-FMOM	1.45	0	37.11	0.0973	3.16	0.7238	3.45	0.1215

表 6.6　San Francisco 4 个区域在 G0 分布模型下的参数估计结果及 p 值

估计方法 \ 区域 估计结果	城区 $\hat{\lambda}$	p 值	海洋 $\hat{\lambda}$	p 值	植被 1 $\hat{\lambda}$	p 值	植被 2 $\hat{\lambda}$	p 值
SMLC	2.97	0.0777	33.10	0.0513	3.39	0	4.26	0
MPWF-LC	2.20	0.0012	38.63	0.0742	3.82	0	4.15	0
MPWF-FMOM	2.21	0.0013	37.86	0.0714	3.91	0	4.2	0

从上述分析可以看出，MPWF-LC 和 MPWF-FMOM 方法的参数估计结果和 p 值都非常接近。而 SMLC 方法在某些区域表现较好，例如 Flevoland 图像中的河流和 San Francisco 图像中的植被 2 区域，这是因为该参数估计方法和假设检验都是基于 MLC。在其它的区域，MPWF-LC 方法和另外两种方法的结果也基本上相差不大。从该结果可以看出，本节提出的 MPWF-LC 方法在对实测数据中参数估计的有效性。

6.4 基于 MPWF 混合矩的纹理参数估计

由上一节的分析可知,先进行 MPWF 滤波处理再进行参数估计的方法能得到较好的估计性能,并且实验结果表明,MPWF-LC 方法的性能要优于常用的 MLC 和最近提出的 MPWF-FM 方法。但是由式(6.35)和式(6.38)可知,该方法需要对隐函数求解,不利于快速计算。另外由 6.2 节的推导可知,基于协方差矩阵行列式值的 $|\mathbf{Z}|^r\log|\mathbf{Z}|$ 混合矩特征可以得到解析形式的参数估计表达式,从而可以提高计算速度。基于 6.2 节和 6.3 节的研究,本节推导了 K 分布和 G0 分布下 MPWF 处理后数据的 $z^r\log z$ 矩特征,得到了一种基于 MPWF 混合矩的解析形式的参数估计方法。并且用仿真数据和实测数据对新方法进行了分析,实验结果表明,本节的方法不仅具有计算简单的优点,同时其估计性能也要优于 6.2 节的混合矩方法。

6.4.1 基于 MPWF 混合矩的纹理参数估计方法

经过 MPWF 滤波处理后的数据可表示为式(6.28)的形式,由于 x 服从尺度参数为 d,形状参数为 Ld 的伽马分布,即 $x \sim \gamma(d, Ld)$。可得 x 的矩特征为

$$E\{x^r\} = \frac{\Gamma(Ld+r)}{L^r\Gamma(Ld)} \tag{6.42}$$

从式(6.38)可以得出 z 的 r 阶矩特征可以分解为

$$E\{z^r\} = E\{\tilde{\tau}^r\}E\{x^r\} \tag{6.43}$$

当纹理变量 τ 服从伽马分布时,协方差矩阵为 K 分布。此时由 $\tau \sim \gamma(u, \alpha)$,可得 $\tilde{\tau} \sim \gamma(1, \alpha)$ 的矩特征为

$$E\{\tilde{\tau}^r\} = \frac{\Gamma(\alpha+r)}{\alpha^r\Gamma(\alpha)} \tag{6.44}$$

将式(6.42)和式(6.44)代入式(6.43),可得经过 MPWF 处理后数据 z 的矩特征为

$$E\{z^r\} = \frac{\Gamma(Ld+r)}{(L\alpha)^r\Gamma(Ld)}\frac{\Gamma(\alpha+r)}{\Gamma(\alpha)} \tag{6.45}$$

利用 6.2 节中推导得到的乘积模型的 $z^r\log z$ 混合矩的表达式(6.5),可以得到

$$E\{z^r\log z\} = \frac{\partial E\{z^r\}}{\partial r} = E\{z^r\}\left[\psi^{(0)}(\alpha+r) + \psi^{(0)}(Ld+r) - \log(L\alpha)\right] \tag{6.46}$$

由式(6.46)可得

$$\frac{E\{z^r \log z\}}{E\{z^r\}} = \psi^{(0)}(\alpha+r) + \psi^{(0)}(Ld+r) - \log(L\alpha) \qquad (6.47)$$

$$\frac{E\{z^{r+1} \log z\}}{E\{z^{r+1}\}} = \psi^{(0)}(\alpha+r+1) + \psi^{(0)}(Ld+r+1) - \log(L\alpha) \qquad (6.48)$$

这里由于 MPWF 后的变量 z 是一维变量,因此式(6.5)中的维数取 1,矩阵变量的行列式值的混合矩特征就变成了单变量的混合矩特征。

将式(6.48)与式(6.46)相减,可以得到

$$\frac{E\{z^{r+1}\log z\}}{E\{z^{r+1}\}} - \frac{E\{z^r\log z\}}{E\{z^r\}} = \frac{1}{\alpha+r} + \frac{1}{Ld+r} \qquad (6.49)$$

取 $r=0$ 时,式(6.49)可化简为

$$\hat{\alpha} = \frac{1}{\dfrac{E\{z\log z\}}{E\{z\}} - E\{\log z\} - \dfrac{1}{Ld}} \qquad (6.50)$$

式(6.50)即为基于 MPWF 的 $z^r \log z$ 混合矩(MPWF-ZrLZ)的 K 分布纹理参数估计方法,由式(6.50)可以看出,该方法具有解析形式的表达式。

当纹理变量满足逆伽马分布时,PolSAR 图像协方差矩阵服从 G0 分布。可得归一化后的纹理变量 $\tilde{\tau} \sim \gamma^{-1}((\lambda-1)/\lambda, \lambda)$ 的矩特征为

$$E\{\tilde{\tau}^r\} = \frac{(\lambda-1)^r \Gamma(\lambda-r)}{\Gamma(\lambda)} \qquad (6.51)$$

将式(6.42)和式(6.51)代入式(6.43),可得 G0 分布情形下经过 MPWF 处理后数据 z 的矩特征为

$$E\{z^r\} = \frac{\Gamma(Ld+r)}{(L\alpha)^r \Gamma(Ld)} \frac{(\lambda-1)^r \Gamma(\lambda-r)}{\Gamma(\lambda)} \qquad (6.52)$$

利用本章中 6.2 节中推导得到的乘积模型的 $z^r \log z$ 混合矩的表达式(6.5),可以得到

$$E\{z^r \log z\} = \frac{\partial E\{z^r\}}{\partial r}$$

$$= E\{z^r\}[\psi^{(0)}(\lambda-r) + \psi^{(0)}(Ld+r) - \log(L\alpha) + \log(\lambda-1)] \qquad (6.53)$$

由式(6.53)可得

$$\frac{E\{z^r \log z\}}{E\{z^r\}} = \psi^{(0)}(\lambda-r) + \psi^{(0)}(Ld+r) - \log(L\alpha) + \log(\lambda-1) \qquad (6.54)$$

$$\frac{E\{z^{r+1}\log z\}}{E\{z^{r+1}\}} = \psi^{(0)}(\lambda - r - 1) + \psi^{(0)}(Ld + r + 1) - \log(L\alpha) + \log(\lambda - 1) \tag{6.55}$$

将式(6.55)减去(6.54),可得

$$\frac{E\{z^{r+1}\log z\}}{E\{z^{r+1}\}} - \frac{E\{z^r \log z\}}{E\{z^r\}} = \frac{1}{\lambda - r - 1} + \frac{1}{Ld + r} \tag{6.56}$$

在式(6.56)中取 $r = -1$ 可以简化表达式,经过化简后可得基于 MPWF 的 $z^r \log z$ 混合矩(简称 MPWF-ZrLZ)的 G0 分布纹理参数估计方法为

$$\hat{\lambda} = \frac{1}{E\{\log z\} - \frac{E\{z^{-1}\log z\}}{E\{z^{-1}\}} - \frac{1}{Ld-1}} \tag{6.57}$$

可以看出,MPWF-ZrLZ 方法在 G0 分布下同样具有解析形式的表达式。

6.4.2 仿真数据分析

这里对以下几种 K 分布和 G0 分布纹理参数估计方法的性能进行比较:

(1) MPWF-FM[89],如式(6.40)和式(6.41)。

(2) MLC 方法,这里取二阶 MLC 进行参数估计[91]。

(3) 6.2 节提出的 ZrLZ 方法,如式(6.10)和式(6.13)。

(4) 本节提出的 MPWF-ZrLZ 方法,K 分布和 G0 分布情形下的表达式分别为式(6.50)和式(6.51)。

下面用 K 分布与 G0 分布仿真数据比较上述几种方法的估计偏差、估计方差、MSE 和计算时间。注意在用仿真数据进行分析时,视图数 L 的值认为是已知的,并且用其真值代入计算。

图 6.13 给出了 K 分布仿真数据下各估计方法的相对估计偏差、方差和 MSE 关于纹理参数 α 的变化规律,其中 $\alpha \in (0, 20]$。该图为视图数 $L = 10$,样本数 $N = 256$ 时 10000 次仿真计算的结果。从图 6.13(a)中可以看出,各估计方法的相对估计偏差差别不大。另外从图 6.13(b)和(c)可以看出,本节提出的 MPWF-ZrLZ 方法和 MPWF-FM 方法差别不大,并且两者都优于 SMLC 和 ZrLZ 方法。但是,可以看到当纹理参数 α 较小,本节的方法要优于 MPWF-FM。因此,可以得出在 K 分布情形下 MPWF-ZrLZ 方法具有最小的估计方差和 MSE。

图 6.14 给出了 G0 分布情形下各估计方法的相对估计偏差、方差和 MSE 随 λ 的变化规律,其中纹理参数 λ 的变化范围为 $\lambda \in (1, 20]$。与 K 分布的仿真类似,该图为视图数 $L = 10$,样本数 $N = 256$ 时 10000 次仿真计算的结果。从图中

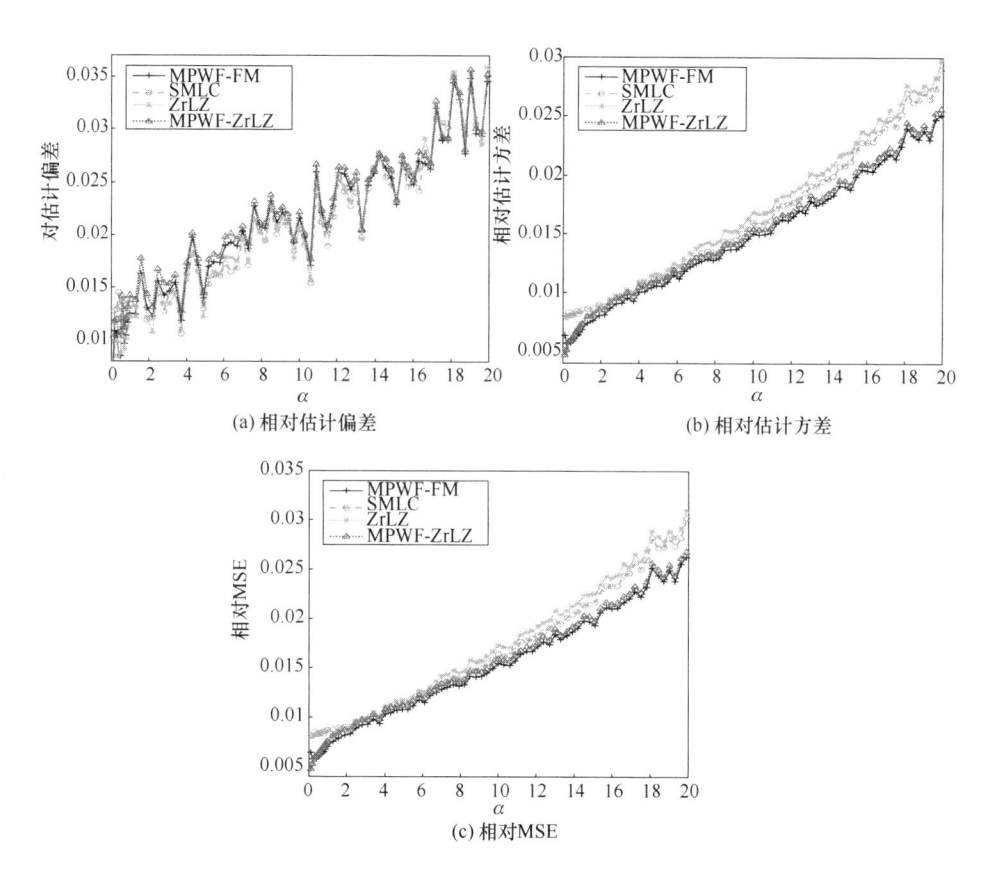

图 6.13 K 分布情形下各估计方法的相对估计偏差、相对估计方差和
相对 MSE 关于纹理参数 α 的变化(见彩图)

可以看到,在 $\lambda < 6$ 时 MPWF-FM 方法性能最差,可认为此时该方法失效。虽然当 λ 较大时 MPWF-FM 具有最小的估计方差和 MSE,但是从上述分析可知在 G0 分布下该方法具有一定的局限性。比较剩下的 3 种估计方法的性能可以看出,它们的估计偏差同样相差不大,但是本节提出的 MPWF-ZrLZ 方法具有最小的估计方差和 MSE,其次是 SMLC 方法。

图 6.15 给出了不同样本数下各估计方法进行 1000 次运算的计算时间比较。这里采用 Matlab 进行编程计算,计算机 CPU 为 Inter E5700,双核 3GHz,内存大小为 2GB。从图中可以看出,K 分布和 G0 分布下的结果非常类似:ZrLZ 计算所花的时间最短,计算复杂度最低,本节的 MPWF-ZrLZ 方法的计算复杂度次之。这两种方法计算时间要优于 MPWF-FM 和 SMLC 方法,尤其是在样本数目较小的时候。注意:6.2 节推导得到的 ZrLZ 和本节的 MPWF-ZrLZ 方法具有解析形式的表达式,而 MPWF-FM 和 SMLC 方法需要从隐函数中求解。实际上参数估计方法的计算时间主要分为样本矩的计算时间和表达式求解时间两部分。

(a) 相对估计偏差

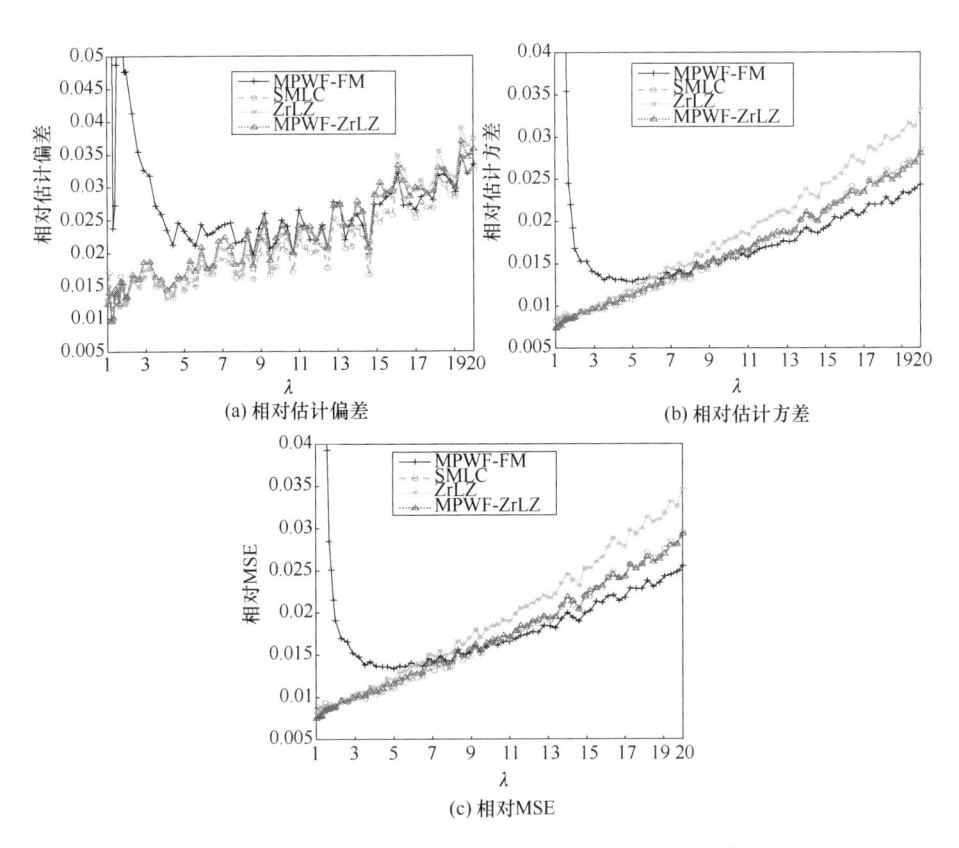

(b) 相对估计方差

(c) 相对MSE

图 6.14　G0 分布情形下各估计方法的相对估计偏差、相对估计方差和相对 MSE 关于纹理参数 λ 的变化(见彩图)

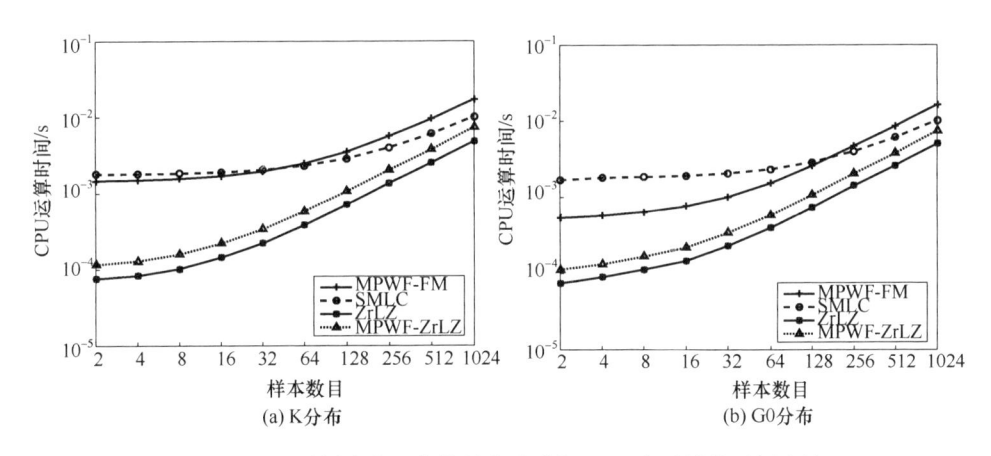

(a) K分布

(b) G0分布

图 6.15　不同样本数下各估计方法进行 1000 次运算的时间比较

具有解析形式的 ZrLZ 和 MPWF-ZrLZ 在表达式求解时所需的时间要远远小于另外两种非解析方法。在样本数较少的时候,表达式的计算时间所占的比重大,此时 ZrLZ 和 MPWF-ZrLZ 计算速度明显。随着样本数的增加,样本矩的计算时间所占比重增大,解析方法的计算时间优势开始减弱。值得一提的是,在对实测数据的参数估计中,往往采用滑窗的方法对各区域的纹理参数进行估计。在计算中滑窗内包含的样本数目都不会很多,否则满足同一分布的概率就会大大降低。因此 MPWF-ZrLZ 和 ZrLZ 方法在样本数较少情形的速度优势有很高的实用价值。

6.4.3 实测数据分析

下面用PolSAR实测数据对上述几种方法的纹理参数估计性能进行分析。这里采用的实测数据为常用的 San Francisco 地区图像以及日本 PiSAR 系统得到的 Niigata 地区 L 波段图像。其中 Niigata 图像的分辨率为 3m×3m。首先对这两幅图像进行名义视图数为 8(2×4)的多视处理。用 5.4 节中的 SLDM3 方法估计得到两幅图像的 ENL 分别为 5.4 和 4.9。

用本章 6.2 节中给出的基于 MLC 的 GoF 检验方法对两幅图像中的特定区域进行参数估计和假设检验。从两幅图中各选取了 4 个区域的样本数据,多视后每个区域的样本数为 400(20×20)。图 6.16 在 Pauli RGB 合成图上给出了两幅图中各区域选取的示意图,各区域的选取如图中的矩形框所示。从图 6.16(a)中可以看到,从 San Francisco 图像中选取的 4 个区域分别为海洋、植被、城区 A 和城区 B。另外从图 6.16(b)中得到 Niigata 图像中选取的 4 个区域分别为森林、城区 A、城区 B 和植被。

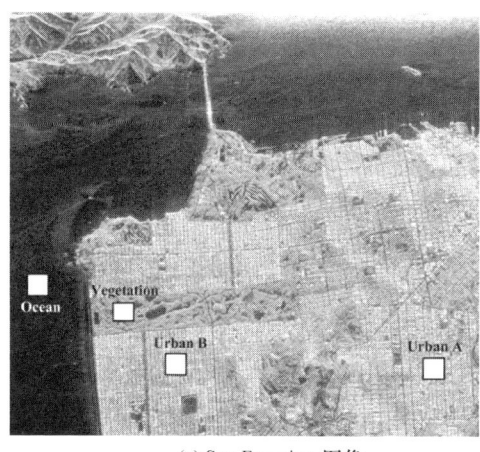

(a) San Francisco图像　　　　　(b) Niigata图像

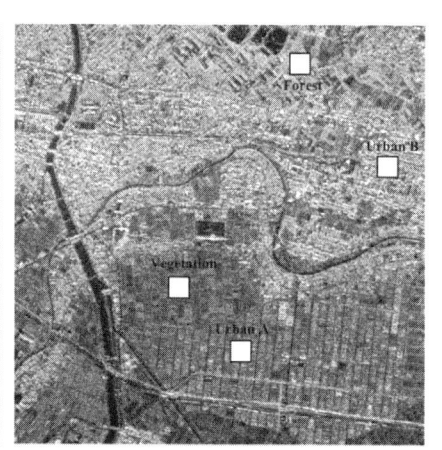

图 6.16　样本区域选取示意图(Pauli RGB 合成图)(见彩图)

图 6.17 给出了上述选定的各区域样本 MLC 的散点分布图,这里用不同颜色的点来区分不同区域的样本 MLC。该散点图是从每个区域的 400 个样本点中随机选取 200 个点进行 MLC 计算,并且重复该过程 200 次得到的。图 6.17(a) 为 San Francisco 图像各区域的散点图,从该图中可以了解各区域样本的分布特性。其中红色的点为海洋区域,可以看到海洋区域的样本 MLC 靠近 Wishart 分布,该区域可认为服从高斯假设。图中绿色和蓝色的点分别为城区 A 和城区 B,可以看到这两个区域靠近 G0 分布的曲线,基本上服从 G0 分布。青色的点靠近 K 分布曲线,为植被区域。图 6.17(b) 为 Niigata 图像各区域的散点图,其中红色、绿色、蓝色和青色分别为森林、城区 A、城区 B 和植被区域。可以看到红色的森林区域样本满足 K 分布特性,其它 3 个区域的样本都服从 G0 分布。

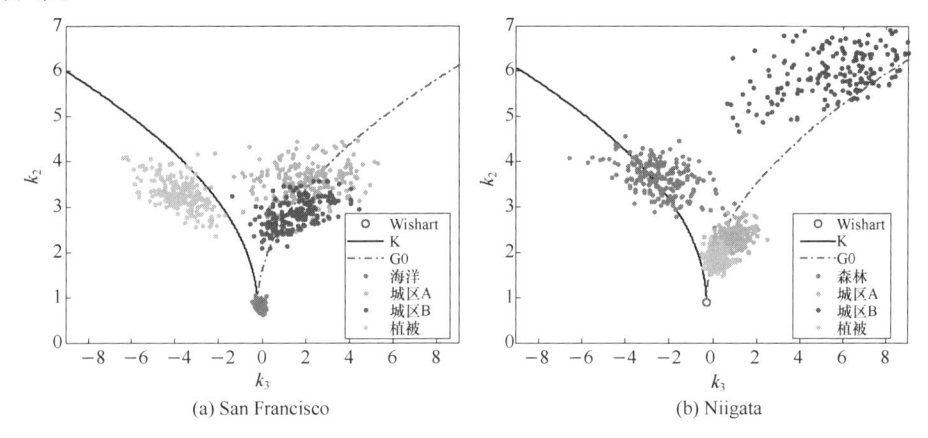

图 6.17 各区域的样本 MLC 散点分布图(见彩图)

表 6.7 和表 6.8 分别给出了 K 分布和 G0 分布情形下 San Francisco 实测数据的纹理参数估计结果及其 GoF 的 p 值。其中 p 值为由每个区域的全部 400 个样本点用基于 MLC 的简单假设检验方法计算得到,这里显著性水平选择为 0.05。从表中可以看出,无论是在 K 分布还是 G0 分布下海洋区域的 p 值始终很大。从其参数估计的结果可以看到纹理参数的值较大,实际上 K 分布和 G0 分布其随着纹理参数的增大都会向 Wishart 分布靠近。靠近 G0 分布曲线的城区 A 和城区 B 区域在 K 分布下的 p 值都为 0。对于 G0 分布,城区 A 的所有估计方法的结果都能通过显著性水平为 0.05 的假设检验,而城区 B 只有 SMLC 和 ZrLZ 两种方法能通过。植被区域无法通过 K 分布和 G0 分布的假设检验。

表 6.9 和表 6.10 分别给出了 K 分布和 G0 分布情形下 Niigata 实测数据的纹理参数估计结果及其 GoF 的 p 值。从表中可以看出,对于森林区域只有 SMLC 和 ZrLZ 两种方法能通过显著性水平为 0.05 的 K 分布假设检验。在城区

表6.7　K分布情形下San Francisco实测数据的纹理
参数估计结果和GoF的p值

估计方法 \ 估计区域	海洋 $\hat{\alpha}$	p值	城区A $\hat{\alpha}$	p值	城区B $\hat{\alpha}$	p值	植被 $\hat{\alpha}$	p值
MPWF-FM	63.116	0.197	2.184	0	2.734	0	4.092	0.03
SMLC	432.656	0.541	3.753	0	4.829	0	4.092	0.03
ZrLZ	240.632	0.604	2.781	0	3.788	0	4.613	0.005
MPWF-ZrLZ	60.75	0.175	1.998	0	2.535	0	4.189	0.026

表6.8　G0分布情形下San Francisco实测数据的纹理
参数估计结果和GoF的p值

估计方法 \ 估计区域	海洋 $\hat{\lambda}$	p值	城区A $\hat{\lambda}$	p值	城区B $\hat{\lambda}$	p值	植被 $\hat{\lambda}$	p值
MPWF-FM	56.084	0.329	2.927	0.054	3.471	0.006	4.807	0
SMLC	143.964	0.677	3.703	0.88	4.741	0.917	4.031	0
ZrLZ	204.858	0.551	3.44	0.676	4.855	0.881	2.936	0
MPWF-ZrLZ	54.575	0.302	2.989	0.073	3.521	0.009	5.15	0

表6.9　K分布情形下Niigata实测数据的纹理参数估计结果和GoF的p值

估计方法 \ 估计区域	森林 $\hat{\alpha}$	p值	城区A $\hat{\alpha}$	p值	城区B $\hat{\alpha}$	p值	植被 $\hat{\alpha}$	p值
MPWF-FM	2.696	0.003	3.939	0	1.029	0	7.348	0.013
SMLC	3.753	0.83	6.763	0	2.212	0	9.914	0.01
ZrLZ	3.7	0.844	5.576	0	1.464	0	9.061	0.019
MPWF-ZrLZ	2.61	0.001	3.783	0	0.839	0	7.107	0.01

表6.10　G0分布情形下Niigata实测数据的纹理参数估计结果和GoF的p值

估计方法 \ 估计区域	森林 $\hat{\lambda}$	p值	城区A $\hat{\lambda}$	p值	城区B $\hat{\lambda}$	p值	植被 $\hat{\lambda}$	p值
MPWF-FM	3.446	0	4.69	0.005	1.789	0.061	8.099	0.323
SMLC	3.753	0	6.763	0.382	2.212	0.377	9.914	0.878
ZrLZ	3.896	0	7.247	0.219	2.138	0.461	10.559	0.706
MPWF-ZrLZ	3.61	0	4.783	0.008	1.839	0.113	8.107	0.327

A区域,只有SMLC和ZrLZ两种方法能通过显著性水平为0.05的G0分布假设检验。在城区B和植被区域,所有的方法通过显著性水平为0.05的G0分布假设检验。该结果符合图6.17中区域样本MLC散点图的分布情形。

最后,可以从上述实测数据分析中得出以下结论:首先,可以看到无论是在 K 分布还是 G0 分布的情形 SMLC 方法的 p 值与其它方法相比都是最大的,这是因为 SMLC 参数估计方法和 GoF 假设检验都是基于 MLC 域的。其次,可以看到 ZrLZ 方法的 p 值仅次于 SMLC,这是因为该方法的参数估计结果 SMLC 方法非常接近。由前面的仿真数据结果可以看出,该方法的参数估计偏差与方差曲线与 SMLC 几乎相同。最后,可以看到本节提出的 MPWF-ZrLZ 方法与 MPWF-FM 的结果非常接近并且要略优于原方法,该特性也与前面仿真数据的结果相符。

6.5 本章小结

针对PolSAR图像多变量乘积模型的纹理参数估计问题,本章提出了 3 种全极化参数估计方法。

首先,以 $|\mathbf{Z}|^r \log|\mathbf{Z}|$ 混合矩为基础推导了 K 分布的参数估计方法,并且该方法在 $r=1/d$ 时有解析表达式。研究了最优 r 值的选择问题,仿真结果表明在选定的几个 r 值中,r 取 0.2 时最优。最后用仿真数据和实测数据对该方法与原有方法进行比较,实验结果表明本节方法对不同 α 值的适应性最好,并且 ZrLZ 方法在 $r=1/d$ 时运算速度的优势明显。

其次,以 MPWF 和对数累积量为基础提出了 MPWF-LC 方法,推导了该方法在 K 分布和 G0 分布下纹理参数估计表达式。用仿真数据和实测数据对 MPWF-LC、MPWF-FM 和 MLC 方法进行比较,实验结果表明提出的 MPWF-LC 方法具有最小的估计方差和 MSE。

最后,综合上述两种新方法的优点,以 MPWF 的 $z^r \log z$ 混合矩特征为基础提出了 MPWF-ZrLZ 方法。并推导了 K 分布和 G0 分布下 MPWF-ZrLZ 方法具有解析形式的纹理参数估计表达式。仿真数据和实测数据的实验表明,该方法同时具有 ZrLZ 方法计算速度快和 MPWF-LC 估计准确的优点。

第 7 章
PolSAR 相干斑抑制及目标检测方法

7.1 相干斑形成机理及其抑制方法概述

SAR 相干斑的产生是由 SAR 系统成像机理所决定的。对于 SAR 系统,其发射信号的波长要比分辨单元小很多,那么每个分辨单元可看作是由一些大小和波长相近的散射体组成的,各个分辨单元的总回波是这些分辨单元内所有散射体的回波的矢量之和。而对于地物目标而言,每个分辨单元都被认为由许多尺寸与波长相近的散射体组成。由于 SAR 采用的是相干微波源,因此,当 SAR 向目标发射电磁波后,各散射点的回波是相干叠加的,叠加过程中造成合成矢量的振幅和相位都有不同程度的起伏,而且回波的方向对合成矢量的振幅和相位都有一定的影响。如此,当 SAR 发射的相干电磁波照射到地物目标时,其散射回来的总回波并不完全反映地物目标的散射系数,而是围绕着这些散射系数有着很大的随机起伏,造成 SAR 系统对地物目标散射系数的测量产生一定的偏差,反映在 SAR 图像上就是相干斑[36,159]。

在早期的 SAR 图像处理中,主要使用多视处理的手段来抑制 SAR 图像的相干斑。该算法通过空域或者频域分解的手段形成多视处理子图像,然后对子图像的强度值求和得到处理后图像。但是,该算法以牺牲 SAR 图像的空间分辨率为代价。为此,寻求更优的相干斑抑制算法成为 SAR 图像处理的重要内容之一。目前,对于单通道 SAR 图像而言,利用相干斑的乘性噪声模型得出的滤波算法已被众多学者广泛研究并应用[159,160]。对于多通道诸如PolSAR图像而言,相干斑抑制不仅要保持图像空间分辨率,还要保持通道间的相关性等特征,因此PolSAR图像的相干斑抑制更为困难。目前PolSAR图像的相干斑抑制算法可分为 5 类[36]:

(1)基于相对标准差的相干斑抑制;
(2)基于线性最小均方误差准则的相干斑抑制;
(3)基于最优纹理估计的相干斑处理;
(4)基于空域平均的类多视平均处理;

(5)其他一些相干斑抑制。

其中前3类相干斑抑制方法为多通道输入、单通道输出,并假设通道间统计独立,从而破坏了原有图像的极化信息、通道相关性等。在兼顾相干斑抑制及纹理、极化信息等目标特征的保持方面,类多视平均一类的抑制算法具有明显优势。这类相干斑抑制方法采用一个矩形滑窗对 PolSAR 图像进行逐像素扫描。对于每个待处理像素,筛选滑动窗内的均匀区域像素中心估计像素真实值,估计滤波器为最小均方误差(MMSE)滤波。下面简单介绍上述几类方法,更详细的研究分析请参考文献[36]。

7.1.1 相干斑抑制效果评价指标

SAR 图像相干斑抑制效果是通过人的视觉感官和客观的定量评价参数两个方面来判断的。人的视觉感官只能判断比较明显的图像,难以分辨比较微小的,而且不同的人对同一幅图像的感官往往是不一样的。客观的评价参数能够对 SAR 图像相干斑抑制情况进行定量分析。因此,寻找一些客观可行的评价参数对于正确评价 SAR 图像相干斑的抑制情况是十分重要的。

1)相对标准差(s/m)

相对标准差是用来评价 SAR 图像中相干斑大小的比较常用的方法,其定义为[36]

$$\frac{s}{m} = \sqrt{\frac{\text{var}(I)}{E^2(I)}} \tag{7.1}$$

式中,I 为滤波后的图像中某一像素强度值;E 表示图像求均值;var 表示图像强度方差。滤波后的 SAR 图像 s/m 越小,表明该算法相干斑抑制效果越好。

2)等效视图数(ENL)

等效视图数也是衡量滤波器滤波性能的一种指标,等效视图数越大,表明滤波器的滤波效果越好。等效视图数的定义为[159,160]

$$\text{ENL} = \frac{E^2(I)}{\text{var}(I)} \tag{7.2}$$

可见等效视图数等于相对标准差平方的倒数,二者存在一一对应关系。当然,等效视图数越高并不一定代表滤波器的相干斑滤波效果越好,还需要通过其他评价手段综合评估图像的细节边缘特征以及其他一些特征保持程度。在本章中采取 ENL 的评价指标(与前面章节的 ENL 估计并不一致,只是表征相干斑的起伏程度)。

7.1.2 PolSAR图像相干斑抑制方法

1)多视与空域类多视平均的相干斑抑制方法

多视处理算法因为雷达系统固有的距离向和方位向分辨率,因而通常分为距离向处理的空域多视处理算法和方位向处理的频域多视算法。空域多视处理算法是保持图像带宽不变,在 SAR 成像以后通过平均邻近像素强度值来降低抑制相干斑,频域多数处理算法通过将图像频域分割成各个子带并分别成像,然后对子视图像进行非相干叠加。

对于频域多视处理算法,首先对 SAR 图像进行方位向 FFT,以进入距离多普勒域。然后使用带通滤波器提取所需子带频谱部分,对其进行 IFFT 得到子视图像,然后对每视数据进行非相干叠加得到一副多视图像。

在频域多视处理的实际过程中,子带频谱如何提取,提取频带的宽度和相邻子带频谱之间是否重叠都会对结果造成一定的影响。假设子视图像分辨率给定,那么子带宽度是确定的。假设整个多谱勒带宽为 B_D,子带宽度为 B_s,相邻子带频谱重叠宽度为 B_O,那么子带频谱重叠度 $\beta = B_O/B_s$,图 7.1 为示意图。

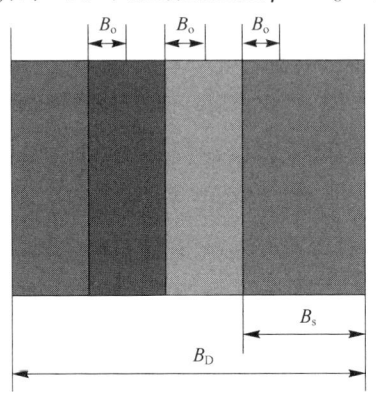

图 7.1 相邻子带重叠示意图(见彩图)

在此条件下,子带频谱的重叠宽度越大,则视数就越大,这在抑制图像相干斑的同时也降低图像的分辨率。同时,子带频谱重叠宽度的增加,会使子视图像相关性增大,增强了相干斑。如何选取合适子带频谱重叠宽度以取得最佳相干斑抑制效果是需要研究的问题。

空域多视处理是空域滤波的一种,通过邻域(通常是一个较小的矩形)对该邻域包围的图像像素执行预定义操作完成滤波。其像素操作示意图如图 7.2 所示。

滤波完成后图像像素点减少,分辨率降低。

借鉴多视处理的思想,Lee 等提出了一种结合边缘检测窗和 MMSE 的滤波算法——改进 Lee 滤波[161]。该滤波器采用一个矩形窗对PolSAR图像进行逐像素扫描。对于每个扫描像素,首先利用边缘检测窗在扫描窗口内筛选非边缘像素,然后利用这些像素进行 MMSE 滤波。包含改进 Lee 滤波算法、IDAN 滤波算法、基于散射模型的抑制算法以及基于像素筛选的抑制算法。详细步骤请参考

图 7.2 多视滤波示意图

文献[36]。实验表明以上方法中多视 Box 方法抑制效果最佳，运算效率最高，但是边缘、细节保持较差。

2) 极化白化滤波方法(PWF)

研究表明，相对标准差是 SAR 图像相干斑噪声水平的度量，其值越大相干斑噪声强度也就越高，因而相干斑抑制就是以降低图像像素的相对标准差为目标。大量实验已表明，Span 总功率相对于单通道 SAR 图像具有更低的相干斑噪声水平，而 Span 总功率实质上等于各通道强度数据的加权和。受此启发，Novak 和 Burl 等提出将各通道数据进行最优加权，以期望获得一幅相干斑噪声强度最低的功率图，这就是所谓的极化白化滤波器。

极化白化滤波以使相对标准差 s/m 达到最小为指导思想。在单视情况下，在得到目标的极化测量向量 y 和假设一个正定 Hermite 加权矩阵 A 以后，通过下式构成图像：

$$w = y^H A y \tag{7.3}$$

式中，H 表示共轭转置。白化滤波其数学实现过程是通过最小化式 s/m 获得通道数据合成的最优权矩阵。

$$\left(\frac{s}{m}\right)^2 = \frac{\mathrm{var}(w)}{E^2(w)} \tag{7.4}$$

式中，$(s/m)^2$ 为强度图像 w 等效视图数的倒数，s 为合成强度图像 w 的标准差，m 为 w 的均值，var 表示方差。根据文献推导结果，当 $\Sigma_0 A$ 的特征值 λ_1、λ_2 和 λ_3 相等时 $(s/m)^2$ 取得最小值，式 s/m 可取得最小值。此时所求的加权矩阵 $A = \Sigma_0^{-1}$ 为白化滤波的最优权矩阵，因而在反射对称的情形下，最终得到最小化相干斑的解为[36]

$$w = y^H \Sigma_0^{-1} y = HH^2 + \frac{HV^2}{\varepsilon} + \frac{(VV - \rho * \sqrt{\gamma} HH)^2}{(\gamma(1 - |\rho|^2))} \tag{7.5}$$

在更为一般的非反射对称情况下，其协方差矩阵个元素一般不为零，即表

示为

$$\Sigma = \delta_{hh} \begin{bmatrix} 1 & \rho_2 \sqrt{\varepsilon} & p_1 \sqrt{\gamma} \\ \rho_2 * \sqrt{\varepsilon} & \varepsilon & \rho_3 \sqrt{\varepsilon\gamma} \\ \rho_1 * \sqrt{\gamma} & \rho_3 * \sqrt{\varepsilon\gamma} & \gamma \end{bmatrix}$$

最小化相干斑的解为

$$w = y^H \Sigma^{-1} y = \frac{M}{\varepsilon \times \gamma \times H} \tag{7.6}$$

其中，$H = |\rho_1|^2 + |\rho_2|^2 + |\rho_3|^2 - 1 - 2|\rho_1||\rho_2||\rho_3|\cos(\theta\rho_1 - \theta\rho_2 - \theta\rho_3)$

$M = \gamma|HV|(|\rho_1|^2 - 1) + \gamma\varepsilon|HH|(|\rho_3|^2 - 1) + \varepsilon|VV|(|\rho_2|^2 - 1)$

$\quad + 2\sqrt{\gamma\varepsilon}|HV||VV|(|\rho_3|\cos(\theta_{HV} - \theta_{VV} - \theta_{\rho_3}) - |\rho_1||\rho_2|\cos(\theta_{HV} + \theta_{\rho_2} - \theta_{VV} - \theta_{\rho_1}))$

$\quad + 2\gamma\sqrt{\varepsilon}|HV||HH|(|\rho_2|\cos(\theta_{HV} - \theta_{\rho_2} - \theta_{HH}) - |\rho_1||\rho_3|\cos(\theta_{HV} + \theta_{\rho_1} - \theta_{HH} - \theta_{\rho_3}))$

$\quad + 2\varepsilon\sqrt{\varepsilon}|HH||VV|(|\rho_1|\cos(\theta_{HH} - \theta_{VV} - \theta_{\rho_1}) - |\rho_2||\rho_3|\cos(\theta_{HH} + \theta_{VV} - \theta_{\rho_2} - \theta_{\rho_3}))$

其中，θ_{ρ_i} 是 ρ_i 的相位。对于多视情况（MPWF），利用目标多视数据 Y 及假设正定 Hermite 矩阵 A，构造像素图像如下：

$$w = \mathrm{tr}(AY) \tag{7.7}$$

式中，tr 表示矩阵的迹，利用类似 PWF 的推导方法可得 w 的解如下所示：

$$w = \mathrm{tr}(\Sigma_0^{-1} Y) = Y_{11} + \frac{Y_{22}}{\varepsilon} + \frac{Y_{33} + Y_{11} \times \gamma \times |\rho|^2 - 2\sqrt{\gamma}|Y_{13}|\cos(\theta_{13} - \theta_\rho)}{\gamma(1 - |\rho|^2)}$$

$$\tag{7.8}$$

这里 Y_{ij} 是 Y_1 的第 i 行和第 j 列的元素，θ_ρ 和 θ_{ij} 分别是 ρ 和 Y_{ij} 的相位。同样，使用多视协方差矩阵 **Y** 推导出改进型多视极化白化滤波器的解为

$$w = \mathrm{tr}(\Sigma^{-1} Y) = \frac{Y_{11}(|\rho_3|^2 - 1)}{\varepsilon \times \gamma \times H} + \frac{\gamma \times Y_{22}(|\rho_1|^2 - 1) + \varepsilon \times Y_{33}(|\rho_2|^2 - 1)}{\varepsilon \times \gamma \times H}$$

$$\tag{7.9}$$

这里 $H = |\rho_1|^2 + |\rho_2|^2 + |\rho_3|^2 - 1 - 2\cos(\theta\rho_1 - \theta\rho_2 - \theta\rho_3)$，$Y_{ij}$ 是 Y_2 的第 i 行和第 j 列的元素。

3）基于线性最小均方误差准则的相干斑抑制方法

尽管极化白化滤波具有最佳的相干斑抑制能力，但它仅能输出一幅功率图，它要用到同极化通道 HH 和 VV 之间的相关系数，在通道间相关系数未知的情况下，该滤波器失效。由此 Lee 等提出了一种基于乘性噪声模型的相干斑抑制滤波器——最优加权[162]。该滤波器仅利用强度数据，适用于单视和多视数据。

4）基于最优纹理估计的相干斑抑制算法

在满足一定假设条件时,PolSAR图像可用乘积模型来表征相干斑的统计模型。因此,Lopes 利用统计模型给出了不同先验条件纹理因子的各种估计器[163]。包括最大似然(ML)纹理估计、最小均方误差(MMSE)纹理估计、伽马分布最大后验概率(Gamma MAP)纹理估计和最大熵 – 最大后验概率(ME-MAP)纹理估计等。纹理估计的主要优点是利用纹理的先验信息,并充分利用乘积模型的特性,从而能极大程度地抑制相干斑,较高的保持了纹理特征。可以发现,最优纹理估计和极化白化滤波一样,滤波后仅得到一幅纹理图像,损失了数据的极化信息。

7.2 PolSAR联合多视与白化滤波的相干斑抑制

由上节可知,空域多视处理相干斑抑制效果明显,虽然降低了图像分辨力,但是运算效率最高,适用于海量数据的处理;同时极化白化滤波器具有最优的相干斑抑制能力。因此联合多视处理与极化白化滤波器对图像进行处理,分析子孔径处理(频域)和空域多视处理的影响,以及多视处理与白化滤波处理的先后顺序对相干斑抑制程度的影响就显得非常重要。

7.2.1 频域与空域多视处理过程与影响分析

实验首先使用 ESAR 数据,对频域、空域多视滤波整体性能的好坏进行判断。然后选择 ESAR 中两块不同地形区域分别进行实验,最后使用 EMISAR、RADARSAT2 数据验证实验结果。

图 7.3 使用 ESAR 数据。其中,SLIHH(HV,VV)ENL 表示空域多视算法滤波性能曲线,HH(HV,VV)ENL 表示频域多视算法滤波性能曲线。HH、HV、VV 为 ESAR 的 3 个极化通道,$\beta = B_0/B_s$。从两图中能够明显看出,频域算法相较于空域算法滤波性能更佳,且频域算法在 β 值逼近 1 时评价指标 ENL 不断向空域情况靠近,这也与 $\beta = 1$ 时实际情况是原图像直接空域平均的理论情况相符。在频域多视处理算法中,相干斑抑制效果随 β 的变化逐渐增强并在到达峰值后缓慢下滑,并最终接近空域滤波值。其中,当 $\beta = 0.22$ 时,得到了最优化情况。

为了验证该规律在复杂环境下的表现,仍然使用 ESAR 数据,选取其中各种不同地形(A 草地、B 城区)进行重复性试验,结果如图 7.4、图 7.5 所示。区域 A 为单一的草地地形,能够看到此时的变化特征非常明显,在 $\beta = 1.6$ 时得到最优化结果,且 3 个通道的变化趋势基本一致。相比较于区域 B 的城市地形而言,后者在 VV 通道的表现不尽如人意,这是因为复杂地形的不规则电磁特性所致,这也表明越是单一环境,此种算法越能发挥其优越性。

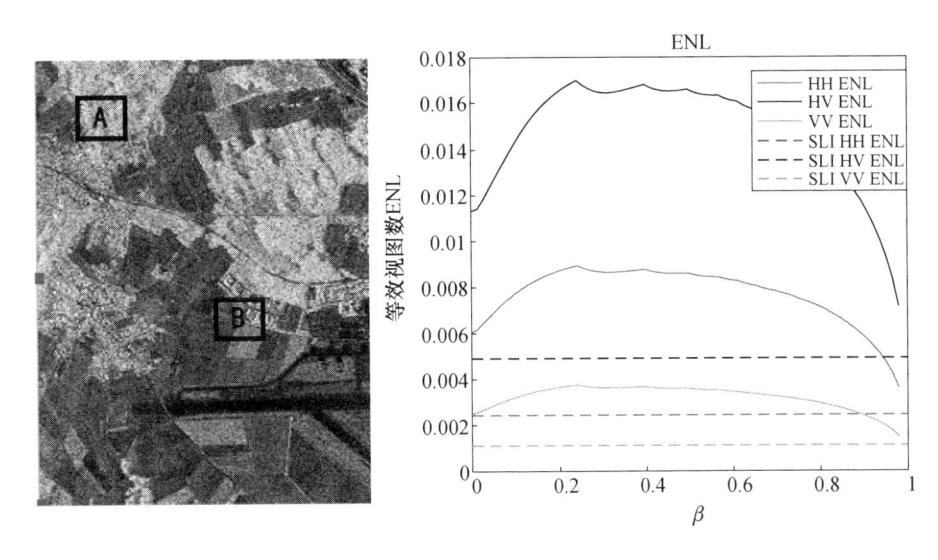

图 7.3　ESAR 空域、频域多视处理性能分析（见彩图）

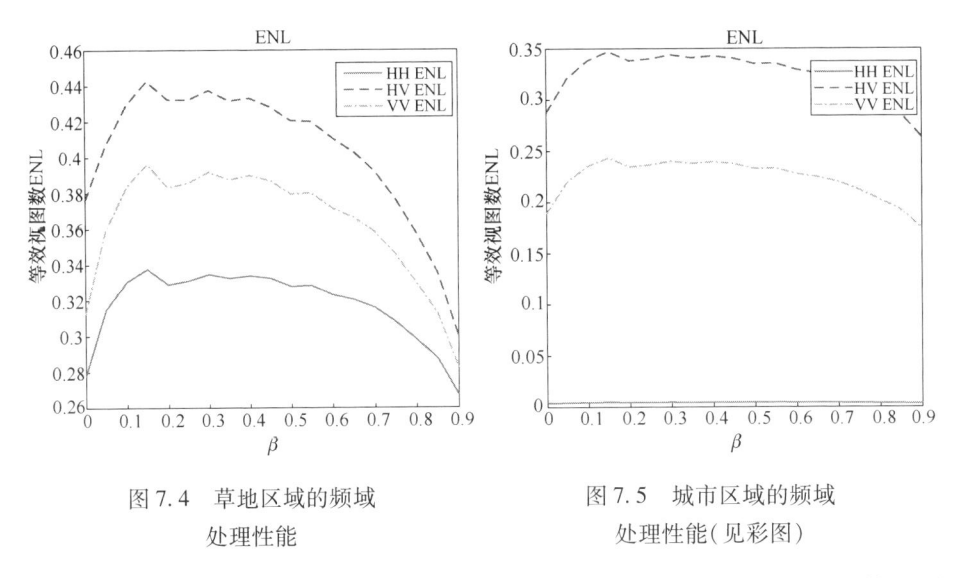

图 7.4　草地区域的频域
处理性能

图 7.5　城市区域的频域
处理性能（见彩图）

为了验证该算法的普适应,分别选取 EMISAR、RADARSAT2 数据,对算法进行重复性试验,实验结果如图 7.6、图 7.7 所示。

两图中频域多视处理的性能曲线仍在子带重叠度 $\beta = 0.2$ 附近时取得最佳效果,这跟算法在 ESAR 数据中的表现一致。

7.2.2　联合多视与白化滤波的相干斑抑制比较分析

为研究多视与白化滤波的联合相干斑抑制情况,在使用过程中能根据实际

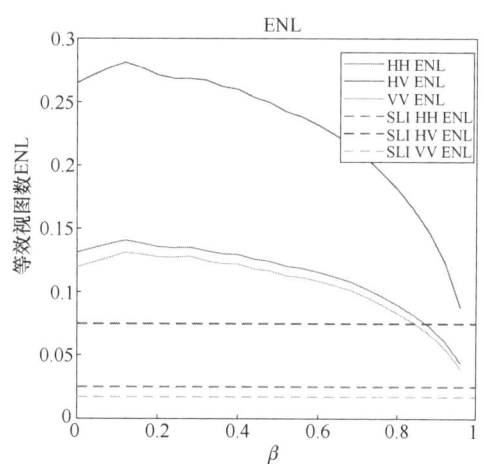

图 7.6　EMISAR 数据多视处理性能评价（见彩图）

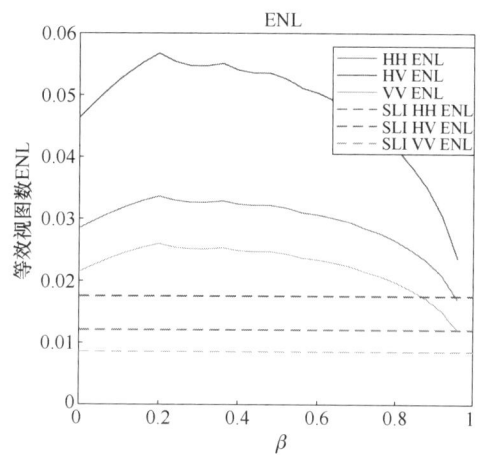

图 7.7　RADARSAT2 数据多视处理性能评价（见彩图）

情况合理选择滤波方法,通过实测数据 PWF-SM、PWF-FM、SM-PWF、SM-PWF 对全功率、单视白化滤波算法的滤波性能,处理速度进行了分析,其中各方法的具体实施过程如表 7.1 所示。

这里采用的是德国 ESAR 的机载 L 波段PolSAR在 Oberpfaffenhofen 区域采集的PolSAR数据。图 7.8(a)、(b)分别是 Oberpfaffenhofen 的PolSAR示意图和谷歌地图。测试时选取了 3 种地貌类型,其中区域 A1(A2)、B1(B2)、C1(C2)分别对应着植被、城区和麦田,像素为 400×400。

首先选取 A1、A2 区域对非反射对称协方差矩阵假设模型与反射对称协方差矩阵假设模型进行白化滤波效果的对比,图像经过空域 4 视处理,所得结果如图 7.9 所示。

表 7.1　各方法具体实施过程

白化后空域多视 （PWF-SM）	使用式(7.6)对图像进行单视白化滤波,然后用4视矩阵对白化后数据进行空域多视处理
白化后频域多视 （PWF-FM）	使用式(7.6)对图像进行单视白化滤波,然后对数据进行频域的多视处理,在频域多视处理过程中,不断地改变子带重叠度以得到ENL值随重叠度的变化曲线
空域多视后白化 （SM-PWF）	用4视矩阵对数据进行空域多视处理,后使用式(7.9)对图像进行多视白化滤波
频域多视后白化 （SM-PWF）	对数据进行频域的多视处理,后使用式(7.9)对图像进行多视白化滤波

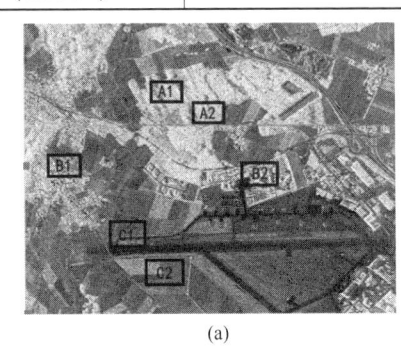

图 7.8　Oberpfaffenhofen 地区示意图（见彩图）

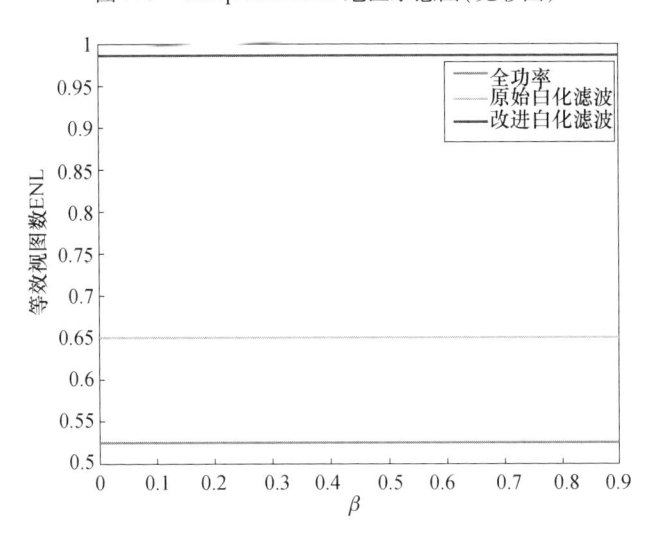

图 7.9　Oberpfaffenhofen 区域滤波效果对比图

通过对两块区域 ENL 值的对比能够明显看出,非反射对称协方差矩阵在相干斑抑制方面具有一定优越性,下面白化滤波法皆使用非反射对称协方差矩阵模型。然后,对选取的 3 种地貌类型 A1(A2)、B1(B2)、C(C2)对各方法的滤波性能进行实测数据处理分析。

图 7.10 为区域 A2 的 ENL 曲线图,能够看出全功率法的滤波效果最差,PWF 在全功率法的基础上有一定的提高。白化多视处理后的滤波效果又比 PWF 法得到进一步的提升,其中 PWF-FM 其 ENL 值随子带重叠度 β 的增加呈现先增加后减少的趋势,其滤波效果在 $\beta=0.2$ 时得到最大数值。多视处理后白化滤波与白化滤波后多视处理呈现相同规律且其整体滤波效果优于后者,FM-PWF 法依然在 $\beta=0.2$ 时取得最佳滤波效果,区域 A1 的曲线也完全符合上述规律。

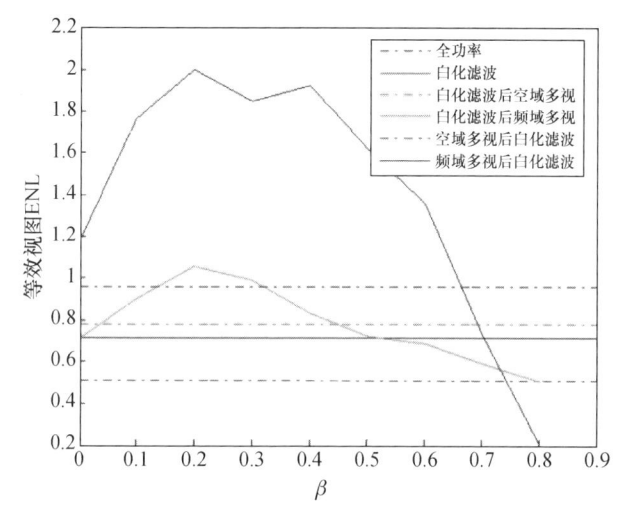

图 7.10　植被区域多视白化滤波性能对比

图 7.11 为城区地形曲线图,区域 B1 滤波效果的变化情况大体上符合 PWF 法优于全功率法,多视处理方式保持一致的情况下,先多视处理后白化滤波能达到更佳的效果。在先后顺序不变的条件下,频域多视处理优于空域多视处理的规律,且 $\beta=0.3$ 时能达到最佳的滤波效果。但是在 ENL 值随 β 变化的过程中并不完全符合先增加后减少的过程,在 $\beta=0.1$ 时 ENL 值大幅度减少,而且从数值上看白化滤波后多视处理同多视处理后白化滤波的差距在进一步缩小。同 B1 相比较,B2 区域这一趋势更加明显,各方法 ENL 曲线比较混杂,这可能是由于人造目标与自然杂波散射信息差异所导致。

最后通过图 7.12 中区域 C1、C2 同前面区域的对比,验证了上述猜想。在均匀区域,满足多视后白化滤波效果优于白化滤波后多视,PWF 效果次之,全功率法效果最差的规律。我们还对测试区域处理方法的相干斑抑制量和程序处理时间进行了比较,其中抑制量是通过计算 PWF-SM 法、PWF-FM 法、SM-PWF 法

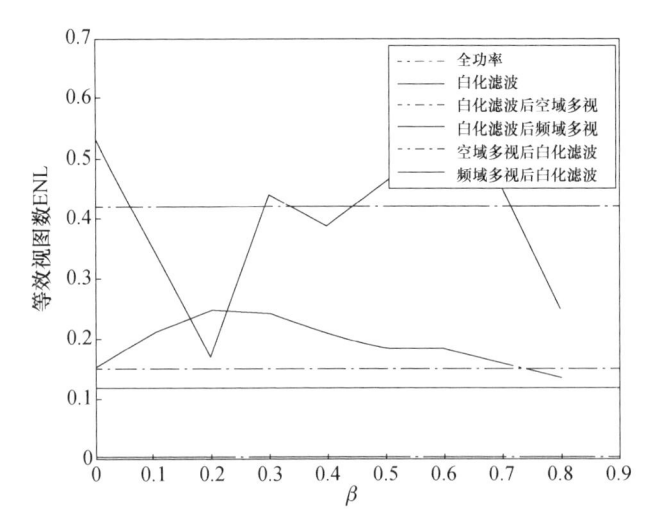

图 7.11　城区区域多视白化滤波性能对比

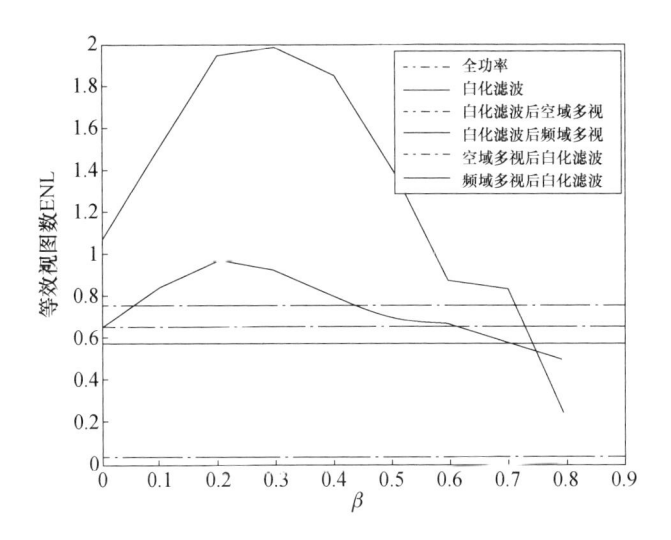

图 7.12　麦田区域多视白化滤波性能对比

和 FM-PWF 法同全功率图像 ENL 比值的对数得出,如表 7.2 和图 7.13 所示。

表 7.2　Oberpfaffenhofen 区域降噪指标分析　　　　单位:dB/s

dB	PWF-SM	PWF-FM	SM-PWF	FM-PWF
A1	6.7749	7.9743	10.6777	14.6675
B1	10.1627	10.3428	10.0963	12.7422
C1	4.6798	6.5622	21.7282	22.7249

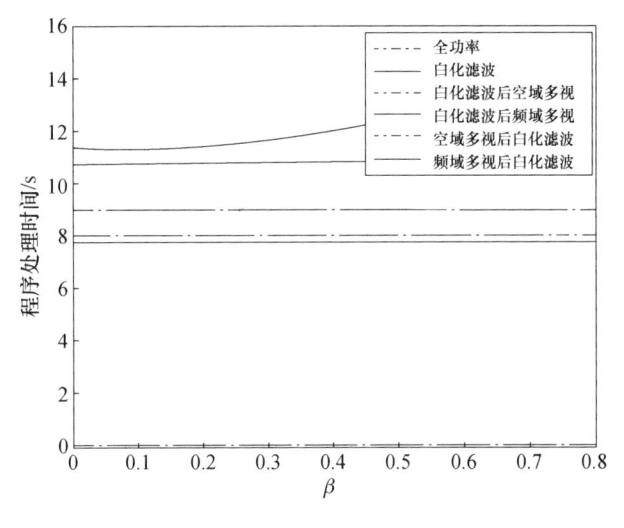

图 7.13　程序处理时间

上述实验结果为滤波方法的选择提供有力的数据支撑。在均匀区域,SM-PWF 方法能达到最好的滤波效果,但处理时间较长,实时性不强。而在非均匀区域及对实时性要求较高的场所,PWF-SM 方法复杂度低,滤波效果稳定也较为优秀,比较符合要求,表 7.3 为各方法特点总结。

表 7.3　各方法特点总结分析

白化后空域多视（PWF-SM）	处理速度最快,稳定性好,在非均匀区域表现最好.
白化后频域多视（PWF-FM）	处理速度较慢,处理效果波动较大且无明显优越性
空域多视后白化（SM-PWF）	处理速度较快,处理效果稳定但无明显优势
频域多视后白化（SM-PWF）	处理速度最慢,处理效果波动较大,在均匀区域表现出最优滤波效果

7.3　典型PolSAR图像目标检测方法

与单通道 SAR 目标检测相比,PolSAR图像目标检测技术的显著优势在于可以利用目标与杂波的极化信息差异构造检测量,提高检测性能。目前PolSAR主要通过极化统计分布、极化目标分解以及极化子孔径分解等途径,实现目标极化特征参数的选择和目标检测[3]。它们存在的共性问题是对图像模型以及对协方差矩阵、等效视数等关键参数准确估计的依赖性,这也是本书前 6 章所解决的问题。在极化统计分布方面的代表性算法是最优极化似然比检测（OPD、P-GLRT）、极化匹配滤波（PMF）、极化白化滤波（PWF、MPWF）、极化功率合成（SPAN、PSD）以及最优极化对比增强（OPCE）等[3,94]。下面简要介绍 8 种经典的PolSAR目标检测器[164],详细介绍见参考文献[3,94]。

7.3.1 最优目标检测器(OPD)

理想情况下,若目标和杂波的统计分布都已知,则由统计信号理论可知,最佳检测的问题可以归结为 Neyman-Pearson 准则下似然比检验的形式。假设目标检测统计量为 M,则

$$M = \frac{f(x/H_1)}{f(x/H_0)} \geq T \tag{7.10}$$

式中,H_1 表示杂波,$f(x/H_1)$ 表示杂波已知时检测量服从的概率密度分布;H_0 表示目标加杂波,$f(x/H_0)$ 表示此观测量所服从的概率密度函数;T 为判决门限,当所求结果大于判决门限时判定该像素点为目标点,否则为杂波。

根据杂波的极化散射统计模型,检测量表达式可写为

$$X^H (\boldsymbol{\Sigma}_c^{-1} - \boldsymbol{\Sigma}_{t+c}^{-1}) X + \ln|\boldsymbol{\Sigma}_c| - \ln|\boldsymbol{\Sigma}_{t+c}| \geq \ln T \tag{7.11}$$

其中,$\boldsymbol{\Sigma}_c$ 与 $\boldsymbol{\Sigma}_{t+c}$ 分别表示杂波与目标加杂波的平均协方差矩阵,可以将 OPD 检测器改写为

$$y + d_c(X) - d_{t+c}(X) + C \geq 0 \tag{7.12}$$

其中,$d_c(X) = X^H \boldsymbol{\Sigma}_c^{-1} X + \ln|\boldsymbol{\Sigma}_c|$,$d_{t+c}(X) = X^H \boldsymbol{\Sigma}_{t+c}^{-1} X + \ln|\boldsymbol{\Sigma}_{t+c}|$,$C = -\ln T$。

然后计算式(7.12)对应的条件特征函数,可以求得其概率密度函数为

$$\phi_{y/w}(jw) = \frac{\exp\{-X^H \boldsymbol{\Sigma}^{-1} X/w\} \mathrm{d}X}{\pi_n w_n |\boldsymbol{\Sigma}|} \cdot$$

$$\int_{-\infty}^{\infty} \cdots \int_{-\infty}^{\infty} \exp\{jw(X^H(\boldsymbol{\Sigma}_c^{-1} - \boldsymbol{\Sigma}_{t+c}^{-1})X + C)\} \tag{7.13}$$

根据特征值法,式(7.13)可写成如下形式:

$$\phi_{y/w}(jw) = e^{jwc} \prod_{i=1}^{q} \frac{1}{(1 - j2w\lambda_i w)} \tag{7.14}$$

将式(7.14)以部分分式展开得到

$$\phi_{y/w}(jw) = e^{jwc} \sum_{i=1}^{q} \frac{A_i}{(1 - j2w\lambda_i w)} \tag{7.15}$$

其中,$A_i = \dfrac{\lambda_i^2}{(\lambda_i - \lambda_j)(\lambda_i - \lambda_k)|_{j,k \neq i, j \neq k}}$ 为逆变换后部分分式的留数。对式(7.15)进行逆变换后得到概率密度为

$$f_{y/w}(y) = \sum_{i=1}^{q} A_i f_i(y) \tag{7.16}$$

其中

$$f_i(y) = F^{-1}\left\{\frac{e^{jwc}}{(1-j2w\lambda_i w)}\right\} \qquad (7.17)$$

通过对式(7.16)求积分可得到检测量的检测概率及虚警概率

$$P_{D/FA}(w) = \int_0^\infty f_{y|w}(y)\mathrm{d}y = \sum_{i=1}^q A_i P_i(w) \qquad (7.18)$$

其中

$$P_i(w) = 0\, \lambda_i \geqslant 0, C \geqslant 0$$
$$P_i(w) = 1\, \lambda_i \leqslant 0, C \leqslant 0$$
$$P_i(w) = \exp\{C/2w\lambda_i\}\, \lambda_i \leqslant 0, C \geqslant 0$$
$$P_i(w) = 1 - \exp\{C/2w\lambda_i\}\, \lambda_i \geqslant 0, C \leqslant 0$$

当 $\boldsymbol{\Sigma} = \boldsymbol{\Sigma}_c$ 时，$f_{y|w}(y)$ 为杂波的 PDF，$P_{D/FA}(w)$ 对应的是虚警概率。当 $\boldsymbol{\Sigma} = \boldsymbol{\Sigma}_{t+c}$ 时，$f_{y|w}(y)$ 为目标 + 杂波的 PDF，$P_{D/FA}(w)$ 为对应检测概率。

通过 OPD 检测器的推导过程可以看到，检测阈值 T 的求取需要使用目标与杂波的协方差矩阵信息，而这些信息在 PolSAR 雷达的检测过程中通常是无法得到的，所以 OPD 检测器通常无法作为 PolSAR 目标检测的常规算法，只能作为检测算法的最佳解来衡量其它极化检测算法性能的好坏。

进行多视平均处理时通常假定各视数据独立同分布，那么 m 视数据 OPD 的检验统计量可表示为

$$z_{\mathrm{OPD}}^{(m)} = \left[\frac{1}{m}\sum_{i=1}^m X_i^\mathrm{H}(\boldsymbol{\Sigma}_c^{-1} - \boldsymbol{\Sigma}_{t+c}^{-1})X_i\right] + C \qquad (7.19)$$

式中，$C = \ln\frac{|\boldsymbol{\Sigma}_c|^L}{|\boldsymbol{\Sigma}_{t+c}|^L} - \ln T_D$，由矩阵分析知识，二次型函数可以利用矩阵的迹运算加以表示，对于二次型 $x^\mathrm{H}Ax$ 可以由内核矩阵 A 与矢量的外积 xx^H 乘积的迹运算 $\mathrm{tr}(Axx^\mathrm{H})$ 表示：

$$z_{\mathrm{OPD}}^{(m)} = \mathrm{tr}\{(\boldsymbol{\Sigma}_c^{-1} - \boldsymbol{\Sigma}_{t+c}^{-1})Y^{(m)}\} + C \qquad (7.20)$$

7.3.2 极化匹配滤波检测器(PMF)

PMF 检测器以寻求最优矢量 h 使得滤波后图像的目标与杂波功率比最大为核心思路，其具体表达式如下：

$$\mathrm{SCR} = \frac{h^\mathrm{H}\boldsymbol{\Sigma}_t h}{h^\mathrm{H}\boldsymbol{\Sigma}_c h} \qquad (7.21)$$

式中，$\boldsymbol{\Sigma}_t$ 和 $\boldsymbol{\Sigma}_c$ 分别为目标和杂波的协方差矩阵。假设 h^* 为最优解，那么最优

解满足：

$$\mathbf{\Sigma}_t h^* = \lambda^* \mathbf{\Sigma}_c h^* \tag{7.22}$$

可以通过下式得到(λ^*, h^*)的值，有

$$\mathbf{\Sigma}_c^{-1} \mathbf{\Sigma}_t h^* = \lambda^* h^* \tag{7.23}$$

假设目标与杂波满足均匀区域的理想条件，那么目标与杂波协方差矩阵可用式(7.24)表示：

$$\mathbf{\Sigma} = \delta_{hh} \begin{bmatrix} 1 & 0 & \rho_1 \sqrt{\gamma} \\ 0 & \varepsilon & 0 \\ \rho_1 * \sqrt{\gamma} & 0 & \gamma \end{bmatrix} \tag{7.24}$$

当协方差矩阵表示杂波时其参数为$(\sigma_c, \varepsilon_c, \gamma_c, \rho_c)$，为目标时，该矩阵对应参数为$(\sigma_t, \varepsilon_t, \gamma_t, \rho_t)$。由于目标在杂波背景之中，对应协方差数据可使用如下模型：

$$\mathbf{\Sigma}_{t+c} = \mathbf{\Sigma}_t + \mathbf{\Sigma}_c \tag{7.25}$$

式(7.25)的3个特征矢量表示如下：

$$h_1 = \begin{bmatrix} 0 \\ 1 \\ 0 \end{bmatrix}; h_2 = \begin{bmatrix} 1 \\ 0 \\ \beta_2 \end{bmatrix}; h_3 = \begin{bmatrix} 1 \\ 0 \\ \beta_3 \end{bmatrix}; \tag{7.26}$$

其中，$\beta_{2,3} = \pm \dfrac{\gamma_t - \gamma_c + \sqrt{\gamma_t^2 + 4\gamma_c\gamma_t(\rho_t^2 + \rho_c^2) - 4\sqrt{\gamma_c\gamma_t}\rho_c\rho_t(\gamma_t + \gamma_c) - 2\gamma_c\gamma_t + \gamma_c^2}}{2\gamma_c\sqrt{\gamma_t}\rho_t - 2\gamma_c\sqrt{\gamma_t}\rho_c}$，

PMF的最优权值解对应上述3个解之中特征值最大的一个。

基于PMF准则，构造的多视检验统计量如下：

$$z = \sum_{i=1}^{n} |h^H X_i|^2 = n h^H C h \tag{7.27}$$

式中，n为视数；C为样本协方差阵；X_i表示第i视图像极化矢量。

因为假设目标区域HH，HV和VV通道均服从均值为0的复高斯分布，则$h^H X_i$服从三通道数据线性加权和的复高斯分布，从而第i视强度数据$z_i = |h^H X_i|^2$服从均值为$\sigma_i = E\{|h^H X_i|^2\}$的负指数分布，如式(7.28)所示：

$$f(z_i) = \frac{1}{\sigma_i} \exp\left(-\frac{z_i}{\sigma_i}\right) \tag{7.28}$$

因为各视数据独立同分布，可以令$\sigma = \sigma_i = E\{|h^H X_i|^2\}$，则统计检测量

$z_h = \sum_{i=1}^{n} |h^H X_i|^2$ 服从参数为$(\sigma n, n)$的伽马分布

$$f(z_h) = \frac{(1/\sigma)^n}{\Gamma(n)} z_h^{n-1} \exp\left(-\frac{z_h}{\sigma}\right) \tag{7.29}$$

上述推导是基于 RCS 因子为常数的假设时得到的。在乘积模型下，假设 w 为 RCS 通道因子，可以得到极化匹配滤波器的检测和虚警概率为

$$P_{D/FA}(w) = \exp\left(-\frac{T}{w\sigma}\right) \sum_{k=0}^{n-1} \frac{1}{k!} \left(\frac{T}{w\sigma}\right)^k \tag{7.30}$$

$w=1$ 时得到的是均匀杂波时的检测概率和虚警概率。

7.3.3 极化白化滤波检测器(PWF)

极化匹配滤波器需要准确知道目标的极化特性，但是实际情况并不能完全。在目标极化特性未知的情况下，完全针对杂波极化特性的相干斑最优抑制就是极化白化滤波器(PWF)。PWF 是目前 PolSAR 目标检测中应用最为广泛的一种检测量，其最初是为了抑制相干斑而提出的，详情参见 7.1.2。刘国庆等人对 PWF 方法进行了扩展，提出了基于多视数据的 MPWF 检测器[158]，MPWF 检测量为

$$y = \frac{1}{n} \sum_{i=1}^{n} Y_i \Sigma_c^{-1} Y_i^H = \text{tr}[\Sigma_c^{-1} Y] \tag{7.31}$$

式中，Σ_c 是杂波协方差矩阵；Y 是多视数据协方差矩阵。

因为单视滤波(PWF)是多视(MPWF)的特例，因此在分析目标检测性能时只对多视极化白化滤波检测量进行讨论。同时 MPWF 仅获知杂波的统计特性，因此非常适合恒虚警处理(CFAR)。CFAR 检测由于具有自适应求解检测阈值的优势，在自动目标检测中得到了非常广泛的应用。在利用 MPWF 检测量实现目标检测中，目前以 Novak 等人提出的双参数 CFAR(2P-CFAR)检测器应用最为广泛[165]。其最初应用于 SAR 数据服从对数正态分布的情况，则强度数据的分布表达式为

$$f_M(M) = \frac{1}{\sigma_c \sqrt{2\pi} M} \exp\left\{-\frac{1}{2\sigma_c^2}(\ln(M/r_c))^2\right\} \tag{7.32}$$

式中，M 表示像素的强度值；r_c 与 σ_c 分别代表图像的尺度和形状参数。令 $\xi = \ln u$，则变量 ξ 服从式(7.33)所示的高斯分布，有

$$f_\xi(\xi) = \frac{1}{\sigma_c \sqrt{2\pi}} \exp\left\{-\frac{1}{2\sigma_c^2}(\xi - \mu_c)^2\right\} \tag{7.33}$$

式中，$\mu_c = \ln r_c$；σ_c 为 ξ 的形状参数。对比式(7.32)与式(7.33)可以看出：参数 μ_c 与 σ_c 分别为取对数分布后变量的均值与方差。

设检测阈值为 T，给定虚警概率 p_{fa}，可得

$$p_{fa} = \int_T^\infty f_\xi(\xi) d\xi = 1 - \Psi\left(\frac{T - \mu_c}{\sigma_c}\right) \tag{7.34}$$

由此可得随机变量 ξ 检测阈值 T 的表达式为

$$T = \Psi^{-1}(1 - p_{fa})\sigma_c + \mu_c \tag{7.35}$$

由式(7.35)变化可知：ξ 与阈值 T 的大小由下式所示的双参数决定，有

$$\xi \geq T = \Psi^{-1}(1 - p_{fa})\sigma_c + \mu_c \tag{7.36}$$

实际应用中通常设置一定大小的滑窗对检测量的统计分布进行参数估计，此时所对应的双参数 CFAR 检测器可以重写为

$$z \geq T = \Psi^{-1}(1 - p_{fa})\hat{\sigma}_c + \hat{\mu}_c \tag{7.37}$$

从式(7.37)可以看出，PWF 检测器的性能主要依赖于目标与杂波功率比及背景杂波的标准差这两个指标。对于 PWF 检测器而言，在包含目标的杂波区域，信杂比越大越好。而在无目标的杂波区域，则希望杂波标准差越小越好。所以，通过小化杂波标准差或者最大化信杂比都能够提高目标检测性能。

在对PolSAR图像处理的实际过程中对于参数的估计，具体是要应用自适应的滑窗进行参数估计还是直接以全局的统计特性为参数，下面实验进行了分析。用图像进行 MPWF 检测时首先需要对检测量图像取对数处理，并设置一定的虚警率，然后再对图像进行检测。

图 7.14 采用 Sanfranscisco 数据，并使用 MPWF 算法和 AMPWF（自适应极化白化滤波）对检测量图像进行检测，图像都经过 4 视处理。AMPWF 的 CFAR 滑窗选用正方形滑动空心窗口实现，因此一般目标窗口的边长取图像中大型目标尺寸的 2 倍，以保证用于估计杂波统计特性的区域内不包含待检测目标本身的像素，同时背景窗口尺寸的选择应使环状杂波区域内包含的全部或部分像素能够精确地估计杂波的统计特性。

从图 7.14 中可以看出，AMPWF 检测算法的效果反而不如 MPWF 算法，这一结论与 Novak 的论文结果相吻合。据文献分析，这可能是由于 AMPWF 检测算法使用滑窗来实现参数的自适应处理，并不能很好地分辨目标与杂波，容易造成参数估计的不准确反而会造成检测性能的下降。具体地，在图 7.14(c)中，MPWF 检测算法对与陆地区域的检测效果十分明显，可以比较清晰地分辨出大概地形的轮廓，人造目标等基本都表现为很亮的像素点。

(a) 原始图像

(b) MPWF 检测图 (c) MPWF 检测彩图

(d) AMPWF 检测图 (e) AMPWF 检测彩图

图 7.14　MPWF 及 AMPWF 目标检测算法对比图（见彩图）

7.3.4　单位似然比检验(ILR)

ILR 是 OPD 的变形结构,将目标散射矢量的协方差矩阵用一个可缩放的单位矩阵(Identity Matrix)表征:

$$\Sigma_t = \frac{1}{4} E[\text{Span}(X_t)][I] \tag{7.38}$$

同样,这里假定此时目标仍为零均值的非确定性目标。结合式(7.11),杂

波散射协方差矩阵与可以得到 ILR 的对数门限检验统计量为

$$y = X^{\mathrm{H}}\left(\boldsymbol{\Sigma}_{\mathrm{c}}^{-1} - \left\{\boldsymbol{\Sigma}_{\mathrm{c}} + \frac{1}{4}E[\mathrm{Span}(X_{\mathrm{t}})]I\right\}^{-1}\right)X + \frac{\ln|\boldsymbol{\Sigma}_{\mathrm{c}}|}{\ln\left|\boldsymbol{\Sigma}_{\mathrm{c}} + \frac{1}{4}E[\mathrm{Span}(X_{\mathrm{t}})]I\right|} \tag{7.39}$$

由式(7.39)可知,ILR 同样需要目标与杂波的比值的先验信息。

7.3.5 张量检测器(SD)及其分支

全极化目标的极化可完全由散射矩阵 S 表征,而一次测量的总能量,又可由散射矩阵的张量表征:

$$\mathrm{Span}(\boldsymbol{S}) = |S_{\mathrm{HH}}|^2 + |S_{\mathrm{HV}}|^2 + |S_{\mathrm{VH}}|^2 + |S_{\mathrm{VV}}|^2 \tag{7.40}$$

在单站互易的前提下,$\mathrm{Span}(\boldsymbol{S}) = |S_{\mathrm{HH}}|^2 + 2|S_{\mathrm{HV}}|^2 + |S_{\mathrm{VV}}|^2$,由矩阵分析知识,无论选取何种极化基或采用何种酉变换,矩阵的张量不发生变化,这就为 SD 的构造提供了物理基础。张量的结果也可通过散射协方差矩阵的迹获得,对于一次极化测量 X,散射协方差矩阵 $\boldsymbol{\Sigma} = E[XX^{\mathrm{H}}]$,此时,$\mathrm{Span}(\boldsymbol{S}) = \mathrm{trace}(\boldsymbol{\Sigma})$。SD 的统计量可以看作各极化通道散射能之和,而不利用目标与杂波任何先验信息,SD 检测统计量的形式如下:

$$\begin{aligned}
z &= [S_{\mathrm{HH}}^* S_{\mathrm{HV}}^* S_{\mathrm{VV}}^*]\begin{bmatrix}1 & & \\ & 2 & \\ & & 1\end{bmatrix}\begin{bmatrix}S_{\mathrm{HH}} \\ S_{\mathrm{HV}} \\ S_{\mathrm{VV}}\end{bmatrix} \\
&= |S_{\mathrm{HH}}|^2 + 2|S_{\mathrm{HV}}|^2 + |S_{\mathrm{VV}}|^2 \\
&= X^{\mathrm{H}}CX \\
&= X^{\mathrm{H}}GG^{\mathrm{H}}X = |G^{\mathrm{H}}X|^2
\end{aligned} \tag{7.41}$$

$C = \mathrm{diag}(1,2,1)$,G 和 G^{H} 是对 C 进行 Cholesky 分解所得。进而可以导出 m 视 SD 检验统计量:

$$z_{\mathrm{sd}}^{(m)} = \sum_{i=1}^{m}|G^{\mathrm{H}}X_i|^2 = mG^{\mathrm{H}}\boldsymbol{\Sigma}G \tag{7.42}$$

其中,$\boldsymbol{\Sigma} = \frac{1}{m}\sum_{i=1}^{m}X_i X_i^{\mathrm{H}}$ 代表 m 视协方差矩阵数据。通过式(7.41)还可以发现,SD 亦可看作对极化散射矢量的常系数滤波。

张量检测器的改进型之一为最佳能量检测器(OSD),OSD 基于杂波协方差关键参数 ε_{c}、ρ_{c}、γ_{c} 确定各极化通道能量加权系数,检验统计量如下:

$$z_{\text{OSD}} = |X_{\text{HH}}|^2 + \frac{1+|\rho_c|^2}{\varepsilon_c}|X_{\text{HV}}|^2 + \frac{1}{\gamma_c}|X_{\text{VV}}|^2 \quad (7.43)$$

对比(7.41)与(7.43)两式,可见 SD 是 $\gamma_c = 1$、$1 + |\rho_c|^2 = 2\varepsilon_c$ 时的特殊形式。不同于 SD 和 OSD,SD 另一种改进形式功率最大综合检测器(PMSD)除了利用极化散射矢量的幅度信息外,部分利用了极化散射矢量的相位信息,PMSD 的检验统计量为

$$z_{\text{PMSD}} = \frac{1}{2}\{|X_{\text{HH}}|^2 + |X_{\text{HV}}|^2 + |X_{\text{VV}}|^2 + f_{\text{PMSD}}(X)\} \quad (7.44)$$

其中 $f_{\text{PMSD}}(X) = \sqrt{||X_{\text{HH}}|^2 - |X_{\text{HV}}|^2 + 4|(X_{\text{HH}})^H X_{\text{HV}} + (X_{\text{VV}})^H X_{\text{HV}}|^2}$

SCD 可看作 SD 的一种特殊形式,对于不能获取全极化信息且待检测目标又具有一个重要的截面时,SCD 常通过共极化通道用以检测奇次散射或者水平的偶次散射,利用共极化通道时 SCD 检验统计量如下:

$$z_{\text{SCD}} = |X_{\text{HH}}|^2 \quad (7.45)$$

但是在某些情况下,线性共极化并不是最佳的检测方案,例如针对海上舰船目标的检测[166]。海面的 HH、VV 共极化通道散射强烈,而 HV 通道恰如其当地散射较弱,由于已知了这种的散射特性,便可利用物理的而非统计的先验信息构造出针对海上目标的 SCD 检验统计量:

$$z_{\text{SCD}} = |X_{\text{HV}}|^2 \quad (7.46)$$

7.3.6 各检测器性能比较

本节采用蒙特卡洛仿真方法分别在单视和多视情况下获取前文所述的各种检测器所能达到的检测性能曲线和接收机工作特性(ROC)曲线,选取不同的目标、杂波协方差关键参数进行极化散射回波的模拟,试图获取较为贴近实际的仿真效果。为排除虚警的变化对检测性能的影响,在进行蒙特卡洛实验时,采用按虚警统计量排序的方法确定自适应门限以维持绝对的恒虚警,可以设定十分准确、稳定的虚警概率,从而完成对极化检测量进行较为理想的 CFAR 检测。

PWF 与 PMF 都是基于最优化准则推导出的极化检测器形式,基于此,本书尝试通过对散射回波预白化处理后使用 PMF 的检测方法,并对构造的这种复合检测算法检测性能进行实验仿真,发现在各种检测环境下预白化处理后匹配(PWMF)的效果与 PMF 十分吻合。

由于仿真时需要设置不同的信杂比环境,仿真时采用如下关于广义信杂比的定义:

$$\text{SCR} = \frac{T}{C} = \frac{E[\text{Span}(X_t)]}{E[\text{Span}(X_c)]} = \frac{\sigma_t(1 + 2\varepsilon_t + \gamma_t)}{\sigma_c(1 + 2\varepsilon_c + \gamma_c)} \approx \frac{\sigma_t}{\sigma_c} \quad (7.47)$$

在单视数据实验中蒙特卡洛仿真次数为20000,恒虚警概率设置为0.001,目标与杂波的关键参数如表7.4所示[167],选择表7.4所示的杂波与目标的关键参数组合,仿真得到的检测性能曲线如图7.15所示。

表 7.4　目标与杂波关键参数

	ε	γ	ρ	σ
杂波 1	0.43	1.18	0.45	0.98
杂波 2	0.16	0.89	0.65	1.05
目标	0.19	1.00	0.28	——

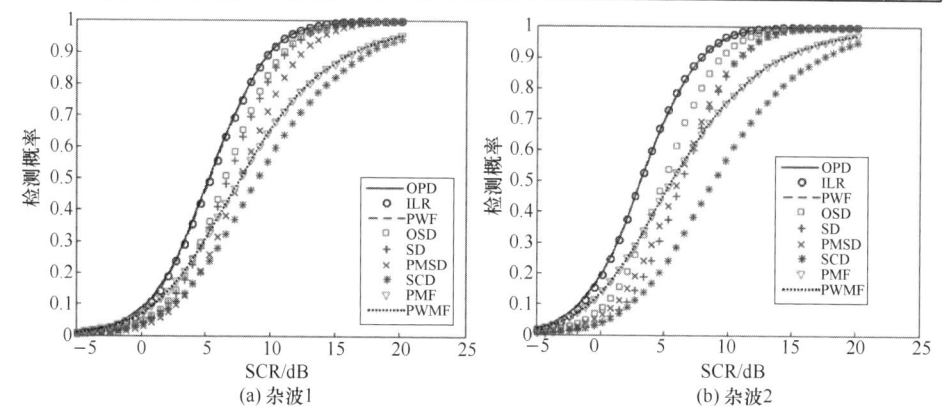

图 7.15　检测性能曲线

观察图7.15和7.16可以看出,虚警概率设置为$P_{fa}=0.001$时,OPD的检测性能最佳,ILR、PWF的检测性能与OPD十分接近,而OSD、SD、PMSD、PMF、SCD的检测性能依次递减,这也符合极化领域前人所做的工作,同时PWMF的性能曲线与PMF基本重合。

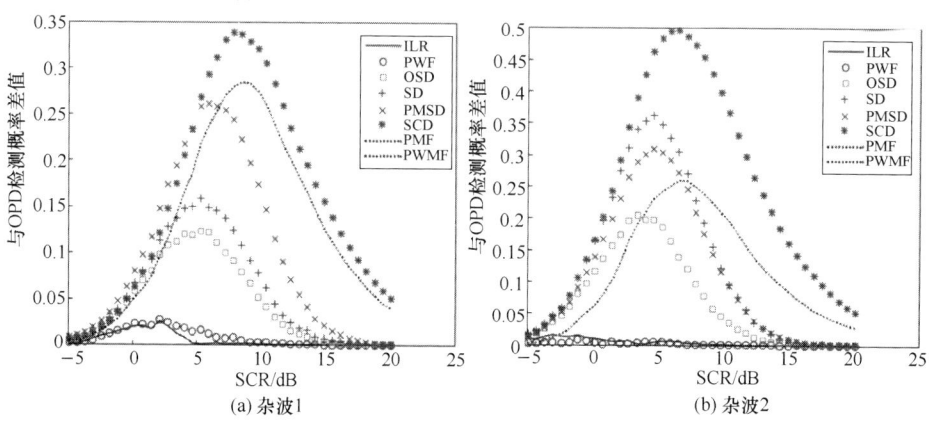

图 7.16　与OPD检测性能差别

下面对各检测器的 ROC 特性曲线进行仿真对比,选取表 7.4 所示的目标与杂波关键参数组合,设置不同的信杂比条件进行极化协方差矩阵仿真,即可得到图 7.17 所示的虚警概率为对数坐标下的 ROC 曲线。此时仍可观察到所要验证的 PWMF 与 PMF 的 ROC 曲线十分吻合,也就是说预白化处理没有改变 PMF 的检测性能。在不同的杂波环境下,PWF 与 ILR 性能十分接近,且接近 OPD 性能,SCD 在所有检测器中性能最差,对比图 7.17 中不同信杂比条件下的 ROC 曲线,可以发现:信杂比达到一定值时,信杂比越高各种检测器与 OPD 的 ROC 曲线将越接近。

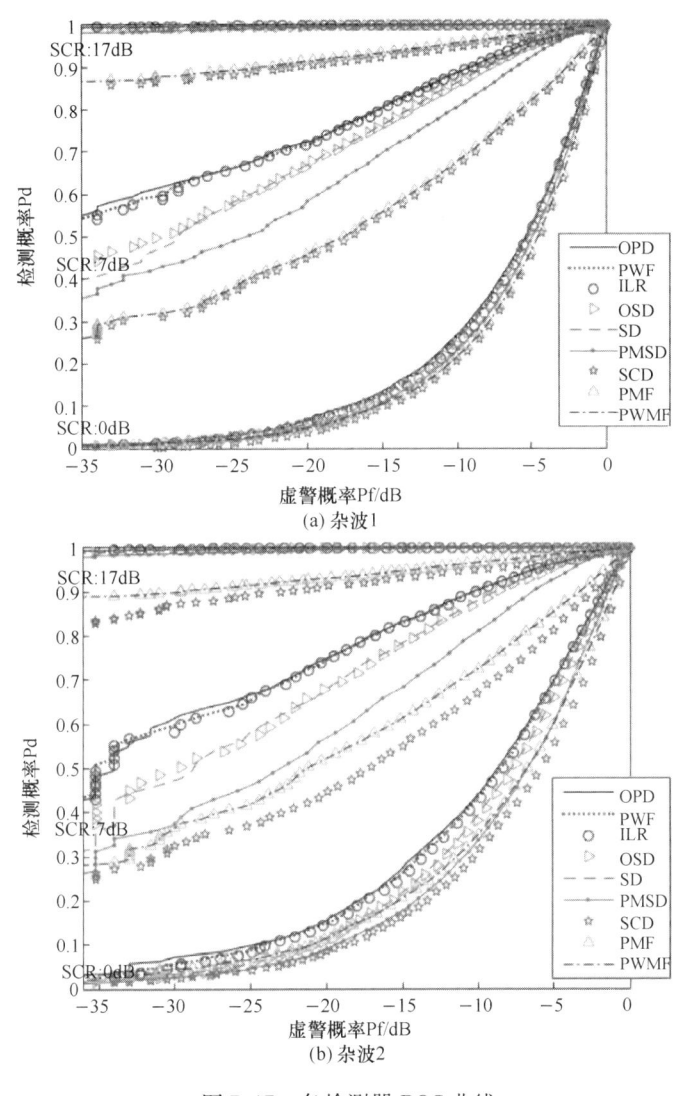

图 7.17 各检测器 ROC 曲线

为了论述的简洁性,在分析多视极化检测性能时,在多视数据情况下主要分析各检测器的 ROC 曲线,选取表 7.4 所示的目标与杂波关键参数组合检测环境,设置蒙特卡洛仿真次数为 40000,视数分别设置为 1、4、8、16,SCR 为 0dB,可以得到图 7.18(对数坐标)所示的不同视数下 MOPD、MPWF、MPMF 和 MSD 的 ROC 曲线。

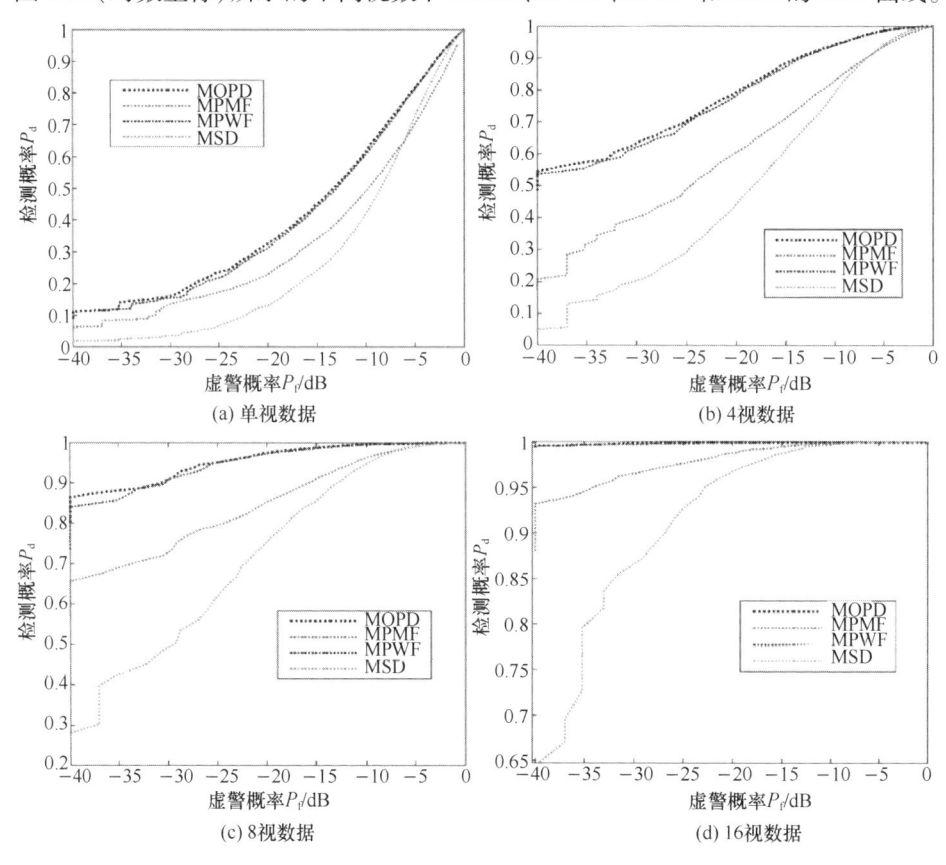

图 7.18 4 种极化检测器 ROC 曲线

从图 7.18 可以看出,在不同视图数下,MOPD 的 ROC 曲线总是高于其他检测器,MPWF 的 ROC 曲线是最接近 MOPD 的,其检测性能仅次于 MOPD,MSD 的检测性能最差,这 4 种多视检测器的检测性能排序为 MOPD > MPWF > MPMF > MSD。从图中也可以看出,对任一检测器而言(例如 MOPD),相比于单视数据,4 视、8 视、16 视处理可以依次提高该检测器的检测性能,但是这是以牺牲分辨率为代价的。

7.4 基于 MPWF 的 PolSAR 目标 CFAR 检测方法

MPWF 是目前 PolSAR 目标检测中应用最为广泛的一种检测器。MPWF 检测量为二次型形式,直接求其概率密度比较复杂,因此通过求特征函数反推概率密度函数。对于地物类型与均匀度不同的杂波,可采用不同的统计分布对 RCS 因子建模,从而可以推导出 RCS 因子服从对应统计分布时 MPWF 检测量的概率密度函数以及虚警概率,进而可得出 MPWF 检测量的理论检测性能[3]。王娜在其博士论文中作了推导,但是表示形式非常复杂,在实际应用中存在一定难度。本节在假设纹理强度分量分别为常数、伽马分布、逆伽马分布和 Fisher 分布 4 种情况下推导了 MPWF 检测中虚警概率的解析表达形式,给出门限的确定方法,并实验验证了该方法的有效性。

7.4.1 常数纹理假设下检测门限确定

MPWF 检测量服从对数正态分布这一假设只是依据经验推导,不能最佳契合检测量的数理统计分布。为此,需要一个更加符合检测量数理统计分布的模型来进行检测,在均匀区域或者低分辨条件下,PolSAR 数据的协方差矩阵一般服从常纹理系数的 Wishart 分布。与 6.3 节相同,经过多视极化白化处理后输出图像定义为

$$M = \mathrm{tr}(\pmb{\Sigma}^{-1}X) = \frac{1}{L}\sum_{i=1}^{L}x_i^\mathrm{H}\pmb{\Sigma}^{-1}x_i \qquad (7.48)$$

根据多视 PolSAR 协方差矩阵服从条件复 Wishart 分布,可推导出检测量 M 服从伽马分布[158]

$$M = \frac{1}{L}\sum_{i=1}^{L}x_i^\mathrm{H}\pmb{\Sigma}^{-1}x_i \sim \gamma(d, Ld) \qquad (7.49)$$

这里 $\gamma(a,\beta)$ 表示形状参数为 a,尺度参数为 β 的伽马分布。$\gamma(a,\beta)$ 的概率密度函数为

$$p_\gamma(a,\beta) = \frac{1}{\Gamma(\beta)}\frac{\beta}{a}\left(\frac{\beta x}{a}\right)^{\beta-1}\mathrm{e}^{-\frac{\beta x}{a}} \qquad (7.50)$$

从而推导出 M 服从的概率密度分布表达式为

$$p_M(d, Ld) = \frac{L^{Ld}x^{Ld-1}}{\Gamma(Ld)}\mathrm{e}^{-Lx} \qquad (7.51)$$

设检测阈值为 T,给定虚警概率,则根据概率论的相关知识可知:

$$p_\mathrm{fa} = \int_T^\infty p_M(d, Ld)\mathrm{d}\alpha = \Gamma[LT, dL] \qquad (7.52)$$

则 $LT = \Gamma^{-1}[P_\mathrm{fa}, dL]$,上式中 $\Gamma(x) = \int_0^\infty \mathrm{e}^{-t}t^{x-1}\mathrm{d}t$,$\Gamma(a,x) = \int_x^\infty \mathrm{e}^{-t}t^{a-1}\mathrm{d}t$,$\Gamma^{-1}[\cdot]$ 为不完全伽马函数的逆函数,所以检测门限的解析表达式为

$$T = \frac{\Gamma^{-1}[P_{fa}, dL]}{L} \tag{7.53}$$

其中,P_{fa}通常选10^{-4}或10^{-6},L通常为4视。可见常数纹理假设下的CFAR检测门限具有解析表达式,计算精度和速度具有显著优势。其中等效视图的估计参考前面章节。

当多视PolSAR协方差矩阵服从条件复Wishart分布时,刘国庆推导出等效视图数为整数的多视情况下,虚警概率关于检测门限的表达形式[168]并用于CFAR检测,但是这种方法只能适用于等效视图数为整数的情形,对于视图数为非整数情形,文献[168]中并未说明如何处理,因此暂且采用视图数四舍五入取整的办法,但这必然导致CFAR检测较差的恒虚警保持效果。本节中提出的常纹理假设下检测门限的解析表达形式突破了视图数必须为整数的限制,具有更好的恒虚警保持效果。

采用蒙特卡洛仿真方法对比各方法检测性能。首先模拟产生了不同等效视图数的Wishart分布的杂波协方差数据,然后进行了MPWF处理得到检测量,进而运用本书解析方法、刘国庆所提方法以及2P-CFAR检测算法在一定的恒虚警变化范围内得出虚警概率均方误差MSE,最后分析MSE对比结果,得出结论。

杂波和目标的协方差矩阵一般由4个参数确定,这4个参数可以事先由试验测定。文献[165]中给出的树林、草地及目标的极化协方差矩阵参数如表7.5所示,目标协方差矩阵参数在后面章节中将会用到。

表7.5 目标与杂波关键参数

	σ_{HH}	ε	γ	$\rho\sqrt{\gamma}$
树林	0.256	0.16	0.89	0.61
草地	0.086	0.19	1.03	0.53
目标		0.190	1.000	0.280

树林和草地协方差矩阵由表7.5产生,单次产生的协方差矩阵样本数为100000,重复产生次数为100,等效视图数变化范围为4~16,恒虚警概率取值为10^{-3}和10^{-4},对单次产生的杂波数据经MPWF处理后得到杂波检测量,并利用式(7.53)求解检测门限。分别用$L+1$和$L-1$代替等效视图数的向上取整和向下取整,并将其代入刘国庆所提方法计算检测门限和实际虚警概率,进而求解虚警概率均方误差MSE。而本书解析方法直接采用等效视图数L计算虚警概率MSE。假设检测量服从对数正态分布,进行2P-CFAR检测下的虚拟概率拟合后得到虚警概率MSE。这3种检测方法下的虚警概率MSE与等效视图数关系如图7.19所示。

由图7.19可以看出,在不同背景和不同虚警概率情况下,本书解析方法求得的 MSE 值均小于刘国庆所提方法和 2P-CFAR 检测算法,采用本书检测算法可以使恒虚警概率更接近实际虚警概率。此方法 MSE 值不随等效视图数变化而有较大波动,2P-CFAR 算法也具有类似特点。然而,刘国庆方法 MSE 值随等效视图数增大呈下降趋势,这是因为相比于小等效视图数,大等效视图数对于加 1 和减 1 的变化并不敏感,这就造成了虚警概率均方误差并没有因为视图数加 1 减 1 而明显地增大,MSE 值也不会明显偏大;反之,小等效视图数对加 1 减 1 的变化非常敏感,虚警概率均方误差会因为视图数加 1 减 1 而明显变大,因此 MSE 值也会偏大。

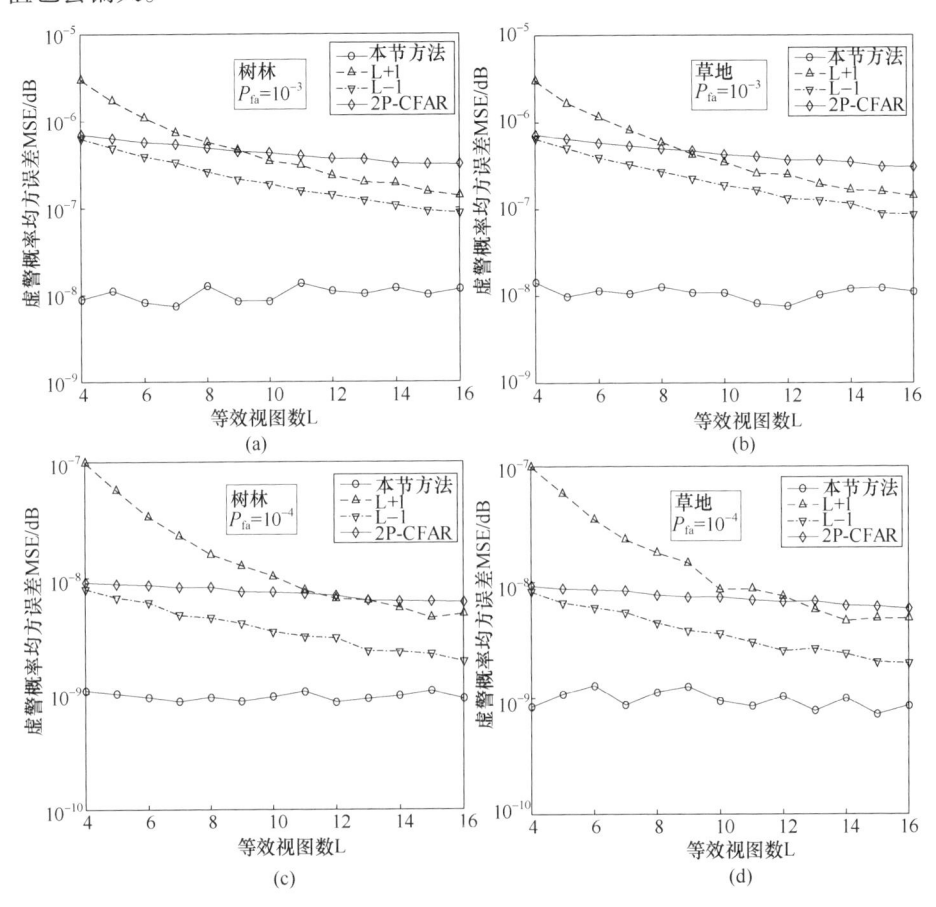

图 7.19 虚警概率 MSE 随等效视图数变化图

采用 2000 年美航局对日本玉野 Kojimawan 附近区域得到的 AIRSAR 全极化数据集进行实际目标检测实验(由 ASF 网站下载,网址:https://vertex.daac.asf.alaska.edu/),方位向视图数为 9,距离向视图数为 1,数据集分别包含 L 波段和 C 波段数据,本书采用 L 波段数据进行分析。该区域等效视图数估计结果为

3.7，图 7.20(a)为 L 波段数据部分区域，图 7.20(a)中 A 区域为 CFAR 检测区域，A 区域舰船目标如图 7.20(b)所示。模型辨识结果如图 7.20(c)所示。由图 7.20(c)可以看出，A 区域 k_2/k_3 散点图非常接近 Wishart 分布原点，因此该区域杂波协方差矩阵可认为基本服从 Wishart 分布。

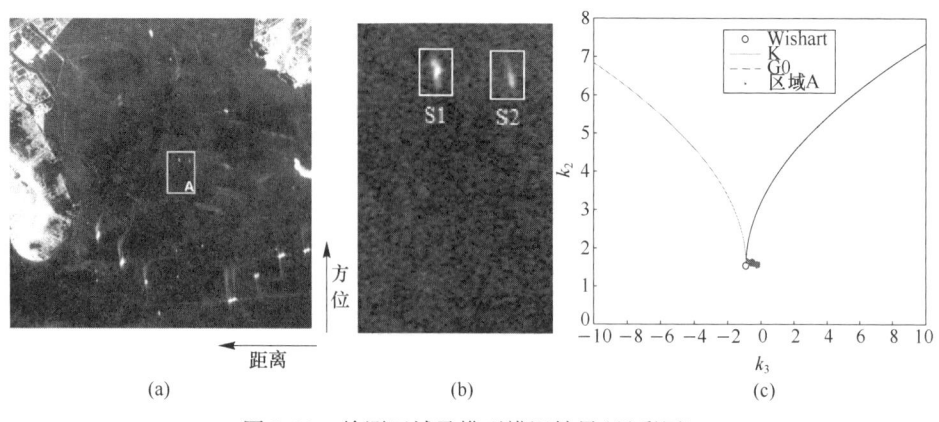

图 7.20　检测区域及模型辨识结果(见彩图)

对图 7.20(b)中白色边框以外的杂波区域协方差矩阵平均后得到白化协方差矩阵 $\mathbf{\Sigma}$，白化处理后得到 MPWF 检测量。分别对该区域等效视图数向下取整和向上取整，结果分别为 3 和 4，并利用式(7.53)得到检测门限。CFAR 检测恒虚警概率分别取值为 5×10^{-3}，10^{-3} 和 5×10^{-4}。本节方法，刘国庆检测方法和 2P-CFAR 检测方法的检测结果如图 7.21 所示，图 7.21 中 P_{fa} 为虚警概率，图(a)、(b)、(c)、(d)是虚警概率为 5×10^{-3} 时的检测结果，图(e)、(f)、(g)、(h)是虚警概率为 10^{-3} 时的检测结果，图(i)、(j)、(k)、(l)是虚警概率在 5×10^{-4} 时的检测结果，实际虚警概率值如表 7.6 所示。

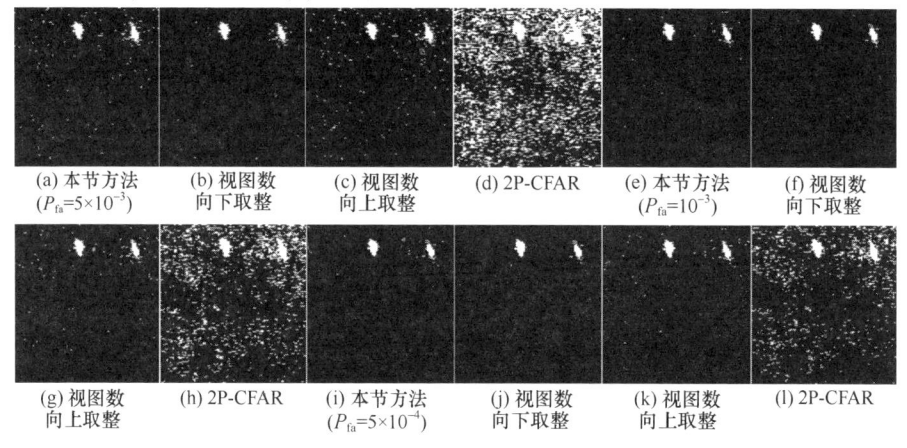

图 7.21　各方法检测结果

表7.6 CFAR检测实际虚警概率值

	本节方法	刘国庆方法（视图数向下取整）	刘国庆方法（视图数向上取整）	2P-CFAR
恒虚警概率设置	5.00×10^{-3}	5.00×10^{-3}	5.00×10^{-3}	5.00×10^{-3}
实际虚警概率	6.10×10^{-3}	0.64×10^{-3}	10.1×10^{-3}	0.3025
恒虚警概率设置	10^{-3}	10^{-3}	10^{-3}	10^{-3}
实际虚警概率	1.10×10^{-3}	0	3.70×10^{-3}	0.1144
恒虚警概率设置	5.00×10^{-4}	5.00×10^{-4}	5.00×10^{-4}	5.00×10^{-4}
实际虚警概率	5.67×10^{-4}	0	21.0×10^{-4}	0.0664

从图7.21中可以看出,在不同的恒虚警概率设置下,对视图数进行向下取整处理之后的CFAR检测对虚警点的抑制效果最好,但是结合表7.6来看,在不同的恒虚警概率设置下,视图数向下取整检测方法的实际虚警概率与所设置的恒虚警概率差别较大,该方法无法保证CFAR检测虚警概率恒定的假设前提。图7.21中可看到,本节提出的解析方法并不是对杂波抑制效果最好的,但是从表7.6中可以看出,本节方法的实际虚警概率与所设置的恒虚警概率最为接近,更好地保证了CFAR检测的恒虚警假设,而实际上,要想获得对杂波更好地抑制效果,只需降低所设恒虚警概率即可。

7.4.2 伽马分布假设下检测门限确定

在高分辨或者非均匀区域,杂波区域往往采取K分布进行建模,对应的纹理强度服从伽马分布,即 $\tau \sim \gamma(1,\alpha)$,参见2.3节。根据乘积模型假设,结合7.4.1节相干斑分量也服从伽马分布的假设,参考6.3节的乘积模型MPWF性质,可知此时伽马纹理分布下的MPWF的输出为两个独立伽马变量的乘积。即

$$z = \frac{\tau}{E\{\tau\}}\mathrm{tr}(\Gamma^{-1}Y) = \tilde{\tau}x \tag{7.54}$$

这里,$\tilde{\tau} = \tau/E\{\tau\}$ 为归一化的纹理分量,$x = \mathrm{tr}(\Gamma^{-1}Y)$,可知 x 服从尺度参数为 d,形状参数为 Ld 的伽马分布[158],即

$$x \sim \gamma(d, Ld) = \frac{L^{Ld}x^{Ld-1}}{\Gamma(Ld)}\mathrm{e}^{-Lx} \tag{7.55}$$

其中伽马分布 $\gamma(u,d)$ 的PDF见式(2.23)。$\tilde{\tau} = \tau/E\{\tau\}$ 服从归一化的伽马分布,即 $\tilde{\tau} \sim \gamma(1,\alpha) = \frac{\alpha^{\alpha}}{\Gamma(\alpha)}y^{\alpha-1}\exp(-\alpha y)$。

那么,z 服从所谓的伽马-伽马分布,也就是一般K分布的平方根,即[169]

$$f_z(z;\alpha,L,d) = \frac{2(\alpha L)^{\frac{\alpha+Ld}{2}} z^{\frac{\alpha+Ld}{2}-1}}{\Gamma(Ld)\Gamma(\alpha)} K_{\alpha-Ld}[2(\alpha Lz)^{1/2}] \quad (7.56)$$

其中 $K_\nu(g)$ 是 ν 阶修正贝塞尔函数，$\Gamma(g)$ 是伽马函数，$E(z)=d$，$E(g)$ 表示数学期望。其参数估计方法请参照 6.3 节。

利用 MeijerG 函数的性质，有

$$G_{0,2}^{2,0}[x \mid a,b] = 2x^{1/2(a+b)} K_{a-b}(2x^{1/2}) \quad (7.57)$$

与积分公式

$$\int_0^y x^{\alpha-1} G_{p,q}^{m,n}\left[\omega x \left| \begin{matrix}(a_p)\\(b_q)\end{matrix}\right.\right] dx = y^\alpha G_{p+1,q+1}^{m,n+1}\left[\omega y \left| \begin{matrix}a_1,\cdots a_n, 1-\alpha, a_{n+1},\cdots a_p\\b_1,\cdots b_m, -\alpha, b_{m+1},\cdots b_q\end{matrix}\right.\right]$$

$$(7.58)$$

其累积分布函数为

$$F_z(z;\alpha,L,d) = \frac{1}{\Gamma(Ld)\Gamma(\alpha)} G_{1,3}^{2,1}\left[\alpha Lz \left|\begin{matrix}1\\ \alpha,Ld,0\end{matrix}\right.\right] \quad (7.59)$$

易得在检测门限为 T 的假设下，其虚警概率为

$$P_{fa} = 1 - F_z(T;\alpha,L,d) = 1 - \frac{1}{\Gamma(Ld)\Gamma(\alpha)} G_{1,3}^{2,1}\left[\alpha LT \left|\begin{matrix}1\\ \alpha,Ld,0\end{matrix}\right.\right] \quad (7.60)$$

其中 $G(g)$ 是 MeijerG 函数，参见 4.3 节。那么通过设置合理的虚警概率 P_{fa}，即可通过式(7.60)推算出检测门限。由于 MeijerG 函数计算比较复杂，可以通过数值计算的方法求出具体的检测门限的准确值。当然参数估计的准确性对检测门限的求解至关重要，准确高效的纹理参数和等效视图数参数估计方法参考前面章节。

刘国庆在 K 分布情形下推导出多视情况下虚警概率关于检测门限的表达形式[168]，但该 CFAR 检测方法的虚警概率表达式要求等效视图数必须为整数，但是等效视图数的估计一般不为整数，取整计算则会降低该 CFAR 检测算法的精度。本节提出的伽马分布假设下的虚警概率表达式突破了等效视图数必须为整数的限制，必然可以提高 CFAR 检测的恒虚警保持效果。

Jiang[170] 基于多视极化匹配滤波(MPMF)提出了 K 分布下虚警概率的解析表达式，并由王娜、种劲松等人用于 CFAR 检测。图 7.22 为本节方法、基于 MPMF 的 CFAR 检测方法以及 2P-CFAR 检测在不同 a 下 CFAR 检测的实际虚警概率值。图中 MPWF 代表基于 MPWF 检测量的本节所提方法，MPMF 代表基于 MPMF 检测量的 CFAR 检测方法。杂波和目标各极化参数如表 7.5 所示，等效视图数设为 4，目标杂波比(TCR)设置为 1，杂波纹理变量形状参数 a 变化范围

为 0.2～19.2,假设目标也为 K 分布,设置目标纹理变量为 3,恒虚警概率设置为 10^{-3}。对于某一形状参数 a,仿真得到的杂波和目标数据量各为 10000,根据所设恒虚警概率即可得到检测门限和实际虚警概率,重复上述检测过程 100 次并取平均值作为该形状参数 a 下的实际虚警概率。改变 a 值并重复上述检测过程即得到实际虚警概率随 a 的变化曲线如图 7.22 所示。

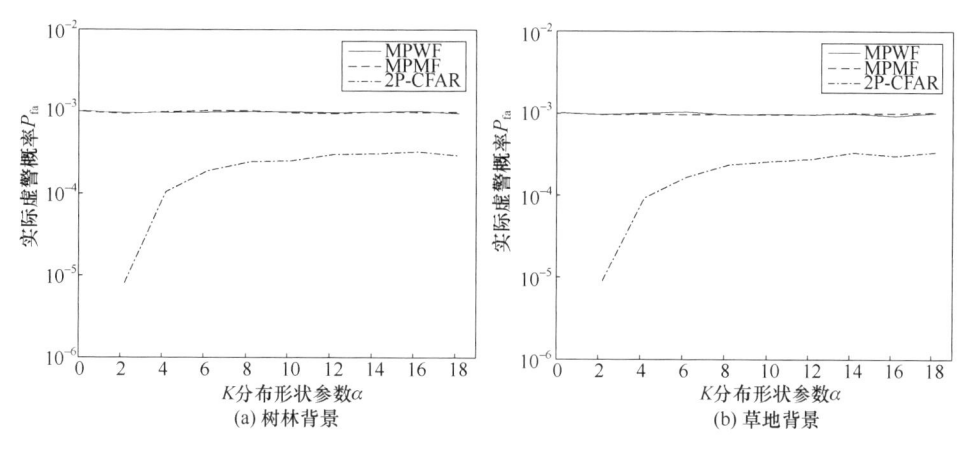

图 7.22 各检测方法实际虚警概率 P_{fa} 与形状参数 a 关系图

从图 7.22(a)、(b)可以看出,在 a 变化范围内,本节方法和基于 MPMF 检测量的 CFAR 检测方法的实际虚警概率均非常接近 10^{-3},可以很好地保证恒虚警效果,而 2P-CFAR 检测的实际虚警概率值与 10^{-3} 相差较大,不能保证恒虚警效果,这是因检测量不服从对数正态分布引起的。图 7.23 给出了树林背景下本节方法和基于 MPMF 检测量的 CFAR 检测方法的检测性能曲线,由于经典的 2P-CFAR 检测器在 K 分布下不能保证恒虚警前提,因此未分析其检测性能。其中恒虚警概率设置为 10^{-3},目标形状参数为 3,等效视图数设为 4。

可以看出,在不同 a 下,两种方法的检测概率曲线均存在交点,当 a 较小时,交点横坐标较大,当 a 较大时,交点横坐标较小。a 实际上反映了杂波区域的均匀程度,随着 a 的增大,区域更加均匀,杂波协方差矩阵越来越接近 Wishart 分布,经 MPWF 或 MPMF 处理后得到的检测量则更加接近伽马分布,当 a 趋近于无穷大时,K 分布 PDF 式(7.56)退化为伽马分布,MPWF 和 MPMF 检测量也相应地服从伽马分布,因此当 a 取较大值 20 时,本节新方法检测性能几乎始终优于基于 MPMF 的 CFAR 检测方法也不难理解。

采用日本玉野 Kojimawan 附近 AIRSAR 数据(与 7.4.1 节所用数据集相同)进行 CFAR 检测性能比较,比较的检测方法为本节方法、基于 MPMF 检测量的 CFAR 检测方法以及 2P-CFAR 检测方法。选择数据集中的 L 波段数据进行 CFAR 检测,检测区域如图 7.24(a)所示,模型辨识结果如图 7.24(b)所示,可以

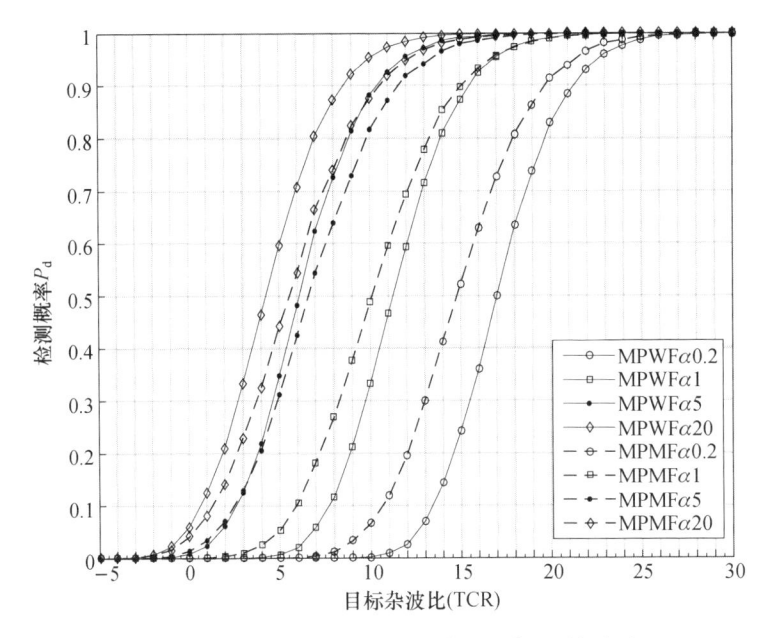

图 7.23　目标杂波比 TCR 和检测概率 P_d 关系图

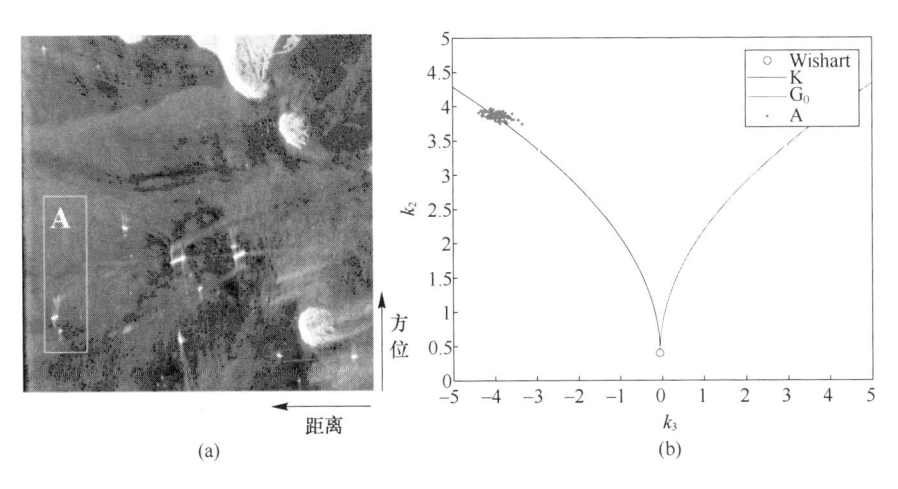

图 7.24　检测区域及模型辨识结果（见彩图）

看出，区域 A 散点均落于 K 分布曲线附近，因此可认为区域 A 杂波服从 K 分布。

对区域 A 的所有杂波和目标的协方差矩阵取平均作为杂波和目标协方差矩阵，分别经过 MPWF 和 MPMF 处理得到检测量。区域 A 的等效视图数和 a 估计结果分别为 3.4 和 0.8。采用本节方法、基于 MPMF 检测量的 CFAR 检测方法以及 2P-CFAR 检测方法对区域 A 进行 CFAR 检测，恒虚警概率设置为 10^{-3} 和 10^{-4}，检测结果如图 7.25 所示。

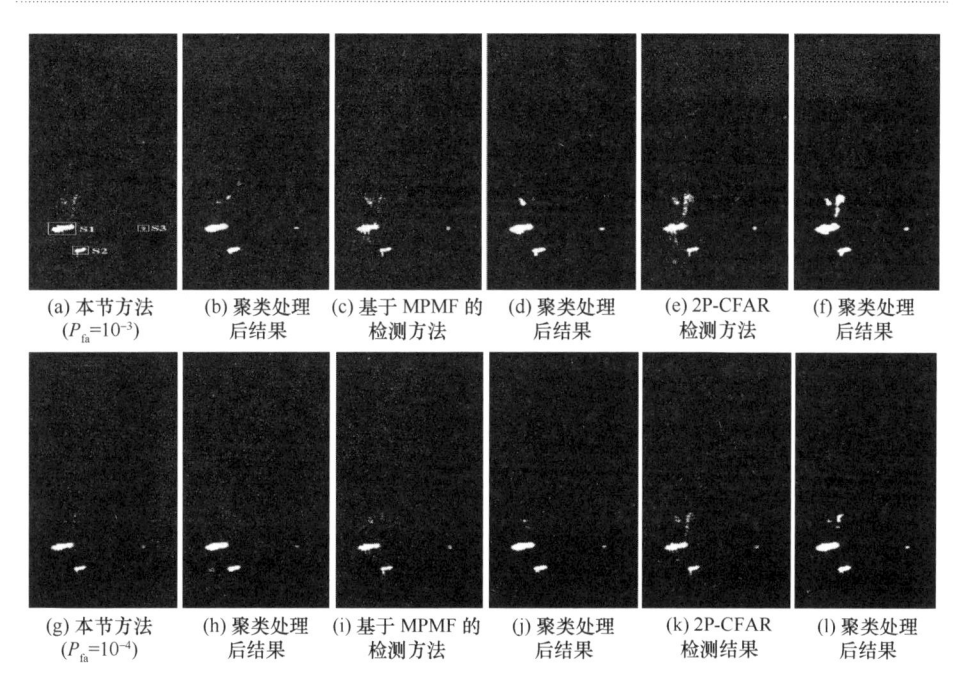

(a) 本节方法 (b) 聚类处理 (c) 基于 MPMF 的 (d) 聚类处理 (e) 2P-CFAR (f) 聚类处理
$(P_{fa}=10^{-3})$ 后结果   检测方法   后结果   检测方法   后结果

(g) 本节方法 (h) 聚类处理 (i) 基于 MPMF 的 (j) 聚类处理 (k) 2P-CFAR (l) 聚类处理
$(P_{fa}=10^{-4})$ 后结果   检测方法   后结果   检测结果   后结果

图 7.25 区域 A 检测结果

图 7.25(a)、(g)中 P_{fa} 为设置的恒虚警概率。图(a)、(c)、(e)分别为本节方法、修正后的基于 MPMF 检测量的检测方法和 2P-CFAR 检测方法的检测结果图,图(b)、(d)、(f)分别为图(a)、(c)、(e)像素聚类处理后的结果。当恒虚警概率设置为 10^{-3} 时,图(a)、(c)、(e)中 3 个舰船目标均可以被检测出来,但是虚警数量方面,图(a)中最少,图(c)中次之,图(e)中最多,经像素聚类处理后,图(b)中虚警面积最小,图(d)中虚警面积次之,图(f)中虚警面积最大,图(e)和图(f)中虚警已经严重影响了对真实目标的判断。当恒虚警概率取为 10^{-4} 时,3 种方法的虚警均得到了不同程度的抑制,图(g)中仅存在极少量虚警,经聚类处理后虚警已全部消失,图(i)中相比于图(c)来说虚警得到了很好地抑制,但经聚类处理后仍然存在,图(k)中仍然是这 3 种检测方法中虚警最多的,经聚类处理后仍然存在大量虚警。从检测结果来看,本节方法对区域 A 的检测结果是最好的,在保证没有漏警的情况下最大程度抑制了虚警。

表 7.7 给出了 CFAR 检测结果的各项参数,其中,N_{td} 为实际检测到的目标个数,N_{fa} 为虚警区域个数,N_{om} 为漏警数,FoM 为品质因数[171],品质因数定义如下:

$$\mathrm{FoM} = \frac{N_{td}}{(N_{fa} + N_{gt})} \tag{7.61}$$

其中,N_{gt}为目标的实际个数。从表7.7可以更直观地看出,本节检测方法结果中虚警区域个数始终是最少的,同时品质因数始终是最高的,检测性能最优。

表7.7 区域A恒虚警检测结果各项参数

TCR/dB	恒虚警概率设置	检测方法	N_{td}	N_{fa}	N_{om}	FoM/%
15.8012	10^{-3}	本节方法	3	2	0	60.00
		MPMF	3	2	0	60.00
		2P-CFAR	3	3	0	50.00
	10^{-4}	本节方法	3	0	0	10.00
		MPMF	3	1	0	75.00
		2P-CFAR	3	3	0	50.00

7.4.3 逆伽马分布假设下检测门限确定

对于实测数据中包含不同类型、均匀性变化很大的地物杂波场景,利用伽马分布对地物RCS建模并不足以准确描述杂波区域的统计特性。此时逆伽马分布显示出其在不均匀程度较高区域的优秀建模能力,具有更为广泛的应用场景。因此需要讨论纹理变量服从逆伽马分布时其虚警概率的解析表达式以及检测门限的确定方法。

归一化逆伽马分布的表达式为

$$\gamma^{-1}(\lambda) = \frac{(\lambda-1)^\lambda}{\Gamma(\lambda)} \frac{1}{y^{\lambda+1}} \exp\left(\frac{1-\lambda}{y}\right) \quad \lambda > 1 \quad (7.62)$$

相干斑分量经匹配滤波后的输出量的分布为$x \sim \gamma(d, Ld)$,即

$$p_x(d, Ld) = \frac{L^{Ld} x^{Ld-1}}{\Gamma(Ld)} e^{-Lx} \quad (7.63)$$

那么利用两个独立变量乘积的概率密度函数求解方法,得到其概率密度函数可表示为

$$\begin{aligned} f_z(z) &= \int_0^{+\infty} \frac{1}{y} p_x(d, Ld) \gamma^{-1}(y; \lambda) \mathrm{d}y \\ &= \frac{L^{Ld} z^{Ld-1}}{\Gamma(Ld)} \frac{(\lambda-1)^\lambda}{\Gamma(\lambda)} \int_0^{+\infty} \frac{1}{y^{Ld+\lambda+1}} \exp\left(\frac{1-\lambda-Lz}{y}\right) \mathrm{d}y \end{aligned} \quad (7.64)$$

应用伽马函数的定义,即

$$h^{-1} a^{s/h} \Gamma(-s/h) = \int_0^{+\infty} x^{s-1} \exp(-ax^{-h}) \mathrm{d}x \quad a>0, h>0 \quad (7.65)$$

得到

$$f_z(z) = \frac{L^{Ld}z^{Ld-1}}{\Gamma(Ld)}\frac{(\lambda-1)^\lambda}{\Gamma(\lambda)}\int_0^{+\infty}y^{-(Ld+\lambda)-1}\exp\left(-(\lambda+Lz-1)\frac{1}{y}\right)dy$$

$$= \frac{L^{Ld}z^{Ld-1}(\lambda-1)^\lambda\Gamma(Ld+\lambda)}{\Gamma(Ld)\Gamma(\lambda)(\lambda+Lz-1)^{Ld+\lambda}} \tag{7.66}$$

其累积分布函数为

$$F_z(z) = \int_0^z \frac{L^{Ld}(\lambda-1)^\lambda\Gamma(Ld+\lambda)}{\Gamma(Ld)\Gamma(\lambda)}\frac{x^{Ld-1}}{(\lambda+Lx-1)^{Ld+\lambda}}dx \tag{7.67}$$

根据积分公式

$$\int_0^z \frac{x^{\mu-1}}{(1+\beta x)^\nu}dx = \frac{z^\mu}{\mu}{}_2F_1(\nu,\mu;1+\mu;-\beta z) \tag{7.68}$$

可得

$$F_z(z) = \frac{L^{Ld}\Gamma(Ld+\lambda)}{\Gamma(Ld)\Gamma(\lambda)(\lambda-1)^{Ld}}\int_0^z \frac{x^{Ld-1}}{\left(1+\frac{L}{\lambda-1}x\right)^{Ld+\lambda}}dx$$

$$= \frac{\Gamma(Ld+\lambda)}{\Gamma(Ld)\Gamma(\lambda)Ld}\left(\frac{Lz}{\lambda-1}\right)^{Ld}{}_2F_1\left(Ld+\lambda,Ld;1+Ld;-\frac{Lz}{\lambda-1}\right)$$

$$\tag{7.69}$$

可见其虚警概率为

$$P_{\text{fa}} = 1 - F_z(T;\alpha,L,d)$$

$$= 1 - \frac{\Gamma(Ld+\lambda)}{\Gamma(Ld)\Gamma(\lambda)Ld}\left(\frac{LT}{\lambda-1}\right)^{Ld}{}_2F_1\left(Ld+\lambda,Ld;1+Ld;-\frac{LT}{\lambda-1}\right)$$

$$\tag{7.70}$$

其中,${}_2F_1()$为高斯超几何函数[3]。那么通过设置合理的虚警概率 P_{fa},即可通过式(7.70)推算出检测门限 T。由于${}_2F_1()$函数计算比较复杂,可以通过数值计算的方法求出具体的检测门限的准确值。当然参数估计的准确性对检测门限的求解至关重要,准确高效的纹理参数和等效视图数参数估计方法参考前面章节。

王娜[94]在逆伽马分布假设下提出了基于 MPMF 检测量的 CFAR 检测方法,在常数纹理分布假设下,MPWF 检测性能是最接近 OPD 的,但是在逆伽马分布假设下,MPWF 检测性能是否仍是最接近 OPD 检测性能的呢?MPWF 与 MPMF 相比检测性能如何呢?图 7.26 给出了不同的 CFAR 检测方法中实际虚警概率随 λ 的变化图,TCR 设置为 1,恒虚警概率设置为 10^{-3},各项极化参数如表 7.4。

图 7.26 中 MPWF 代表本节方法,MPMF 代表基于 MPMF 检测量的文献[94]中检测方法。从图 7.26(a)、(b)中可以看出,本节方法和文献[94]中检测方法的实际虚警概率始终保持在 10^{-3} 附近,与设置的恒虚警概率吻合良好,而

(a) 树林杂波

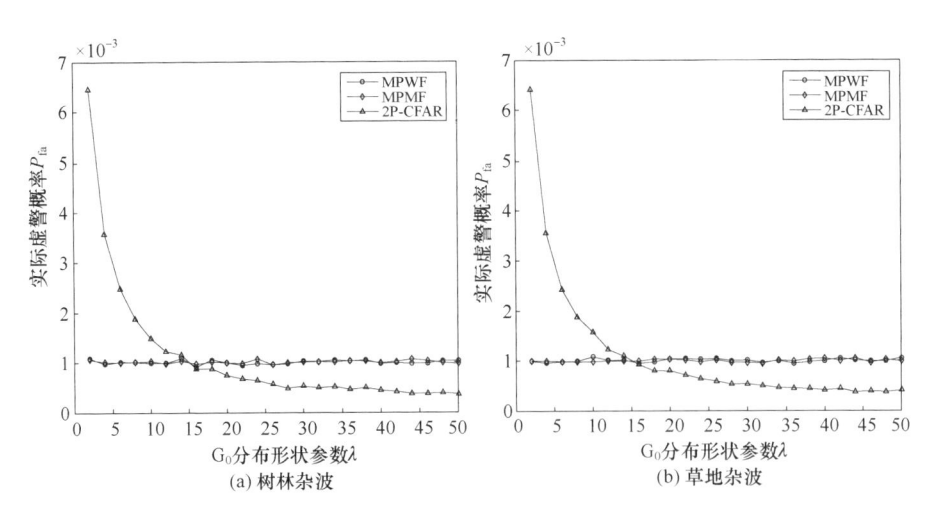

(b) 草地杂波

图 7.26　实际虚警概率 P_{fa} 随形状参数 λ 关系图

2P-CFAR 检测结果中,绝大多数情况下实际虚警概率与恒虚警概率相差较大。可见 2P-CFAR 检测无法很好地保证恒虚警效果,这本质上是由于检测量不服从对数正态分布引起的。

考虑到对数正态分布并不能很好地拟合 G0 杂波,在实际 CFAR 检测中必然因杂波模型不匹配造成恒虚警概率难以保持,因此仅比较本节方法和文献 [94] 中检测方法的理论性能。图 7.27 为这两种检测方法的检测概率随 TCR 的关系图,恒虚警概率设置为 10^{-3}。

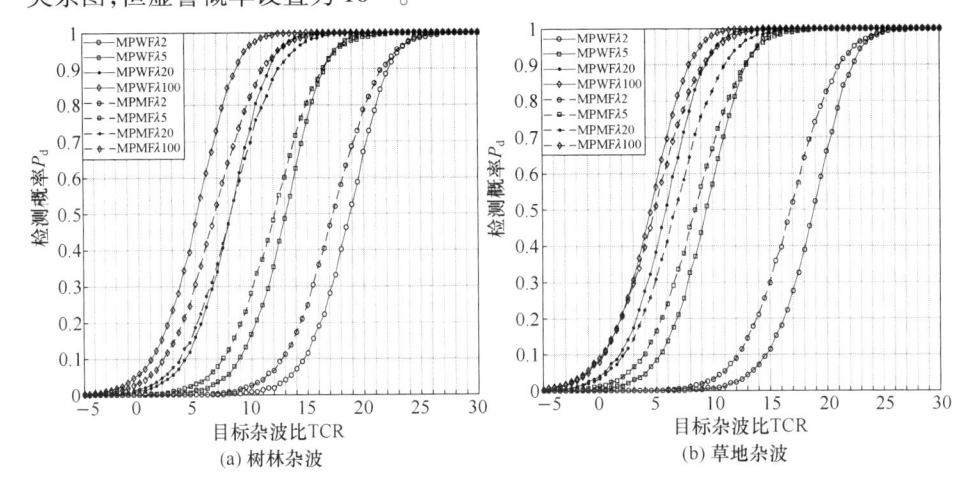

(a) 树林杂波

(b) 草地杂波

图 7.27　目标杂波比 TCR 随检测概率 P_d 关系图

可以看出,在不同 λ 下,两种方法的检测概率曲线均存在交点,当 λ 较小时,交点横坐标较大,当 λ 较大时,交点横坐标较小。λ 实际上反映了杂波区域的均匀程度,随着 λ 的增大,区域更加均匀,杂波协方差矩阵越来越接近 Wishart 分布,经 MPWF 或 MPMF 处理后得到的检测量则更加接近 G0 分布,当 λ 趋近于无穷大时,G0 分布 PDF 式(7.66)退化为伽马分布,MPWF 和 MPMF 检测量也相应地服从伽马分布,因此当 λ 取较大值 100 时,本节方法检测性能始终优于文献[94]中方法也不难理解。当 TCR 大于两种方法性能曲线交点时,本节方法的检测效果将好于文献[94]中检测方法,反之,当 TCR 小于曲线交点时,文献[94]中检测方法性能将好于本节方法。

采用日本玉野 Kojimawan 附近区域 AIRSAR 数据(与 7.4.1 节所用数据集相同)进行 CFAR 检测结果比较。选择数据为 L 波段数据,检测区域如图 7.28(a)中 A、B 所示。

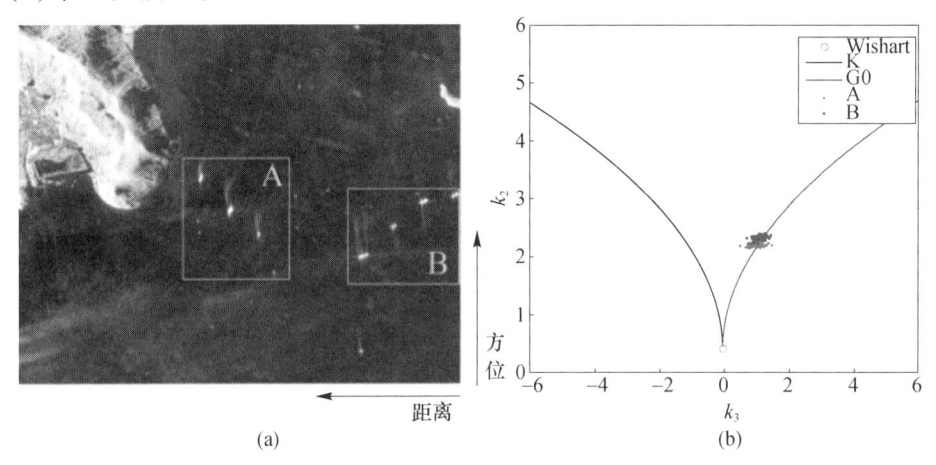

图 7.28 检测区域及模型辨识结果(见彩图)

检测区域 A、B 的模型辨识结果如图 7.28(b)所示,从辨识结果来看,两个区域的 k_2/k_3 散点图均落于 G0 分布曲线上,因此可以判断 A、B 区域大致服从 G0 分布。图 7.29 中黄色矩形边框中为待检测目标。

对区域 A、B 的所有杂波和目标的协方差矩阵取平均作为杂波和目标协方差矩阵,分别经过 MPWF 和 MPMF 处理得到检测量。区域 A、B 的等效视图数估计结果分别为 3.5 和 3.7,λ 估计结果均为 6.3。区域 A、B 的 TCR 分别为目标和杂波协方差矩阵迹的比值的功率形式,TCR 分别为 24.1dB 和 23.1dB。采用本节提出的新方法和文献[94]中的检测方法以及 2P-CFAR 检测方法分别对区域 A、B 进行 CFAR 检测,检测结果如图 7.30、图 7.31 所示。

图 7.30(a)、图 7.31(a)中 P_{fa} 代表设置的恒虚警概率。当恒虚警概率设置为 10^{-4} 时,图 7.30(a)中的 7 个舰船目标都可以被检测出来,海洋杂波区域有少量虚警点。图(c)中舰船目标也可以被检测出来,但是虚警点数量显著增加。

(a)　　　　　　　　　　　　　　(b)

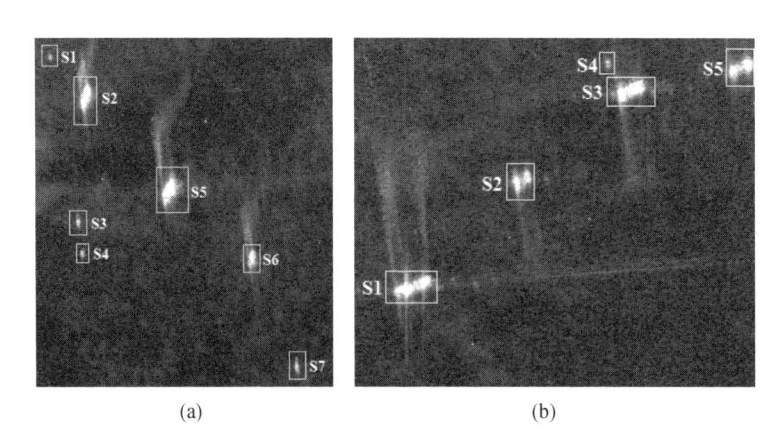

图 7.29　检测区域目标(见彩图)

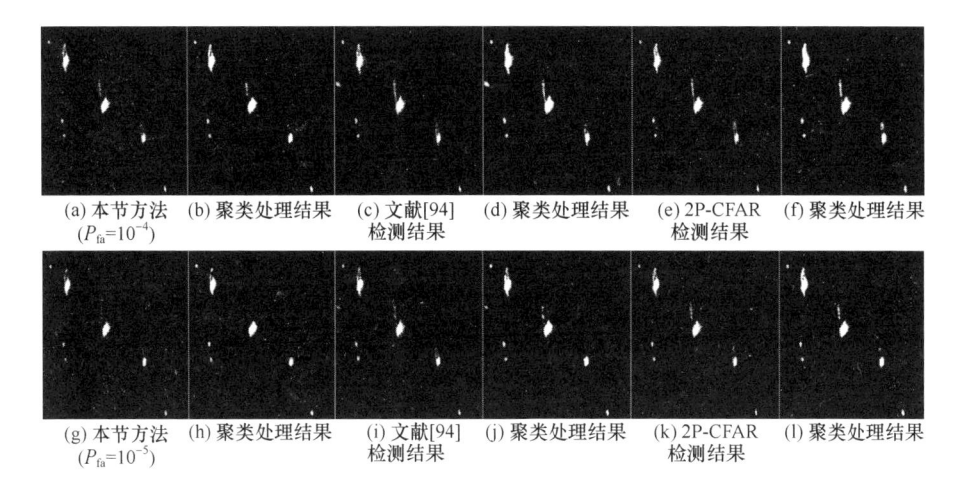

(a) 本节方法 ($P_{fa}=10^{-4}$)　(b) 聚类处理结果　(c) 文献[94]检测结果　(d) 聚类处理结果　(e) 2P-CFAR检测结果　(f) 聚类处理结果

(g) 本节方法 ($P_{fa}=10^{-5}$)　(h) 聚类处理结果　(i) 文献[94]检测结果　(j) 聚类处理结果　(k) 2P-CFAR检测结果　(l) 聚类处理结果

图 7.30　区域 A 检测结果图

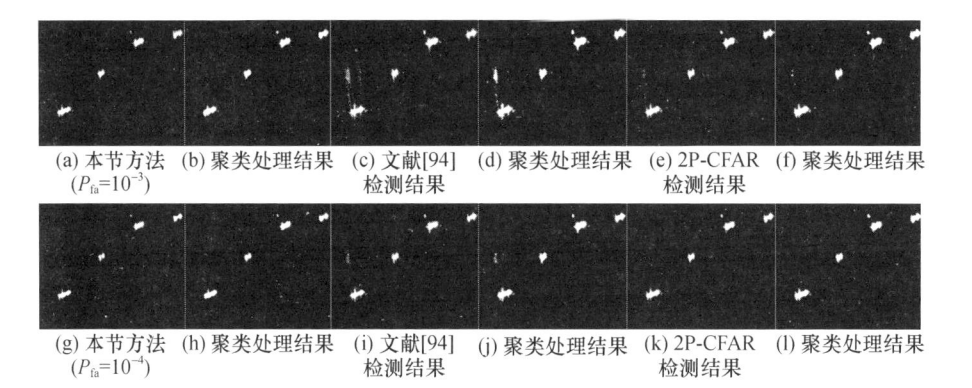

(a) 本节方法 ($P_{fa}=10^{-3}$)　(b) 聚类处理结果　(c) 文献[94]检测结果　(d) 聚类处理结果　(e) 2P-CFAR检测结果　(f) 聚类处理结果

(g) 本节方法 ($P_{fa}=10^{-4}$)　(h) 聚类处理结果　(i) 文献[94]检测结果　(j) 聚类处理结果　(k) 2P-CFAR检测结果　(l) 聚类处理结果

图 7.31　区域 B 检测结果图

图(e)中虚警数量相比图(a)来说也有少量增加。图(b)、(d)、(f)分别为图(a)、(c)、(e)经过聚类处理后的结果,可以看出,图(b)中虚警数量相比图(d)、(f)仍然是最少的。当恒虚警概率设置为 10^{-5} 时,图(g)中仅有极少数虚警点,经过聚类处理后虚警点已基本滤除,图(i)、(k)中仍有较多虚警,经过聚类处理后仍留有较多虚警点,这些虚警点易被误认为目标。

当恒虚警概率设置为 10^{-3} 时,图7.31(a)中检测效果是最好的,目标全部被检出且基本没有虚警点存在,图(c)中虚警比较严重,图(e)中虚警数相比图(c)较少。经过聚类处理后,图(a)中虚警已基本滤除,图(d)中出现了大块虚警区域,极易被误认为目标,图(f)中只剩少量虚警,对目标检测不会造成太大影响。当恒虚警概率设置为 10^{-4} 时,图(g)、(i)、(k)中检测结果均有不同程度的改善,但图(i)中仍存在可能影响目标检测的虚警区域,经过聚类处理后仍未得到有效改善。从图7.30、图7.31的检测结果来看,本节提出的CFAR检测新方法检测性能始终优于文献[94]中所提方法和2P-CFAR检测,这体现在对虚警区域更好地抑制效果上。

表7.8给出了检测结果的各项参数,从表7.8可以更直观地看出,本节检测方法结果中虚警区域个数始终是最少的,同时品质因数始终是最高的,检测性能最优。

表7.8 舰船检测结果各项参数

区域	TCR/dB	恒虚警概率设置	检测方法	N_{td}	N_{fa}	N_{om}	FoM/%
A	24.0824	10^{-4}	本节方法	7	2	0	77.78
			文献[16]中检测方法	7	3	0	70.00
			2P-CFAR	7	2	0	77.78
		10^{-5}	本节方法	7	1	0	87.50
			文献[16]中检测方法	7	3	0	70.00
			2P-CFAR	7	2	0	77.78
B	23.0963	10^{-3}	本节方法	5	1	0	83.33
			文献[16]中检测方法	5	7	0	41.67
			2P-CFAR	5	5	0	50.00
		10^{-4}	本节方法	5	0	0	100.00
			文献[16]中检测方法	5	2	0	71.43
			2P-CFAR	5	1	0	83.33

7.4.4 Fisher分布假设下检测门限确定

Fisher分布为3参数模型,相比于伽马分布和逆伽马分布的双参数模型,

Fisher 分布具有更广泛的应用场景[172]。假设纹理变量服从 Fisher 分布,则由式(7.54)的 MPWF 检测量表达式可知,$\tilde{\tau}$ 服从归一化 Fisher 分布,即

$$\tilde{\tau} \sim \phi(u,v) = \frac{\Gamma(u+v)}{\Gamma(u)\Gamma(v)} \frac{v}{u-1} \frac{\left(\frac{v}{u-1}\tilde{\tau}\right)^{v-1}}{\left(\frac{v}{u-1}\tilde{\tau}+1\right)^{u+v}} \qquad (7.71)$$

其中,u 和 v 分别为 Fisher 分布的自由度,$\Gamma(g)$ 为伽马函数。已知式(7.54)中 x 服从尺度参数为 d,形状参数为 Ld 的伽马分布[158]

$$x \sim \gamma(d,Ld) = \frac{L^{Ld} x^{Ld-1}}{\Gamma(Ld)} e^{-Lx} \qquad (7.72)$$

根据概率论的相关知识,可得 MPWF 检测量的 z 的 PDF 为

$$f(z) = \int_0^{+\infty} f(z,\tilde{\tau}) \mathrm{d}\tilde{\tau} = \int_0^{+\infty} f(x,\tilde{\tau}) J \mathrm{d}\tilde{\tau} = \int_0^{+\infty} \gamma(d,Ld)\phi(u,v) J \mathrm{d}\tilde{\tau}$$

$$(7.73)$$

其中,J 为雅可比行列式,$J = \frac{\partial(x)}{\partial(z)} = \frac{1}{\tilde{\tau}}$,将 $x = \frac{z}{\tilde{\tau}}$ 代入式(7.73),则式(7.73)可化为

$$f(z) = \frac{[LzE(\tau)]^{Ld}}{z\Gamma(Ld)} \frac{\Gamma(u+v)}{\Gamma(u)\Gamma(v)} \Gamma(u+Ld) U[u+Ld,Ld+1-v,LzE(\tau)]$$

$$(7.74)$$

其中,$U(\cdot)$ 为 KummerU 函数,即 $U(a,b,z) = \frac{1}{\Gamma(a)} \int_0^{+\infty} \exp(-zt) t^{a-1} (1+t)^{b-a-1} \mathrm{d}t$。式(7.74)即为 MPWF 检测量 z 的概率密度函数,其中,L 为视数,$E(\tau)$ 为纹理变量 τ 的均值,d 为极化散射矢量的维数,$\Gamma(g)$ 为伽马函数,u 和 v 分别为 Fisher 分布变量的自由度,实际上反映了杂波区域的均匀程度。

已知杂波 MPWF 检测量 z 的 PDF 为式(7.74),给定检测阈值 T,对式(7.74)积分即可得到 MPWF 检测量 z 的累积分布函数(CDF)。为方便积分,将式(7.74)中的 KummerU 函数展开为积分形式,积分可得到检测量的 CDF 为

$$F_z(T) = \frac{[LE(\tau)]^{Ld}}{\Gamma(Ld)} \frac{\Gamma(u+v)}{\Gamma(u)\Gamma(v)} \int_0^T \int_0^{+\infty} m^{u+Ld-1}(1+m)^{-u-v}$$

$$\exp(-LzE(\tau)m) z^{Ld-1} \mathrm{d}m \mathrm{d}z \qquad (7.75)$$

式中,L 为视数;d 为散射矢量维数;$E(\tau)$ 为纹理变量 τ 的一阶矩;u 和 v 分别为 Fisher 分布变量的自由度参数,$m = 1/\tau$。已知不完全伽马函数和广义超几何函数的变换关系为[133]

$$\gamma(a,x) = \int_0^x \mathrm{e}^{-t} t^{a-1} \mathrm{d}t = a^{-1} x_1^a F_1(a;a+1;-x) \tag{7.76}$$

其中,$\gamma(a,x)$为不完全伽马函数,$_pF(a_1,\cdots,a_p;b_1,\cdots,b_q;z)$为广义超几何函数,将式(7.76)代入式(7.75)可得

$$F_z(T) = \frac{T^{Ld}}{Ld}\int_0^{+\infty} m^{u+Ld-1}(1+m)_1^{-u-v}F_1[Ld;Ld+1;-LTE(\tau)m]\mathrm{d}m$$

$$\tag{7.77}$$

广义超几何函数和 MeijerG 函数的变换关系如下[133]:

$$_pF_q(a_1,\cdots,a_p;b_1,\cdots,b_q;-x) = \frac{\prod_{j=1}^q \Gamma(b_j)}{\prod_{j=1}^p \Gamma(a_j)} x G_{p,q+1}^{1,p}\left(x \left| \begin{array}{c} -a_1,\cdots,-a_p \\ -1,-b_1,\cdots,-b_q \end{array}\right.\right)$$

$$p \leqslant q+1 \tag{7.78}$$

其中,$G_{p,q}^{m,n}\left(x \left|\begin{array}{c} a_1,\cdots,a_p \\ b_1,\cdots,b_q \end{array}\right.\right)$为 MeijerG 函数,将式(7.78)代入式(7.77)可得

$$F_z(T) = \frac{[LTE(\tau)]^{Ld+1}\Gamma(Ld+1)\Gamma(u+v)}{\Gamma^2(Ld)\Gamma(u)\Gamma(v)Ld}$$

$$\cdot \int_0^{+\infty} m^{Ld+u}(1+m)^{-u-v} G_{1,2}^{1,1}\left(LTE(\tau) \left|\begin{array}{c} -Ld \\ -1,-Ld-1 \end{array}\right.\right)\mathrm{d}m \quad (7.79)$$

根据积分公式[173],有

$$\int_0^\infty x^{\rho-1}(x+\beta)^{-\sigma} G_{p,q}^{m,n}\left(ax \left|\begin{array}{c} a_1,\cdots,a_p \\ b_1,\cdots,b_q \end{array}\right.\right)\mathrm{d}x = \frac{\beta^{\rho-\sigma}}{\Gamma(\sigma)} G_{p+1,q+1}^{m+1,n+1}\left(a\beta \left|\begin{array}{c} 1-\rho,a_1,\cdots,a_p \\ \sigma-\rho,b_1,\cdots,b_q \end{array}\right.\right)$$

$$\tag{7.80}$$

式(7.79)可化为

$$F_z(T) = \frac{[LTE(\tau)]^{Ld+1}\Gamma(Ld+1)}{\Gamma^2(Ld)\Gamma(u)\Gamma(v)Ld} G_{2,3}^{2,2}\left(LTE(\tau) \left|\begin{array}{c} -Ld-u,-Ld \\ v-Ld-1,-1,-Ld-1 \end{array}\right.\right)$$

$$\tag{7.81}$$

式(7.81)即为 MPWF 检测量 z 的累积分布函数,可见其虚警概率为

$$P_{fa} = 1 - F_z(T)$$

$$= 1 - \frac{[LTE(\tau)]^{Ld+1}\Gamma(Ld+1)}{\Gamma^2(Ld)\Gamma(u)\Gamma(v)Ld} G_{2,3}^{2,2}\left(LTE(\tau) \left|\begin{array}{c} -Ld-u,-Ld \\ v-Ld-1,-1,-Ld-1 \end{array}\right.\right)$$

$$\tag{7.82}$$

其中,P_{fa} 为虚警概率;T 为检测门限;L 为等效视数;$E(\tau)$ 为纹理变量 τ 的均值;d 为极化散射矢量的维数;$\Gamma(g)$ 为伽马函数,u 和 v 分别为 Fisher 分布纹理变量的自由度;$G(g)$ 为 MeijerG 函数。通过设置合理的 CFAR 检测恒虚警概率 P_{fa},可通过数值求解的方法求解出具体的检测门限 T。

通过 Fisher 分布仿真数据验证本节所提新方法的正确性以及比较不同分布类型对 Fisher 分布数据的拟合有效性。仿真数据等效视数 L 以及自由度参数 u 和 v 来源于实际PolSAR区域,该实测PolSAR数据集为美航局对日本玉野 Kojimawan 附近区域得到的 AIRSAR 数据,选择其中的 L 波段数据进行分析,图 7.32 为 L 波段数据的部分区域,图 7.33 为区域 A 基于对数累积量的模型辨识结果。由图 7.33 可以看出,散点位于 Fisher 分布区域,因此可知区域 A 纹理变量服从 Fisher 分布。对 A 区域进行参数估计,等效视数 L 估计结果为 3.4,自由度参数 u 和 v 分别为 15.4 和 5.9,同时对 A 区域协方差矩阵求均值得到 Σ_c,基于 A 区域各参数及协方差矩阵 Σ_c 产生的杂波协方差矩阵数据量为 50000,经多视白化处理后得到 MPWF 检测量,检测量直方图和不同分布类型下的 PDF 拟合曲线如图 7.34、图 7.35 所示。

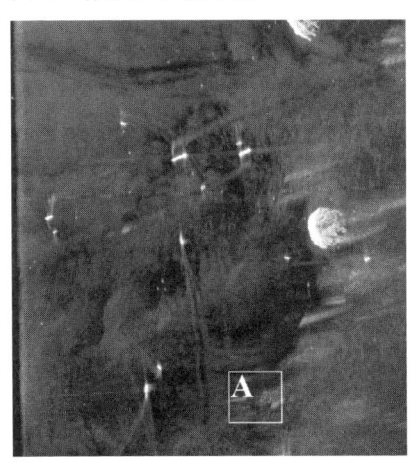

图 7.32　仿真数据产生区域　　图 7.33　区域 A 模型辨识结果(见彩图)

图 7.34 横坐标标注中 λ 为 G_0 分布形状参数,α 为 K 分布形状参数,图 7.35 横坐标标注中 μ 和 σ 分别为对数正态分布检测量的均值和标准差。由图 7.34 可以看出,MPWF 检测量直方图与 Fisher 分布 PDF 曲线拟合效果最好,由于对数正态分布检测量是 MPWF 检测量取对数后得到的,因此对数正态分布的拟合结果单独表示。由图 7.35 可以看出,对数正态分布 PDF 曲线与直方图拟合效果较好,但差于 Fisher 分布,为更清楚地验证本节新方法求解检测门限的有效性,将不同分布类型的理论虚警概率与实际虚警概率进行了对比。

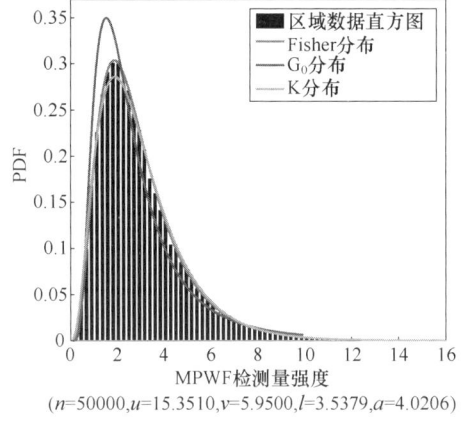

图 7.34　不同分布 PDF 拟合曲线(见彩图) 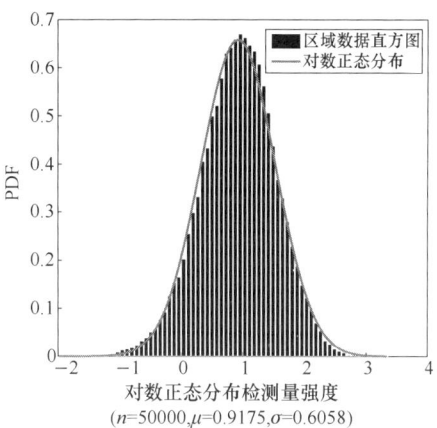　　图 7.35　对数正态分布 PDF 拟合曲线(见彩图)

将估计得到的等效视数和 Fisher 分布的自由度参数代入式(7.82),则可求出不同门限下的理论虚警概率值,实际虚警概率为高于该门限检测量个数与检测量总数之比。不同分布类型下理论与实际虚警概率拟合结果如图 7.36、图 7.37 所示。

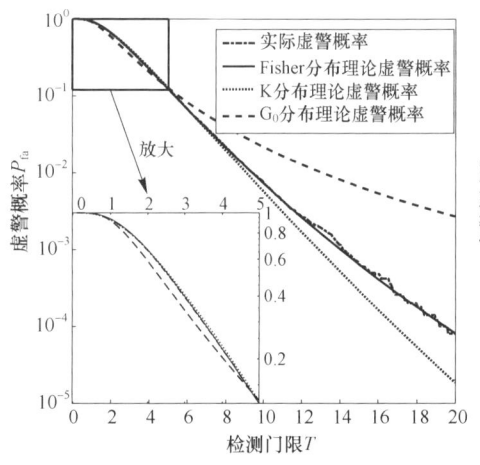

图 7.36　不同分布虚警概率拟合曲线 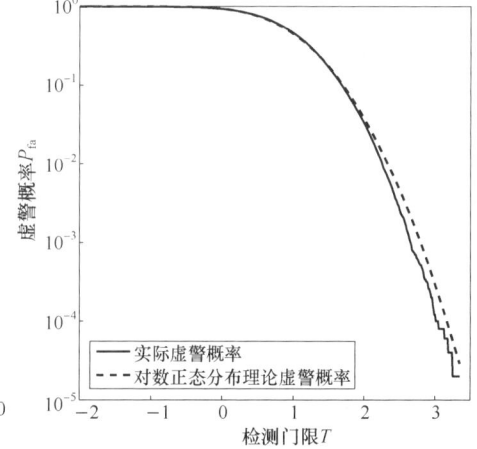　　图 7.37　对数正态分布虚警概率拟合曲线

由图 7.36 可以看出,当检测门限较小时,Fisher 分布理论虚警概率曲线并不始终是最接近实际虚警概率曲线的,但当检测门限逐渐增大使虚警概率小于 0.1 时,Fisher 分布理论虚警概率是最接近实际虚警概率的,这说明了本节虚警概率解析表达式(7.82)的正确性。图 7.36 中当检测门限较大时,相比于 G_0 分布理论虚警概率曲线,K 分布理论虚警概率曲线更接近实际虚警概率曲线,这与图 7.33 中

仿真数据的散点图更接近 K 分布曲线是一致的。由图 7.37 可以看出,当门限较低时,对数正态分布理论虚警概率与实际虚警概率拟合较好,但当门限升高,虚警概率降低到 0.1 以下时,理论虚警概率与实际虚警概率之间出现较大偏差。

  实测部分采用日本玉野 Kojimawan 附近区域得到的 AIRSAR 数据进行舰船目标检测分析,选取的波段为 L 波段。CFAR 检测区域如图 7.38 中区域 B 所示,舰船目标如图 7.39 所示,区域 B 海洋杂波的辨识结果如图 7.40 所示,散点位于 Fisher 分布区域,因此杂波可作为 Fisher 分布处理。Fisher 参数估计结果分别为 4.3 和 5.4,等效视数估计结果为 3.4。选取区域 B 中海面杂波协方差矩阵的均值代替杂波协方差矩阵,恒虚警概率设置为 0.005 和 0.001,分别经过本节检测算法和 2P-CFAR 检测算法后的检测结果如图 7.41 所示,图 7.41 中 P_{fa} 表示虚警概率。

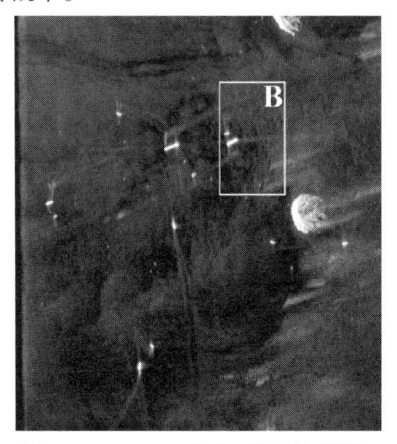

图 7.38 CFAR 检测区域(见彩图) 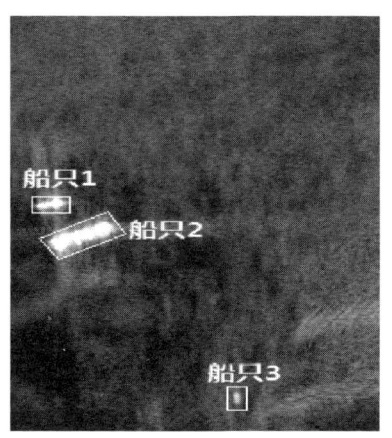 图 7.39 区域 B 舰船目标(见彩图)

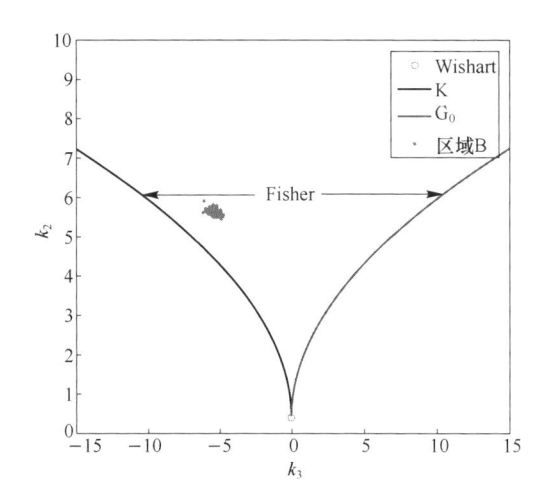

图 7.40 区域 B 杂波模型辨识结果

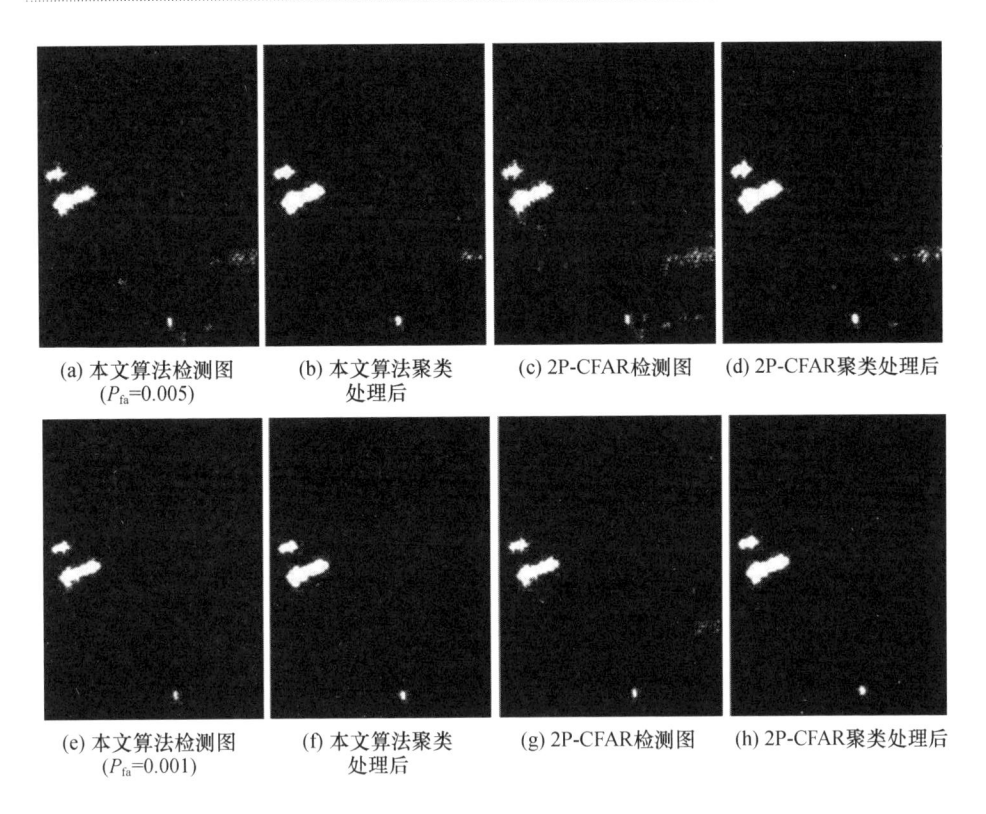

(a) 本文算法检测图 (P_{fa}=0.005)　(b) 本文算法聚类处理后　(c) 2P-CFAR检测图　(d) 2P-CFAR聚类处理后

(e) 本文算法检测图 (P_{fa}=0.001)　(f) 本文算法聚类处理后　(g) 2P-CFAR检测图　(h) 2P-CFAR聚类处理后

图 7.41　CFAR 检测结果图

当虚警概率为 0.005 时,分别运用本节检测算法和 2P-CFAR 检测算法对目标区域进行 CFAR 检测得到图 7.41(a)和图 7.41(c)。可以看出,本节算法和 2P-CFAR 算法都可以检测出全部舰船目标,同时都有不同程度的虚警,但是本节算法可以滤除绝大部分的海面虚警点,使得图(a)中的虚警点明显少于图(c)中虚警点,对图(a)和图(c)进行聚类处理后得到图(b)和图(d),此时图(a)中的虚警点大部分已经被滤除,但是图(c)中的虚警点仍有大部分无法滤除。虚警概率为 0.001 时得到图 7.41(e),图 7.41(f),图 7.41(g),图 7.41(h)的检测与处理后结果,此时图(e)中虚警点已全部滤除,图(g)中仍有少量虚警点,经过聚类处理后,图(g)中的虚警点也已完全被滤除。

表 7.9 给出了检测结果的各项参数,其中,N_{gt}为目标的实际个数,N_{td}为实际检测到的目标个数,N_{fa}为虚警区域个数,N_{om}为漏警数,FoM 为品质因数[30],品质因数定义如下:

$$\mathrm{FoM} = \frac{N_{td}}{(N_{fa} + N_{gt})} \qquad (7.83)$$

表7.9　舰船检测结果聚类处理后各项参数

恒虚警概率设置	检测方法	N_{gt}	N_{td}	N_{fa}	N_{om}	FoM/%
0.005	本节方法	3	3	3	0	50.00
	2P-CFAR	3	3	8	0	27.27
0.001	本节方法	3	3	0	0	100.00
	2P-CFAR	3	3	0	0	100.00

从表 7.9 中可以看出,在对检测结果进行像素聚类处理后,当虚警概率为 0.005 时,两种方法都能全部检测出 3 个舰船目标,但本节算法的虚警区域数量为 3 个,远少于 2P-CFAR 算法中的 8 个,因此本节算法得到的品质因数为 50.00%,远高于 2P-CFAR 得到的 27.27%。当虚警概率为 0.001 时,两种方法的检测到的目标个数均为 3 个,虚警区域数量均为 0 个,品质因数都达到了 100.00%。

7.5　本章小结

本章首先阐释 SAR 相干斑的形成机理,分析相干斑抑制程度的评价指标,针对多视处理和白化滤波方法分析不同处理方法和不同处理步骤的影响,为多视处理和白化滤波处理选择奠定基础。然后列举了经典的 PolSAR 图像目标检测方法,针对应用最广泛的极化多视白化滤波方法,推导了 Wishart 分布模型、伽马纹理分布模型、逆伽马纹理分布模型以及 Fisher 纹理分布模型下检测量的概率密函数以及检测门限的解析表达式,并通过仿真和实测数据验证了方法的有效性。

参考文献

[1] 时公涛. 基于干涉图的多通道 SAR 地面慢动目标自动检测技术研究[D]. 长沙:国防科技大学, 2009.

[2] 秦先祥. 极化 SAR 图像目标检测方法研究[D]. 长沙:国防科技大学, 2010.

[3] 王娜. PolSAR图像人造目标检测技术研究[D]. 长沙:国防科技大学, 2012.

[4] 徐牧. PolSAR图像人造目标提取与几何结构反演研究[D]. 长沙:国防科技大学, 2008.

[5] Gao G, Shi G, Kuang G, et al. Statistical modeling of SAR images: models and application [M]. Bei Jing: National Defense Industry Press, 2013.

[6] Oliver C, Quegan S. Understanding synthetic aperture radar images[M]. Boston: SciTech Publishing, 2004.

[7] Achim A, Kuruoglu E E, Zerubia J. SAR image filtering based on the heavy-tailed Rayleigh model[J]. IEEE Transactions on Image Processing, 2006, 15(9):2686 – 2693.

[8] Achim A, Tsakalides P, Bezerianos A. SAR image denoising via Bayesian wavelet shrinkage based on heavy-tailed modeling[J]. IEEE Transactions on Geoscience and Remote Sensing, 2003, 41(8):1773 – 1784.

[9] Touzi R. A review of speckle filtering in the context of estimation theory[J]. IEEE Transactions on Geoscience and Remote Sensing, 2002, 40(11):2392 – 2404.

[10] Walessa M, Datcu M. Model-based despeckling and information extraction from SAR images [J]. IEEE Transactions on Geoscience and Remote Sensing, 2000, 38(5):2258 – 2269.

[11] Lee J S. Speckle analysis and smoothing of synthetic aperture radar images[J]. Computer Graphics and Image Processing, 1981, 17(1):24 – 32.

[12] Zhang F, Yoo Y M, Mong K L, et al. Nonlinear diffusion in laplacian pyramid domain for ultrasonic speckle reduction[J]. IEEE Transactions on Medical Imaging, 2007, 26(2):200 – 211.

[13] Frost V S, Stiles J A, Shanmugan K S, et al. A model for radar images and its application to adaptive digital filtering of multiplicative noise[J]. IEEE Transactions on Pattern Analysis and Machine Intelligence, 1982, (2):157 – 166.

[14] Macri-Pellizzeri T, Oliver C J, Lombardo P. Segmentation-based joint classification of SAR and optical images[J]. IEE Radar, Sonar and Navigation, 2002, 149(6):281 – 296.

[15] Lee J S, Jurkevich I. Segmentation of SAR images[J]. IEEE Transactions on Geoscience and Remote Sensing, 1989, 27(6):674 – 680.

[16] Fjortoft R, Delignon Y, Pieczynski W, et al. Unsupervised classification of radar images

using hidden Markov chains and hidden Markov random fields[J]. IEEE Transactions on Geoscience and Remote Sensing, 2003, 41(3):675-686.

[17] Nyoungui A N, Tonye E, Akono A. Evaluation of speckle filtering and texture analysis methods for land cover classification from SAR images[J]. International Journal of Remote Sensing, 2002, 23(9):1895-1925.

[18] Deng H, Clausi D A. Unsupervised segmentation of synthetic aperture radar sea ice imagery using a novel Markov random field model[J]. IEEE Transactions on Geoscience and Remote Sensing, 2005, 43(3):528-538.

[19] Tison C, Nicolas J M, Tupin F, et al. A new statistical model for Markovian classification of urban areas in high-resolution SAR images[J]. IEEE Transactions on Geoscience and Remote Sensing, 2004, 42(10):2046-2057.

[20] Touzi R, Lopes A, Bousquet P. A statistical and geometrical edge detector for SAR images [J]. IEEE Transactions on Geoscience and Remote Sensing, 1988, 26(6):764-773.

[21] Dai M, Peng C, Chan A K, et al. Bayesian wavelet shrinkage with edge detection for SAR image despeckling[J]. IEEE Transactions on Geoscience and Remote Sensing, 2004, 42(8):1642-1648.

[22] Oliver C, Blacknell D, White R. Optimum edge detection in SAR[J]. IEE Radar, Sonar and Navigation, 1996, 143(1):31-40.

[23] Tupin F, Maitre H, Mangin J F, et al. Detection of linear features in SAR images: application to road network extraction[J]. IEEE Transactions on Geoscience and Remote Sensing, 1998, 36(2):434-453.

[24] Di B M, Galdi C. CFAR detection of extended objects in high-resolution SAR images[J]. IEEE Transactions on Geoscience and Remote Sensing, 2005, 43(4):833-843.

[25] Blacknell D. Contextual information in SAR target detection[J]. IEERadar, Sonar and Navigation, 2001, 148(1):41-47.

[26] Gao G, Kuang G, Zhang Q, et al. Fast detecting and locating groups of targets in high-resolution SAR images[J]. Pattern Recognition, 2007, 40(4):1378-1384.

[27] Novak L M, Owirka G J, Brower W S, et al. The automatic target-recognition system in SAIP [J]. Lincoln Laboratory Journal, 1997, 10(2): 243-256.

[28] Schou J, Skriver H, Nielsen A A. CFAR edge detectorfor polarimetric SAR images[J]. IEEE Transactions on Geoscience and Remote Sensing. 2003, 41(1): 20-32.

[29] van Zyl J J. Synthetic aperture radar polarimetry[M]. New York: John Wiley & Sons, 2011.

[30] Lou Y. Review of the NASA/JPL airborne synthetic aperture radar system[J]. Proc. IEEE International in Geoscience and Remote SensingSymposium. Toronto, Canada, 2002: 1702-1704.

[31] Hawkins R, Brown C, Murnaghan K, et al. The SAR-580 Facility-System Update[C]. Toronto, Canada: Proc. IEEE International in Geoscience and Remote Sensing Symposium, 2002: 24-28.

[32] Christensen E, Dall J. EMISAR: a dual-frequency, polarimetric airborne SAR[C]. Toronto, Canada: Proc. IEEE International in Geoscience and Remote Sensing Symposium, 2002: 1711-1713.

[33] Stevens D R, Cumming I G, Gray A L. Options for airborne interferometric SAR motion compensation[J]. IEEE Transactions on Geoscience and Remote Sensing, 1995, 33(2): 409-420.

[34] Uratsuka S, Satake M, Kobayashi T, et al. High-resolution dual-bands interferometric and polarimetric airborne SAR (Pi-SAR) and its applications[C]. Toronto, Canada: Proc. IEEE International in Geoscience and Remote Sensing Symposium, 2002: 1720-1722.

[35] Dubois-Fernandez P, Ruault du Plessis O, Le Coz D, et al. The onera ramses sar system[C]. Toronto, Canada: Proc. IEEE International in Geoscience and Remote Sensing Symposium, 2002: 1723-1725.

[36] 匡纲要, 陈强, 蒋咏梅, 等. 极化合成孔径雷达基础理论及其应用[M]. 长沙: 国防科技大学出版社, 2011.

[37] Lee J S, Pottier E. Polarimetric radar imaging: from basics to applications[M]. Boca Raton: CRC Press, 2009.

[38] 陈强. 雷达极化中若干理论问题研究[D]. 长沙: 国防科技大学, 2010.

[39] 周晓光. PolSAR图像分类方法研究[D]. 长沙: 国防科技大学, 2008.

[40] 王文光. 极化SAR信息处理技术研究[D]. 北京: 北京航空航天大学, 2007.

[41] Goodman J W. Some fundamental properties of speckle[J]. JOSA, 1976, 66(11): 1145-1150.

[42] Kuruoglu E E, Zerubia J. Modeling SAR images with a generalization of the Rayleigh distribution[J]. IEEE Transactions on Image Processing, 2004, 13(4): 527-533.

[43] Moser G, Zerubia J, Serpico S B. SAR amplitude probability density function estimation based on a generalized Gaussian model[J]. IEEE Transactions on Image Processing, 2006, 15(6): 1429-1442.

[44] Jakeman E. On the statistics of K-distributed noise[J]. Journal of Physics A: Mathematical and General, 1980, 13(1): 31.

[45] Jakeman E, Pusey P. A model for non-Rayleigh sea echo[J]. IEEE Transactions on Antennas and Propagation, 1976, 24(6): 806-814.

[46] Jao J K. Amplitude distribution of composite terrain radar clutter and the κ-distribution[J]. IEEE Transactions on Antennas and Propagation, 1984, 32(10): 1049-1062.

[47] Oliver C. A model for non-Rayleigh scattering statistics[J]. Journal of Modern Optics, 1984, 31(6): 701-722.

[48] Frery A C, Muller H J, Yanasse C d C F, et al. A model for extremely heterogeneous clutter[J]. IEEE Transactions on Geoscience and Remote Sensing, 1997, 35(3): 648-659.

[49] Moser G, Zerubia J, Serpico S B. Dictionary-based stochastic expectationmaximization for SAR amplitude probability density function estimation[J]. IEEE Transactions on Geoscience and

Remote Sensing,2006,44(1):188-200.

[50] Duda R O, Hart P E, Stork D G. Pattern classification[M]. New York: John Wiley & Sons, 1999.

[51] Parzen E. On estimation of a probability density function and mode[J]. The annals of mathematical statistics,1962:1065-1076.

[52] Loftsgaarden D O, Quesenberry C P. A nonparametric estimate of a multivariate density function[J]. The annals of mathematical statistics,1965,36(3):1049-1051.

[53] Horstmann J, Koch W. Wind retrieval over ocean using synthetic aperture radar with C-band HH polarization[J]. IEEE Transactions on Geoscience and Remote Sensing,2000,38(5): 2122-2131.

[54] Vapnik V N, Vapnik V. Statistical learning theory[M]. New York: Wiley,1998.

[55] Mohamed R, Farag A A. Mean field theory for density estimation using support vector machines[C]. Sweden: Proc. 7th International Conference on Information Fusion. Stockholm, 2004: 495-501.

[56] Tipping M E. Sparse Bayesian learning and the relevance vector machine[J]. The journal of machine learning research,2001,1:211-244.

[57] Figueiredo M A, Jain A K. Unsupervised learning of finite mixture models[J]. IEEE Transactions on Pattern Analysis and Machine Intelligence,2002,24(3):381-396.

[58] Zivkovic Z, Van der Heijden F. Recursive unsupervised learning of finite mixture models[J]. IEEE Transactions on Pattern Analysis and Machine Intelligence,2004,26(5):651-656.

[59] Bouguila N, Ziou D, Vaillancourt J. Unsupervised learning of a finite mixture model based on the Dirichlet distribution and its application[J]. IEEE Transactions on Image Processing, 2004,13(11):1533-1543.

[60] Tian G, Xia Y, Zhang Y, et al. Hybrid genetic and variational expectation-maximization algorithm for Gaussian-mixture-model-based brain MR image segmentation[J]. IEEE Transactions on Information Technology in Biomedicine,2011,15(3):373-380.

[61] Browne R P, McNicholas P D, Sparling M D. Model based learning using a mixture of mixtures of Gaussian and uniform distributions[J]. IEEE Transactions on Pattern Analysis and Machine Intelligence,2012,34(4):814-817.

[62] Krylov V A, Moser G, Serpico S B, et al. Enhanced dictionary-based SAR amplitude distribution estimation and its validation with very high-resolution data[J]. IEEE Geoscience and Remote Sensing Letters,2011,8(1):148-152.

[63] Liang Z, Jaszczak R J, Coleman R E. Parameter estimation of finite mixtures using the EM algorithm and information criteria with application to medical image processing[J]. IEEE Transactions on Nuclear Science,1992,39(4):1126-1133.

[64] Szajnowski W. Estimators of log-normal distribution parameters[J]. IEEE Transactions on Aerospace and Electronic Systems,1977(5):533-536.

[65] Liu T, Huang G M, Wang X S, et al. Statistics of the polarimetric weibull-distributed electro-

magnetic wave[J]. IEEE Transactions on Antennas and Propagation,2009,57(10):3232 – 3248.

[66] Li H C,Hong W,Wu Y R,et al. An efficient and flexible statistical model based on generalized Gamma distribution for amplitude SAR images[J]. IEEE Transactions on Geoscience and Remote Sensing,2010,48(6):2711 – 2722.

[67] Arsenault H,April G. Properties of speckle integrated with a finite aperture and logarithmically transformed[J]. JOSA,1976,66(11):1160 – 1163.

[68] Ward K. Compound representation of high resolution sea clutter[J]. Electronics letters,1981,17(16):561 – 563.

[69] Novak L M,Sechtin M B,Cardullo M J. Studies of target detection algorithms that use polarimetric radar data[J]. IEEE Transactions on Aerospace and Electronic Systems,1989,25(2):150 – 165.

[70] Lee J S,Schuler D,Lang R,et al. K-distribution for multi-look processed polarimetric SAR imagery[C]. Pasadena, CA: Proc. IEEE International in Geoscience and Remote Sensing Symposium,1994: 2179 – 2181.

[71] Lim H,Swartz A,Yueh H,et al. Classification of earth terrain using polarimetric synthetic aperture radar images[J]. Journal of Geophysical Research: Solid Earth (1978 – 2012),1989,94(B6):7049 – 7057.

[72] Lee J S,Grunes M R,Kwok R. Classification of multi-look polarimetric SAR imagery based on complex Wishart distribution[J]. International Journal of Remote Sensing,1994,15(11):2299 – 2311.

[73] Freitas C C,Frery A C,Correia A H. The polarimetric G distribution for SAR data analysis[J]. Environmetrics,2005,16(1):13 – 31.

[74] Gambini J,Mejail M E,Jacobo-Berlles J,et al. Polarimetric SAR Region Boundary Detection Using B-Spline Deformable Countours under the G Model[C]. Natal, Brazilian: Proc. 18th Brazilian Symposium on Computer Graphics and Image Processing,2005: 197 – 204.

[75] Yueh S,Kong J A,Jao J,et al. K-distribution and polarimetric terrain radar clutter[J]. Journal of Electromagnetic Waves and Applications,1989,3(8):747 – 768.

[76] Bombrun L,Beaulieu J M. Fisher distribution for texture modeling of polarimetric SAR data[J]. IEEE Geoscience and Remote Sensing Letters,2008,5(3):512 – 516.

[77] Bombrun L,Vasile G,Gay M,et al. Hierarchical segmentation of polarimetric SAR images using heterogeneous clutter models[J]. IEEE Transactions on Geoscience and Remote Sensing,2011,49(2):726 – 737.

[78] Bombrun L,Anfinsen S N,Harant O. A complete coverage of log-cumulant space in terms of distributions for Polarimetric SAR data[J]. ESA special publication SP-695,2011:1 – 8.

[79] Khan S,Guida R. Application of Mellin-Kind Statistics to Polarimetric G Distribution for SAR Data[J]. IEEE Transactions on Geoscience and Remote Sensing,2014,52(6):3513 – 3528.

[80] Girolami M. A variational method for learning sparse and overcomplete representa-tions[J].

Neural Comput. ,2001,13(11): 2517-2532.

[81] Joughin I R, Percival D B, Winebrenner D P. Maximum likelihood estimation of K distribution parameters for SAR data[J]. IEEE Transactions on Geoscience and Remote Sensing, 1993, 31(5):989-999.

[82] Roberts W J, Furui S. Maximum likelihood estimation of K-distribution parameters via the expectation-maximization algorithm[J]. IEEE Transactions on Signal Processing, 2000, 48(12):3303-3306.

[83] Blacknell D. Comparison of parameter estimators for K-distribution[J]. IEERadar, Sonar and Navigation, 1994, 141(1):45-52.

[84] Iskander D R, Zoubir A M. Estimating the parameters of K-distribution using higher-order and fractional moments[J]. IEEE Transactions on Aerospace and Electronic Systems, 1999, 35(4):1453-1457.

[85] Frery A C, Correia A H, Da Freitas C. Classifying multifrequency fully polarimetric imagery with multiple sources of statistical evidence and contextual information[J]. IEEE Transactions on Geoscience and Remote Sensing, 2007, 45(10):3098-3109.

[86] Martin-Fernandez M, Alberola-Lopez C. On low order moments of the homodyned-k distribution[J]. Ultrasonics, 2005, 43(4):283-290.

[87] Nicolas J M. Introduction to second kind statistics: application of log-moments and log-cumulants to SAR image law analysis[J]. Traitement du Signal, 2002, 19(3):139-168.

[88] Doulgeris A P, Anfinsen S N, Eltoft T. Classification with a non-Gaussian model for PolSAR data[J]. IEEE Transactions on Geoscience and Remote Sensing, 2008, 46(10):2999-3009.

[89] Khan S, Guida R. On Fractional Moments of Multilook Polarimetric Whitening Filter for Polarimetric SAR Data[J]. IEEE Transactions on Geoscience and Remote Sensing, 2014, 52(6):3502-3512.

[90] Anfinsen S N, Doulgeris A P, Eltoft T. Estimation of the equivalent number of looks in polarimetric synthetic aperture radar imagery[J]. IEEE Transactions on Geoscience and Remote Sensing, 2009, 47(11):3795-3809.

[91] Anfinsen S N, Eltoft T. Application of the matrix-variate Mellin transform to analysis of polarimetric radar images[J]. IEEE Transactions on Geoscience and Remote Sensing, 2011, 49(6):2281-2295.

[92] Anfinsen S N, Doulgeris A P, Eltoft T. Goodness-of-fit tests for multilook polarimetric radar data based on the Mellin transform[J]. IEEE Transactions on Geoscience and Remote Sensing, 2011, 49(7):2764-2781.

[93] 陈曦,吴涛,阮祥伟. PolSAR海面船只检测技术的研究进展[J]. 遥感技术与应用, 2009, 24(6):841-848.

[94] 王娜,时公涛,陆军,等. 一种新的PolSAR图像目标CFAR检测方法[J]. 电子与信息学报, 2011, 33(2):395-400.

[95] Goudaill F,Tyo J S,When is polarimetric imaging preferable to intensity imaging for target detection？[J] JOSA. A,2011,28(1):46 − 53.

[96] Liu T,Huang G M,Wang X S,et al. Statistical assessment of H/A target decomposition theorems in radar polarimetry[J]. Science China Information Sciences,2010,53(2):355 − 366.

[97] Liu T. Comments on "Statistics of the Degree of Polarization"[J]. IEEE Transactions on Antennas and Propagation,2008,56(9): 3085 − 3086.

[98] Setälä T,Lindfors K,Friberg A T. Degree of polarization in 3D optical fields generated from a partially polarized plane wave[J]. Optics Letters,2009,34(21):3394 − 3396.

[99] Praks J,Koeniguer E C,Hallikainen M T. Alternatives to Target Entropy and Alpha Angle in SAR Polarimetry[J]. IEEE Trans. Geosci. Remote Sens. ,2009,47(7): 2262 − 2274.

[100] Aiello A,Woerdman J P. Physical Bounds to the Entropy-Depolarization Relation in Random Light Scattering[J]. Physical Review Letters,2005,94(9),090406:1 − 4.

[101] Liu T,Huang G M,Wang X S,et al. Statistics of SDH Target Decomposition Theorems in Radar Polarimetry[C]. Guilin,China:IEEE RIBIO,2009:1178 − 1183.

[102] Margarit G,Fabregas X,Mallorqui J J. Study of the Polarimetric Mechanisms on Simulated Vessels with SAR and ISAR Imaging[C]//Proceedings of European SAR EUSAR. 2004,1: 447 − 450.

[103] 徐俊毅,杨健,彭应宁. 双波段极化雷达遥感图像分类的新方法[J]. 中国科学:E 辑, 2005,35(10):1083 − 1095.

[104] 张腊梅. PolSAR图像人造目标特征提取与检测方法研究[D].哈尔滨:哈尔滨工业大学,2010.

[105] Souyris J C,Hery C,Adragna F,On the Use of Complex SAR Image Spect ral Analysis for Target Detection :Assessment of Polarimetry[J]. IEEE Transaction on Geoscience and Remote Sensing,2003,41(12):2725 − 2734.

[106] Ferro-Famil L,Reigber A,Pottier E,et al. Scene Characterization Using Subaperture Polarimetric SAR Data[J]. IEEE Transaction on Geoscience and Remote Sensing, 2003, 41 (10): 2264 − 2276.

[107] 吴婉澜.基于孔径的PolSAR图像目标分类算法研究[D].成都:电子科技大学,2009.

[108] Wang Y,Liu H. A Hierarchical Ship Detection Scheme for High-Resolution SAR Images [J]. IEEE Transaction on Geoscience and Remote Sensing,2012,50(10):4173 − 4184.

[109] Greidanus H. Sub-aperture behavior of SAR signatures of ships[C]. IGARSS,2006:3579 − 3582.

[110] 刘涛. 瞬态极化统计理论及应用[D].长沙:国防科技大学,2007.

[111] 李晓伟,海面风场对PolSAR图像舰船目标检测的影响研究[D].北京:中国科学院电子研究所,2007.

[112] Goodman N. Statistical analysis based on a certain multivariate complex Gaussian distribution(an introduction)[J]. The Annals of Mathematical Statistics,1963,34(1):152 − 177.

[113] 刘涛,崔浩贵,高俊. Wishart 分布矩阵行列式值的统计特性及其在参数估计中的应用

[J]. 电子学报,2013,41(6):1231-1237.

[114] Lee J S, Hoppel K W, Mango S A, et al. Intensity and phase statistics of multilook polarimetric and interferometric SAR imagery[J]. IEEE Transactions on Geoscience and Remote Sensing,1994,32(5):1017-1028.

[115] Khan S, Guida R. On single-look multivariate G distribution for PolSAR data[J]. IEEE Journal of Selected Topics in Applied Earth Observations and Remote Sensing,2012,5(4):1149-1163.

[116] Cheng J, Gao G, Ding W, et al. An Improved Scheme for Parameter Estimation of $G°$ Distribution Model in High-Resolution SAR Images[J]. Progress In Electromagnetics Research,2013,134:23-46.

[117] Sei T, Shibata H, Takemura A, et al. Properties and applications of Fisher distribution on the rotation group[J]. Journal of Multivariate Analysis,2013,116:440-455.

[118] Poularikas A D. Transforms and applications handbook[M]. Boca Raton: CRC Press,2010.

[119] Johnson W P. The curious history of Faa di Bruno's formula[J]. American Mathematical Monthly,2002:217-234.

[120] Comtet L. Advanced Combinatorics: The Art of Finite and Infinite Expansions[M]. Dordrecht, The Netherlands: Reidel Publishing Company,1974,133-136.

[121] 李旭涛,王首勇,金连文. 应用 Alpha 稳定分布对雷达杂波的辨识[J]. 电子与信息学报,2008,30(9):2042-2045.

[122] Akbarizadeh G. A new statistical-based kurtosis wavelet energy feature for texture recognition of SAR images[J]. IEEE Transactions on Geoscience and Remote Sensing,2012,50(11):4358-4368.

[123] Liu T, Cui H G, Xi Z M, et al. Texture-Invariant Estimation of Equivalent Number of Looks Based on Trace Moments in Polarimetric Radar Imagery[J]. IEEE Geoscience and Remote Sensing Letters,2014,11(6):1129-1133.

[124] Liu T, Wang X S, Xiao S P. Statistical characteristics of the normalized Stokes parameters[J]. Science in China Series F: Information Sciences,2008,51(10):1594-1606.

[125] 刘涛,黄高明,王雪松,等. 基于 H/A 目标极化分解理论的统计分析[J]. 中国科学:信息科学,2010,40(1):101-114.

[126] 刘涛,王雪松,肖顺平. SAR 多视图像的 Stokes 参数的统计分布[J]. 电子与信息学报,2008,30(5):1027-1031.

[127] 刘涛,黄高明,王雪松,等. PolSAR 图像处理中 L 分布杂波统计分析[J]. 自然科学进展,2009,19(1):89-96.

[128] Song K S. Globally convergent algorithms for estimating generalized gamma distributions in fast signal and image processing[J]. IEEE Transactions on Image Processing,2008,17(8):1233-1250.

[129] Pierce R D. RCS Characterization using the alpha-stable distribution[C].//Proceedings of

1996 IEEE National Radar Conference,1996:154-159.

[130] Tsakalides P,Nikias C L. Maximum likelihood localization of sources in noise modeled as a stable process[J]. IEEE Transactions on Signal Processing,1995,43(11):2700-2713.

[131] 天爽. 统计信号处理:非高斯信号处理及其应用[M]. 北京:电子工业出版社,2004.

[132] Krylov V A,Moser G,Serpico S,et al. On the method of logarithmic cumulants for parametric probability density function estimation[J]. IEEE Transactions on Image Processing, 2013,22(10):3791-3806.

[133] Bateman H,Erdelyi A,Van Haeringen H,et al. Tables of integral transforms[M]. New York:McGraw-Hill,1954.

[134] 任双桥,刘永祥,黎湘,等. 广义相关 K 分布杂波建模与仿真[J]. 自然科学进展, 2006,16(6):776-780.

[135] Gomès O,Combes C,Dussauchoy A. Parameter estimation of the generalized gamma distribution[J]. Mathematics and Computers in Simulation,2008,79(4):955-963.

[136] Anastassopoulos V,Lampropoulos G A,Drosopoulos A,et al. High resolution radar clutter statistics[J]. IEEE Transactions on Aerospace and Electronic Systems,1999,35(1): 43-60.

[137] Kuruoglu E,Molina C,Fitzgerald W. Approximation of alpha stable probability densities using finite mixtures of Gaussian[C]. Island of Rhodes,Greece:Proc. European Signal Processing Conference,1998:989-992.

[138] 时公涛,赵凌君,桂琳,等. 基于 Mellin 变换的 K 分布参数估计新方法[J]. 电子学报,2010,38(9):2083-2089.

[139] 刘涛,王雪松,肖顺平. 标准 Stokes 参数的统计特性分析[J]. 中国科学:E 辑,2008, 38(12):2241-2251.

[140] Liu T,Wang X S,Xiao S P. Instantaneous coherent polarization and coherent polarimetric spectra[J]. Chinese Physics B,2008,17(3):960.

[141] Lopez-Martinez C,Pottier E,Cloude S R. Statistical assessment of eigenvector-based target decomposition theorems in radar polarimetry[J]. IEEE Transactions on Geoscience and Remote Sensing,2005,43(9):2058-2074.

[142] Gil J J. Polarimetric characterization of light and media[J]. The European Physical Journal Applied Physics,2007,40(1):1-47.

[143] Akbari V,Doulgeris A P,Moser G,et al. A Textural-Contextual Model for Unsupervised Segmentation of Multipolarization Synthetic Aperture Radar Images[J]. IEEE Transactions on Geoscience and Remote Sensing,2013,51(4):2442-2453.

[144] Doulgeris A P,Akbari V,Eltoft T. Automatic PolSAR segmentation with the U-distribution and Markov random fields[C]. Nuremberg,Germany:Proc. 9th European Conference on Synthetic Aperture Radar,2012:183-186.

[145] Liu T,Cui H G,Mao T,et al. Modeling multilook polarimetric SAR images with heavy-tailed rayleigh distribution and novel estimation based on matrix log-cumulants[J]. Science China

Information Sciences,2013,56(6):1-14.

[146] Lee J S,Grunes M R,Ainsworth T L,et al. Unsupervised classification using polarimetric decomposition and the complex Wishart classifier[J]. IEEE Transactions on Geoscience and Remote Sensing,1999,37(5):2249-2258.

[147] Kersten P R,Lee J S,Ainsworth T L. Unsupervised classification of polarimetric synthetic aperture radar images using fuzzy clustering and EM clustering[J]. IEEE Transactions on Geoscience and Remote Sensing,2005,43(3):519-527.

[148] Kersten P R,Anfinsen S N,Doulgeris A P. The Wishart-Kotz classifier for multilook polarimetric SAR data[C]. Munich,Germany:Proc. IEEE International in Geoscience and Remote Sensing Symposium,2012:3146-3149.

[149] Conradsen K,Nielsen A A,Schou J,et al. A test statistic in the complex Wishart distribution and its application to change detection in polarimetric SAR data[J]. IEEE Transactions on Geoscience and Remote Sensing,2003,41(1):4-19.

[150] Cumming I G,Wong F H. Digital signal processing of synthetic aperture radar data:algorithms and implementation[M]. Boston:Artech House,2004.

[151] Brekke C,Anfinsen S N. Ship detection in ice-infested waters based on dual-polarization SAR imagery[J]. IEEE Geoscience and Remote Sensing Letters,2011,8(3):391-395.

[152] Anfinsen S N,Brekke C. Statistical models for constant false alarm rate ship detection with the sublook correlation magnitude[C]. Munich,Germany:Proc. IEEE International in Geoscience and Remote Sensing Symposium,2012:5626-5629.

[153] Blacknell D,Tough R. Parameter estimation for the K-distribution based on [zlog(z)][J]. IEE Radar,Sonar and Navigation,2001,148(6):309-312.

[154] 胡文琳,王永良,王首勇. 基于$z'\log(z)$期望的K分布参数估计[J]. 电子与信息学报,2008,30(1):203-205.

[155] Anfinsen S N,Doulgeris A P,Eltoft T. Goodness-of-fit Tests for Multilook Polarimetric Radar Data Based on the Mellin Transform[J]. IEEE Trans. Geosci. Remote Sens,2011,49(7):2764-2781.

[156] Nicolas J M. A Fisher-MAP filter for SAR image processing[C]. Toulouse,France:Proc. IEEE International in Geoscience and Remote Sensing Symposium,2003:1996-1998.

[157] Novak L M,Burl M C. Optimal speckle reduction in polarimetric SAR imagery[J]. IEEE Transactions on Aerospace and Electronic Systems,1990,26(2):293-305.

[158] Liu G Q,Huang S,Torre A,et al. The multilook polarimetric whitening filter (MPWF) for intensity speckle reduction in polarimetric SAR images[J]. IEEE Transactions on Geoscience and Remote Sensing,1998,36(3):1016-1020.

[159] Mihcak K M,Kozintsev I,Ramchandran K,et al. Low-complexity image denoising based on statistical modeling of wavelet coefficients[J]. IEEE Signal Processing Letters,1999,6(12):300-303.

[160] Xie H,Pierce L E,Ulaby F T. SAR speckle reduction using wavelet denoising and Markov

random field modeling[J]. IEEE Transactions on Geoscience and Remote Sensing,2002,40(10):2196-2212.

[161] Lee J S,Grunes M R,De Grandi G. Polarimetric SAR Speckle Filering and Its Implication for Classification [J]. IEEE Transactions on Geoscience and Remote Sensing,1999,37(5):2363-2367.

[162] Lee J S,Grunes M R,Mango S A. Speckel Reduction in Multipolarization,Multifrequecy SAR Imagery [J]. IEEE Transactions on Geoscicence and Remote Sensing,1991,29(4):535-544.

[163] Lopes A,Sery F. Optimal Speckle Reduction for the Product Model in Multilook Polarimetric SAR imagery and the Wishart Distribution [J]. IEEE Transcations on Geoscicence and Remote Sensing,1997,35(3):632-647.

[164] Novak L M,Burl M C. Studies of target detection algorithms that use Polarimetric radar data [J]. IEEE Transactions on Aerospace and Electronic Systems,1989,25(2):150-165.

[165] Novak L M,Burl M C,Irving W W,et al. Optimal polrimetric procesing for enhanced target detetion [C]//Telesystems Conference,1991. Proceedings. Vol. 1. ,NTC'91. ,National. IEEE 1991:69-75.

[166] Armando Marino. 基于几何扰动滤波的极化合成孔径雷达目标检测方法[M].万群,等译.北京:国防工业出版社,2014.

[167] 肖顺平,杨勇,冯德军,等. 雷达极化检测性能对比分析[J].宇航学报,2014,35(10):1198-1203.

[168] 刘国庆,黄顺吉,Torre A,等. 一种新的多视全PolSAR目标检测器及其性能分析[J]. 信号处理,1998,14(2):110-116.

[169] Bithas P S,Sagias N C,Mathiopoulos P T,et al. Rontogiannis. On the performance analysis of digital communications over Generalized-K fading channels[J]. IEEE communication letlers,2006,10(5):353-355.

[170] Jiang Q S,Wang S R,Zoiu D,et al. Automatic detection for ship targetsin Radarasat SAR images from coastal regions [C]. Canada:Vision interface Trois Rivieres,1999:131-137.

[171] Wei J J,Li P X,Yang J. et al. A new automatic ship detection method using L-band polarimetric SAR imagery[J]. IEEE Journal of Selected Topics in Applied Earth Observations and Remote Sensing,2014,7(4):1383-1393.

[172] Tison C,Nicolas J M,Tupin F,et al. A new statistical model for markovian classification of urban areas in high-resolution SAR images[J]. IEEE Transaction on Geoscience and Remote Sensing Symposium,2004,42(10):2046-2057.

[173] Gradshteyn I S,Ryzhik I M. Table of integrals,series,and products [M]. San Diego,CA Academic Press,2007.

主要符号表

$A^{(k)}$	散射波中的幅度分量
$B_v(\cdot)$	v 阶完全 Bell 多项式
$\boldsymbol{C}$	协方差矩阵
$\boldsymbol{C}_1$	协方差矩阵的一维子矩阵
$\boldsymbol{C}_2$	协方差矩阵的二维子矩阵
$\boldsymbol{C}_L$	多视协方差矩阵
D_{KS}	K-S 检验距离
D_{χ^2}	χ^2 检验距离
$\boldsymbol{E}^i$	入射波的 Jones 矢量
$\boldsymbol{E}^s$	散射波的 Jones 矢量
$E\{\cdot\}$	求期望
$G_{pq}^{mn}\left(z \Big\vert \begin{matrix} a_1,\cdots,a_p \\ b_1,\cdots,b_q \end{matrix}\right)$	MeijerG 函数
$J_0(\cdot)$	第一类零阶贝塞尔函数
$K_1(\cdot)$	第二类修正贝塞尔函数
k	电磁波的波数
$k_v\{\cdot\}$	v 阶对数累积量
$k_{v,d}\{\cdot\}$	d 维子矩阵的 v 阶对数累积量
L	名义视图数
$\mathcal{M}\{\cdot\}$	Mellin 变换
$\mathcal{M}^{-1}\{\cdot\}$	Mellin 逆变换
P_{tot}	散射总能量
Q_p	基于 MLC 的简单假设检验统计量

符号	含义
Q'_p	基于 MLC 的复杂假设检验统计量
S	极化散射矩阵
s	极化散射矢量
$\mathrm{tr}(\cdot)$	矩阵的迹运算
$\mathrm{Var}(\cdot)$	方差
$\mathrm{vec}(\cdot)$	列矢量化运算
Y	相干斑的协方差矩阵
y	相干斑矢量
$\alpha \hat{*} \beta$	α 与 β 的 Mellin 卷积
$\phi_C(s)$	特征函数
$\varphi_C(s)$	累积量产生函数
$\Gamma(\cdot)$	伽马函数
$\Gamma_d(L)$	复数形式的多变量伽马函数
$\mu_v\{\cdot\}$	v 阶对数矩
$p_\Xi(\Xi)$	测量协方差矩阵的特征值联合 PDF
$\theta(k)$	散射波中的相位分量
ρ	雷达目标到接收天线之间的距离
Σ	协方差矩阵真值
σ^2	散射体的平均雷达截面
τ	纹理变量
Ω_+	正定的复厄米特矩阵
$\chi^2(n)$	n 元卡方分布
$\psi_d^{(v)}(\cdot)$	v 阶多变量 polygamma 函数
$\psi^{(m)}(\cdot)$	m 阶 ψ 函数
$\lvert\cdot\rvert$	矩阵的行列式值运算
$\langle\cdot\rangle$	样本均值
$(\cdot)^H$	$(\cdot)$ 的共轭转置
$(\cdot)^T$	$(\cdot)$ 的转置

缩略语

AMPWF	Adaptive Multi-look Polarimetric Whitening Filter	自适应多视极化白化滤波
BSA	Back Scatter Assumption	后向散射约定
CDF	Cumulative Distribution Function	累积分布函数
CF	Characteristic Function	特征函数
CFAR	Constant False Alarm Rate	恒虚警
CGF	Cumulant Generating Function	累积量产生函数
DML	Maximum Likelihood of Determinant	行列式值的 ML
DTM	Development of Trace Moments	改进的基于矩阵迹方法
ENL	Equivalent Number of Looks	等效视图数
EM	Expectation Maximization	期望最大化
FLDM	Forth Log Determinant Moment	第四类基于子矩阵一阶 MLC
FM	Fractional Moment	分数阶矩
FMM	Finite Model Mixed	有限参量模型混合
FMOM	Fractional Moment	分数阶矩估计方法
FOL	First Order Log-cumulant	一阶对数累积量
GIG	Generalized Inverse Gamma	广义逆伽马
GoF	Goodness of Fit	拟合度
GΓD	Generalized Gamma Distribution	广义伽马分布
H	Horizontal Polarization	水平极化
ILR	Identity Likelihood Ratio	单位似然比
JPL	Jet Propulsion Laboratory	喷气推进实验室
KDE	Kernel Density Estimator	核密度
LC	Log-cumulant	对数累积量
LML	Maximum Likelihood of ENL	等效视图数的最大似然

MCF	Mellin Characteristic Function	基于 Mellin 变换的特征函数
ML	Maximum Likelihood	最大似然
MLC	Matrix Log-Cumulant	矩阵对数累积量
MLM	Matrix Log Moment	矩阵对数矩
MOM	Moments	矩估计
MOPD	Multi-look Optimal Polarimetric Detector	最优极化检测器
MPMF	Multi-look Polarimetric Matched Filter	多视极化匹配滤波检测器
MPWF	Multi-look Polarimetric Whitening Filter	多视极化白化滤波器
MSD	Multi-look Span Detector	多视能量检测器
MSE	Mean Square Error	均方误差
NASA	National Aeronautics and Space Administration	美国航空航天局
OPCE	Optimal Polarimetric Contrast Enhancement	最优极化对比增强
OPD	Optimal Polarimetric Detector	最优极化检测器
PαS	Positive Alpha Stable distribution	正值稳定分布
PDF	Probability Density Function	概率密度函数
P-GLRT	Polarimetric-General Likehood Ratio Test	极化广义似然比检测
PMF	Polarimetric Matched Filter	极化匹配滤波器
PolSAR	Polarimetric Synthetic Aperture Radar	极化合成孔径雷达
PWF	Polarimetric Whitening Filter	极化白化滤波器
RCS	Radar Cross Section	雷达散射截面积
ROC	Receiver Operating Characteristic	接收机工作特性曲线
SAR	Synthetic Aperture Radar	合成孔径雷达
SCD	Single Channel Detector	单通道检测器
SCR	Signal Clutter Ratio	信杂比
SD	Span Detector	能量检测器
SLDM	Second Log Determinant Moment	第二类基于子矩阵一阶 MLC

SMLC	Second-order Matrix Log-cumulants	二阶 MLC
SMOM	Second Moment	二阶矩
SOL	Second Order Log-cumulant	二阶对数累积量
SαS	Symmetrical Alpha Stable distribution	对称稳定分布
TCR	Target Clutter Ratio	目标杂波比
TLDM	Third Log Determinant Moment	第三类基于子矩阵一阶 MLC
UCRB	Unbiased Cramer-Rao Bound	克拉美罗界
V	Vertical Polarization	垂直极化

(a) ESAR

(b) CONVAIR

(c) EMISAR

(d) AIRSAR

(e) BIOMASS

(f) PISAR

(g) RAMSES

(h) CONVAIR

(i) CV990

图 1.1　机载 PolSAR 系统

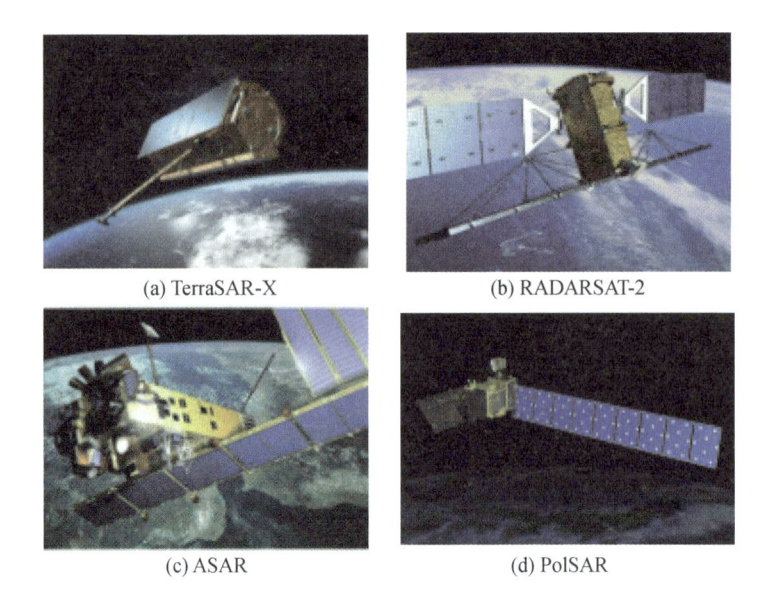

(a) TerraSAR-X (b) RADARSAT-2

(c) ASAR (d) PolSAR

图 1.2　星载 PolSAR 系统

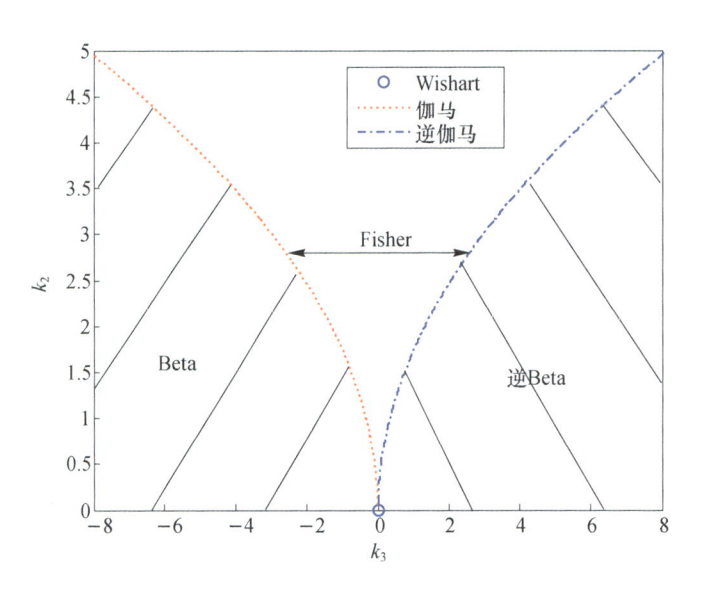

图 2.4　常用纹理分布的 k_2/k_3 平面覆盖情况

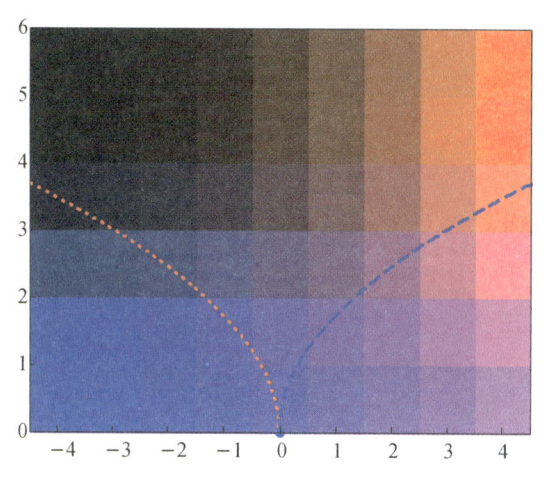

图 2.5 k_2/k_3 平面着色方案

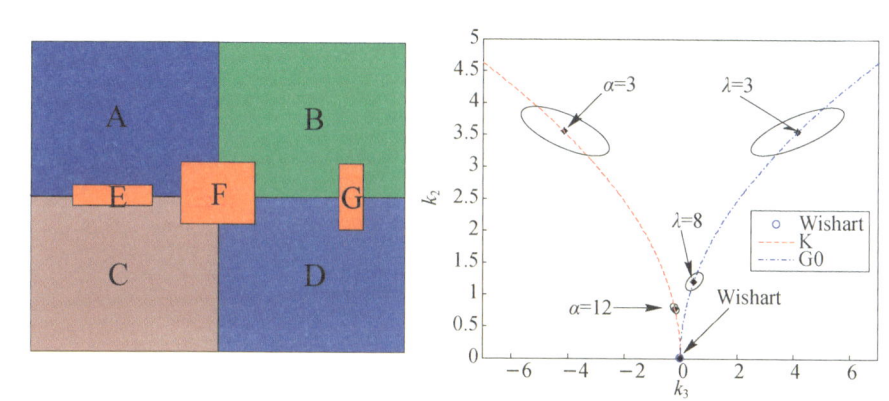

彩/3

(a) 仿真数据分布情况，区域A和B分别为 $\alpha=12$ 和 $\alpha=3$ 的K分布数据，区域C为 $\lambda=8$ 的 G0分布数据，区域D为Wishart分布数据。区域E、F、G为 $\lambda=3$ 的G0分布数据

(b) 各区域仿真数据在 k_2/k_3 平面上的位置，图中椭圆形的圈为显著性水平 $\alpha_c=0.05$，样本数为512时的置信区间

图 2.6 PolSAR仿真数据

(a) $k=3$

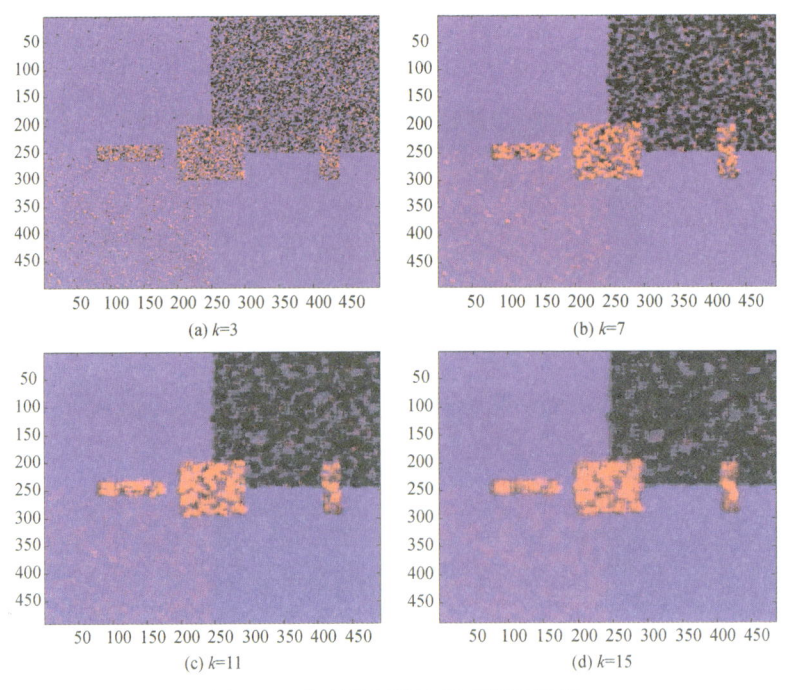

(b) $k=7$

(c) $k=11$

(d) $k=15$

图 2.7 仿真数据统计模型辨识结果

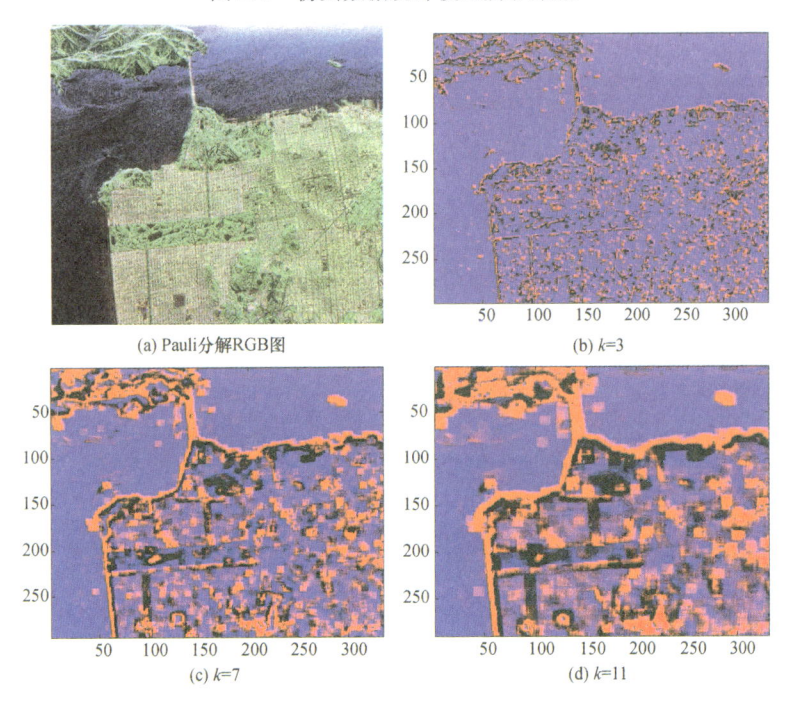

(a) Pauli分解RGB图

(b) $k=3$

(c) $k=7$

(d) $k=11$

图 2.8 San Francisco 地区实测数据模型辨识结果

(a) Pauli分解RGB图

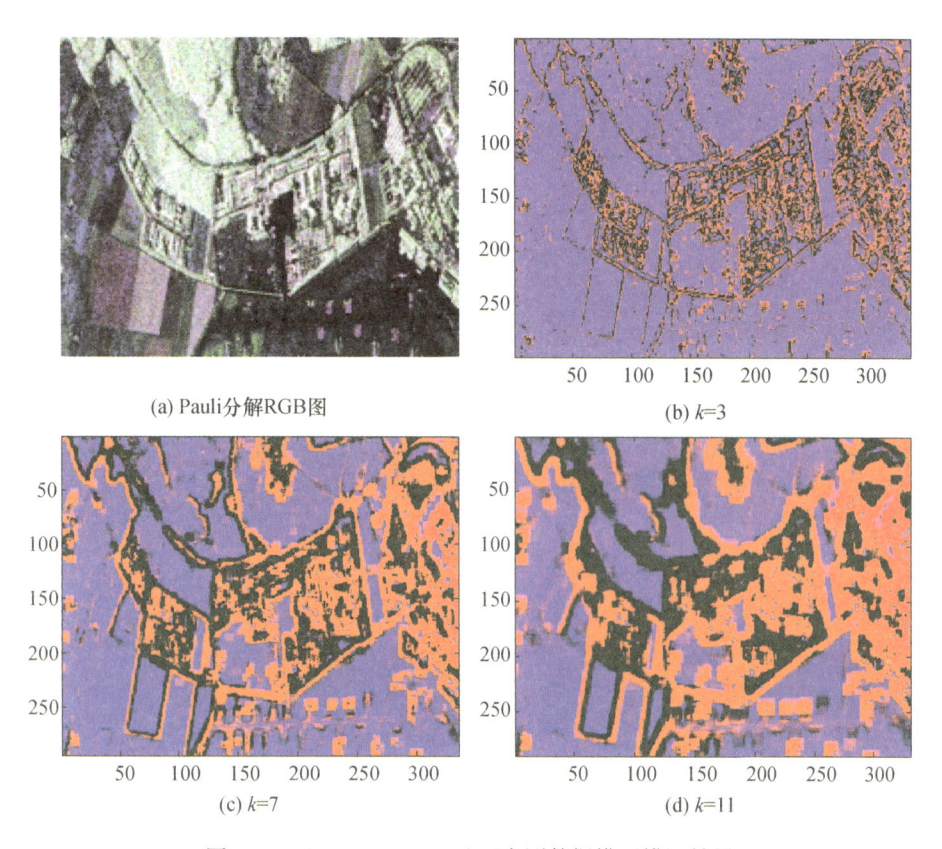

(b) *k*=3

(c) *k*=7

(d) *k*=11

图 2.9　Oberpfaffenhofen 地区实测数据模型辨识结果

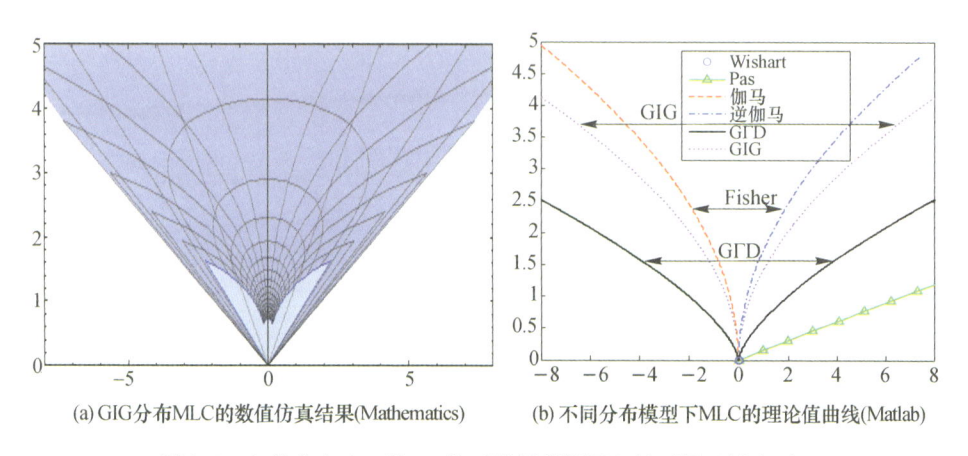

(a) GIG分布MLC的数值仿真结果(Mathematics)

(b) 不同分布模型下MLC的理论值曲线(Matlab)

图 3.1　各类分布在二阶、三阶对数累量图上的不同区域表示

(a) 参数p的估计偏差与方差

(b) 参数v的估计偏差与方差

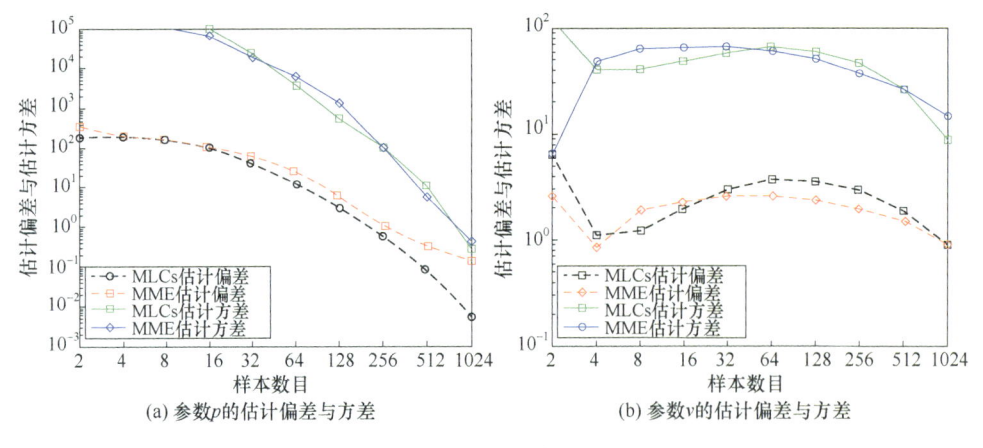

图 3.3　L 分布下两种方法的参数估计偏差与方差

(a) San Francisco图像的4个区域

(b) Oberpfaffenhofen图像的4个区域

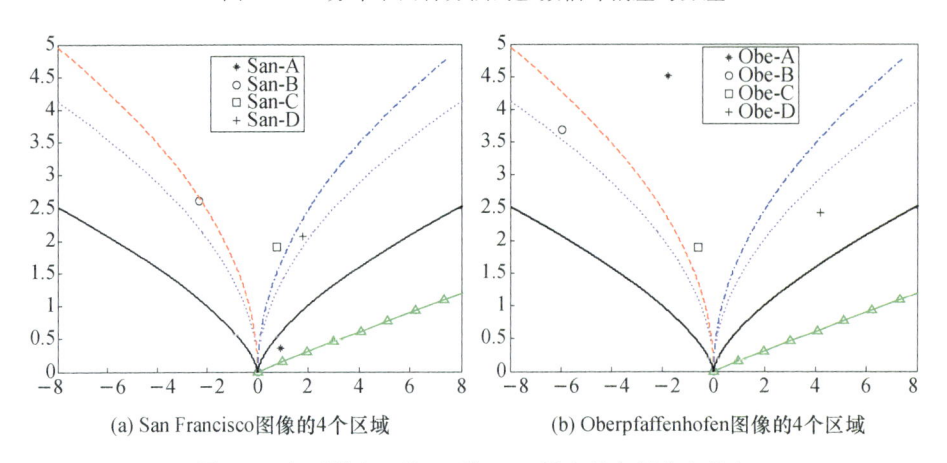

图 3.6　各区域在二阶、三阶 MLC 图上的空间分布状态

(a) San Francisco植被区域

(b) Oberpfaffenhofen森林区域

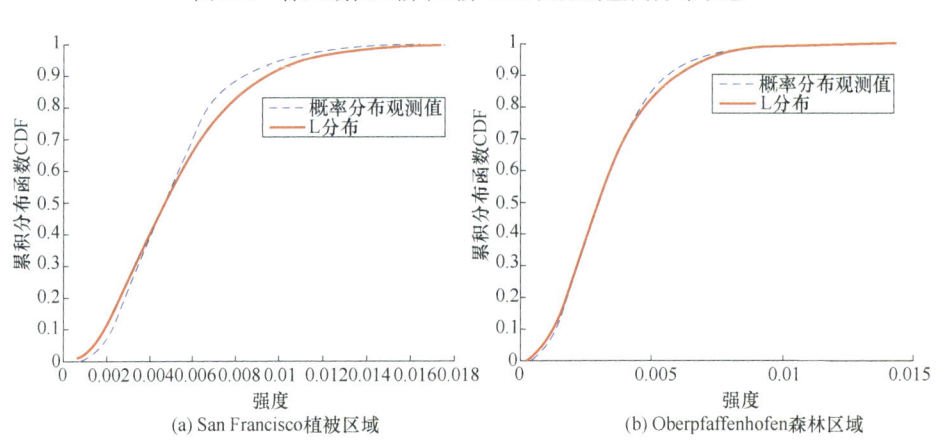

图 3.7　L 分布 CDF 的理论值与观测值的比较

图 3.10　各区域的选择示意图

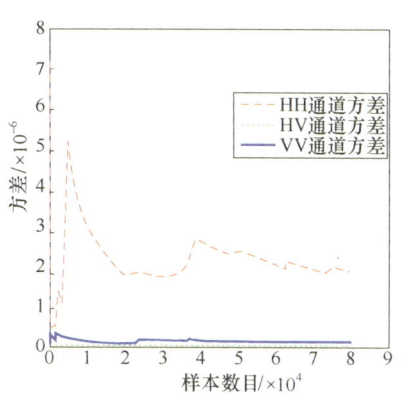

图 3.11　A 区极化通道幅度数据的无限方差检验

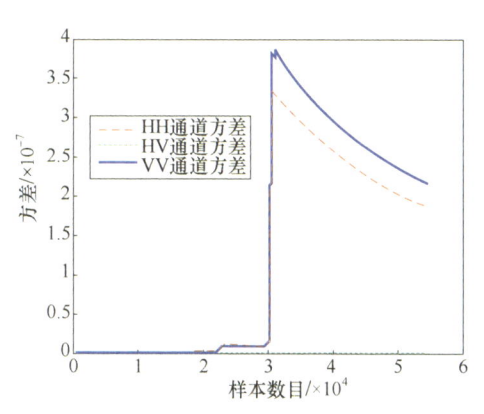

图 3.12　B 区极化通道幅度数据的无限方差检验

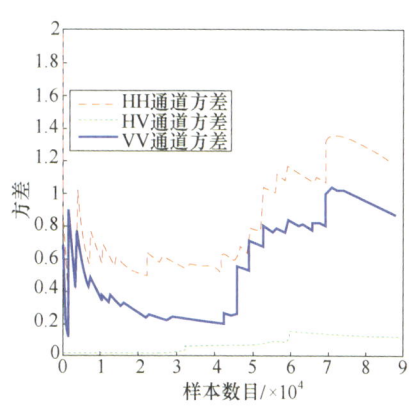

图 3.13　C 区极化通道幅度数据的无限方差检验

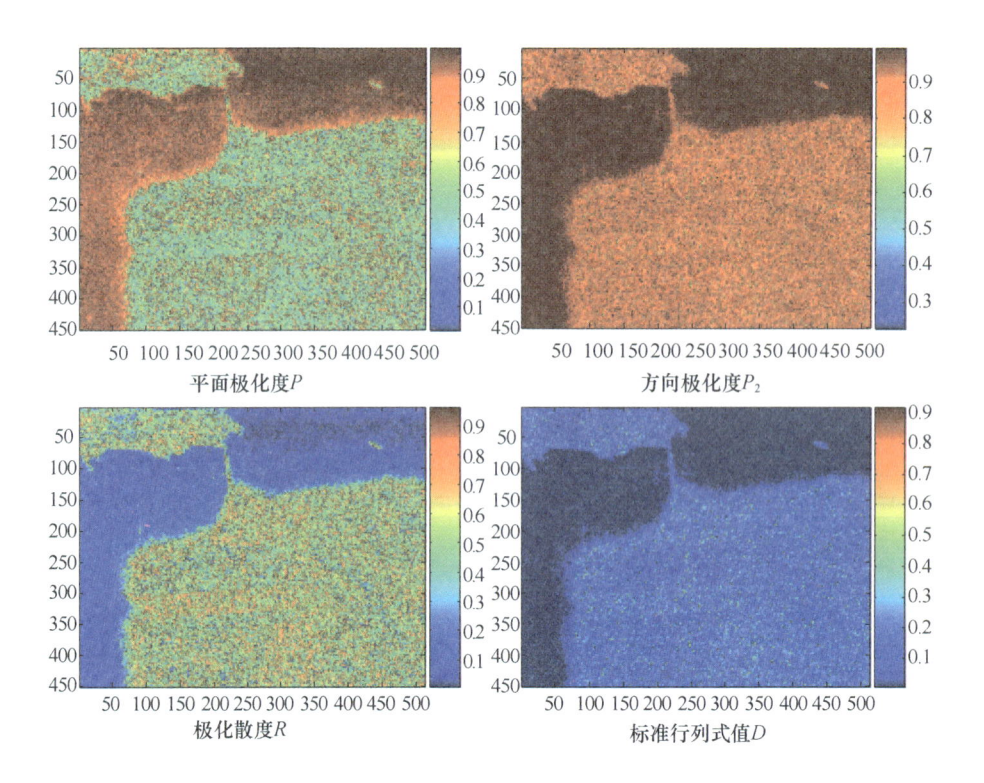

图 4.2 极化度、极化散度以及标准行列式值的比较

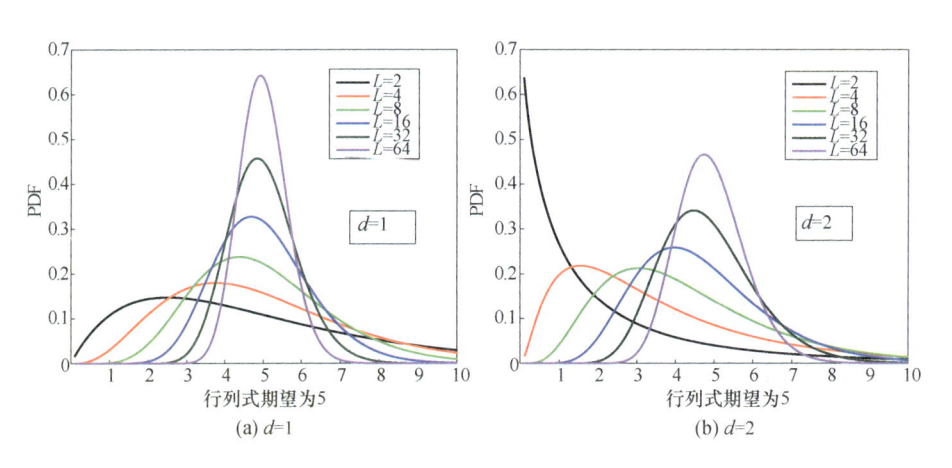

图 4.3 协方差矩阵行列式值的概率密度函数

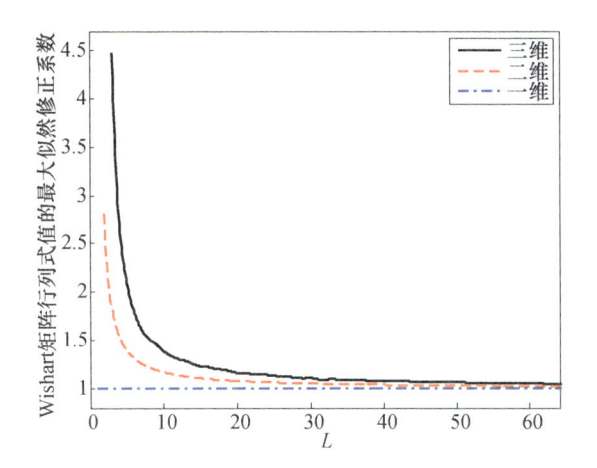

图 4.5　不同维数下 Wishart 矩阵行列式值的最大似然修正系数

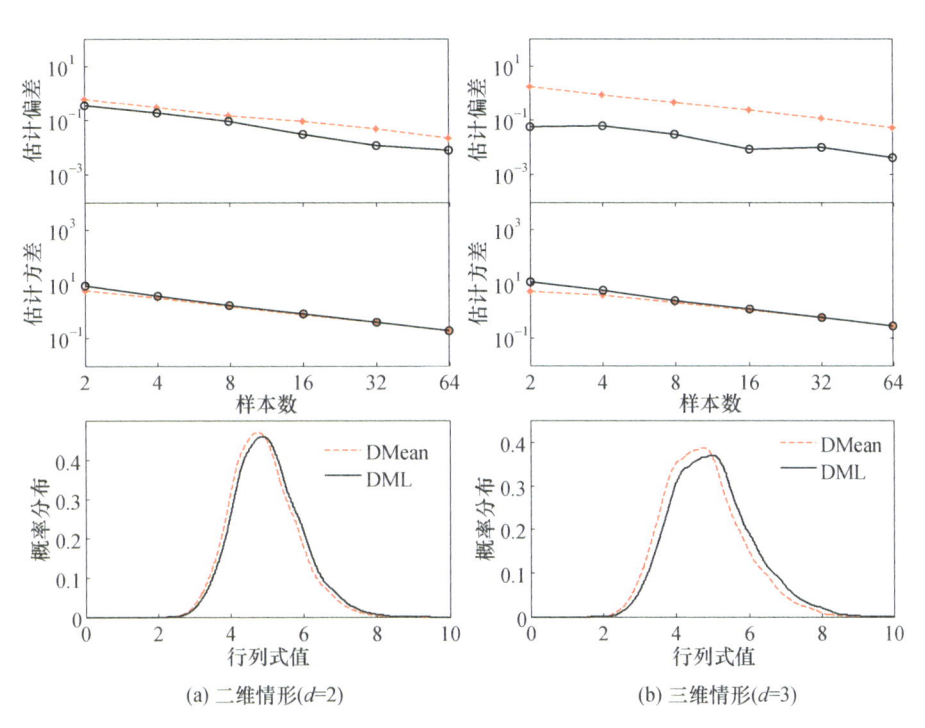

(a) 二维情形($d=2$)　　　　(b) 三维情形($d=3$)

图 4.6　仿真数据下 DMean 算法和 DML 算法的估计性能比较,仿真数据
服从 $L=4$,$|\boldsymbol{\Sigma}|=5$ 的 Wishart 分布(最下面的图对应于上面的图中
样本数为 16 时估计结果的分布,仿真次数 $M=10000$)

(a) ENL的估计结果，真值为4　　　　(b) 矩阵行列式值的估计结果，真值为5

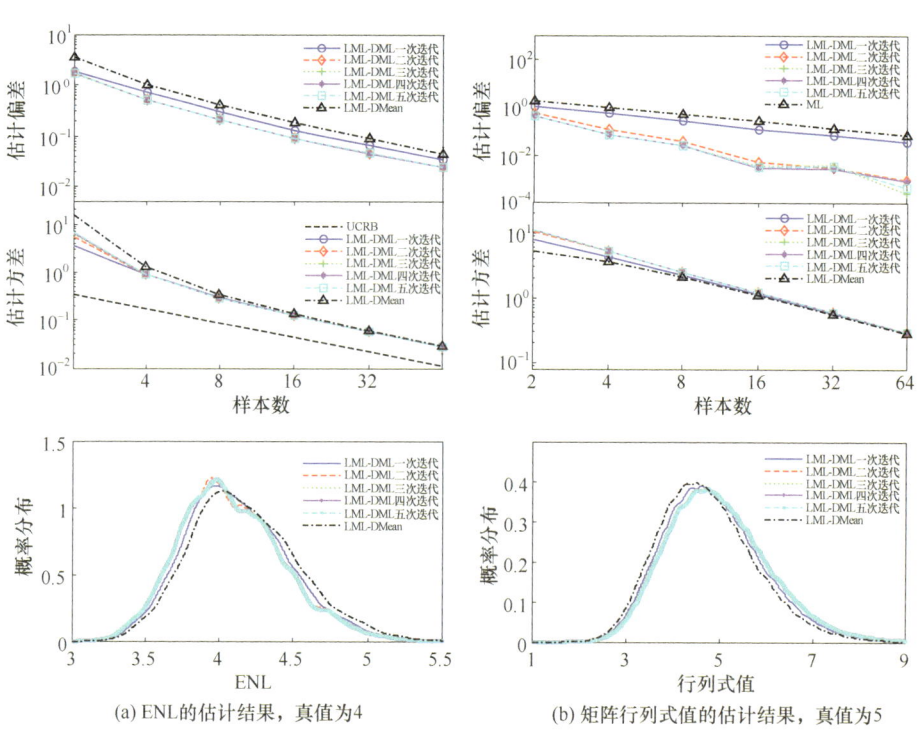

图 4.7　n 次迭代 LML-DML 算法与 LML-DMean 算法的比较，仿真数据服从 $L=4$，$|\boldsymbol{\Sigma}|=5$ 的 Wishart 分布（最后一幅对应样本数为 16，$M=10000$）

(a) San Francisco　　　　(b) Oberpfaffenhofen

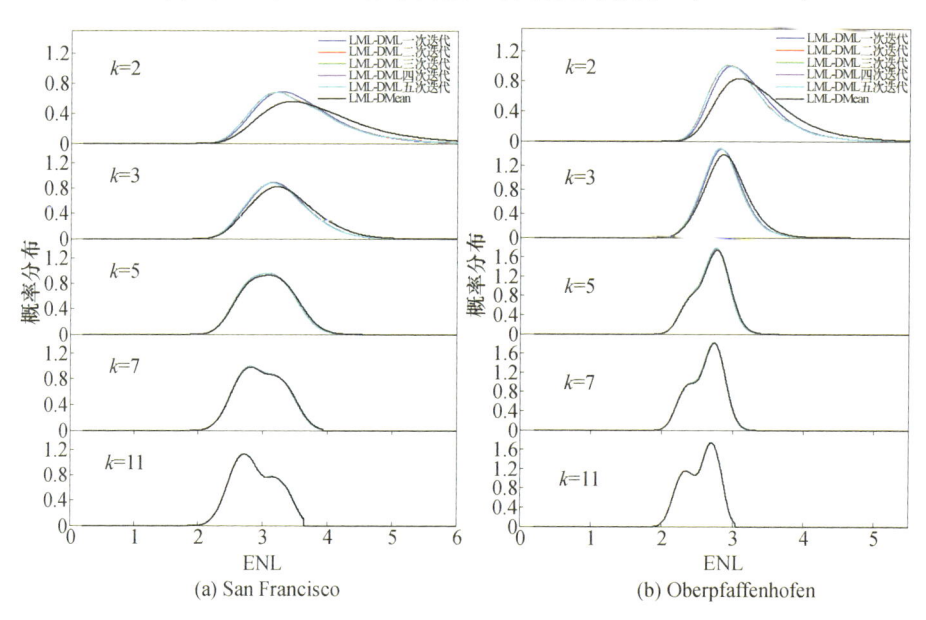

图 4.8　实测数据下各估计方法对 ENL 的估计结果的比较

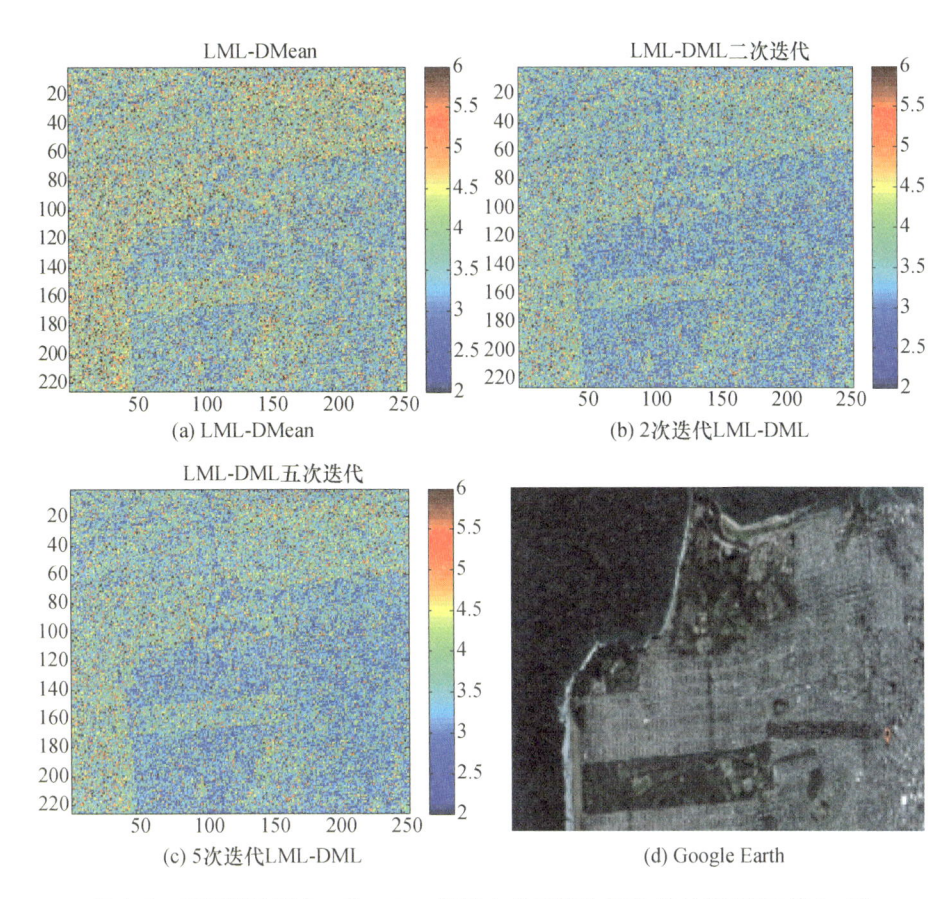

图 4.9　不同算法下 San Francisco 图像中各区域的 ENL 估计值(窗口值 $k=2$)

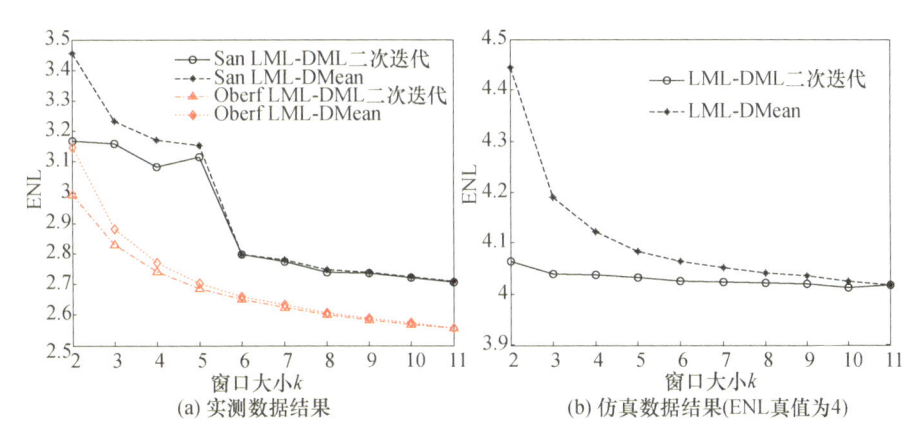

(a) 实测数据结果

(b) 仿真数据结果(ENL 真值为4)

图 4.10　不同窗口值 k 各算法得出的全图 ENL 值

(a) $\alpha=8$的K分布数据　　　　　　(b) $\lambda=8$的G0分布数据

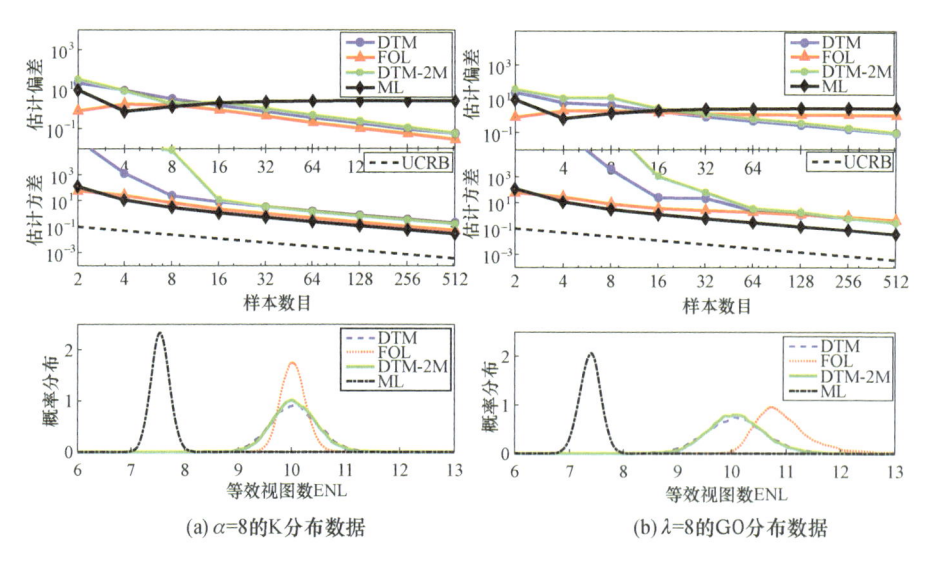

图 5.2　在单种纹理分布下 ML, FOL, DTM 和 DTM-2M 4 种方法的估计性能比较
（图中下方的子图对应样本数 512 时 ENL 估计结果的分布）

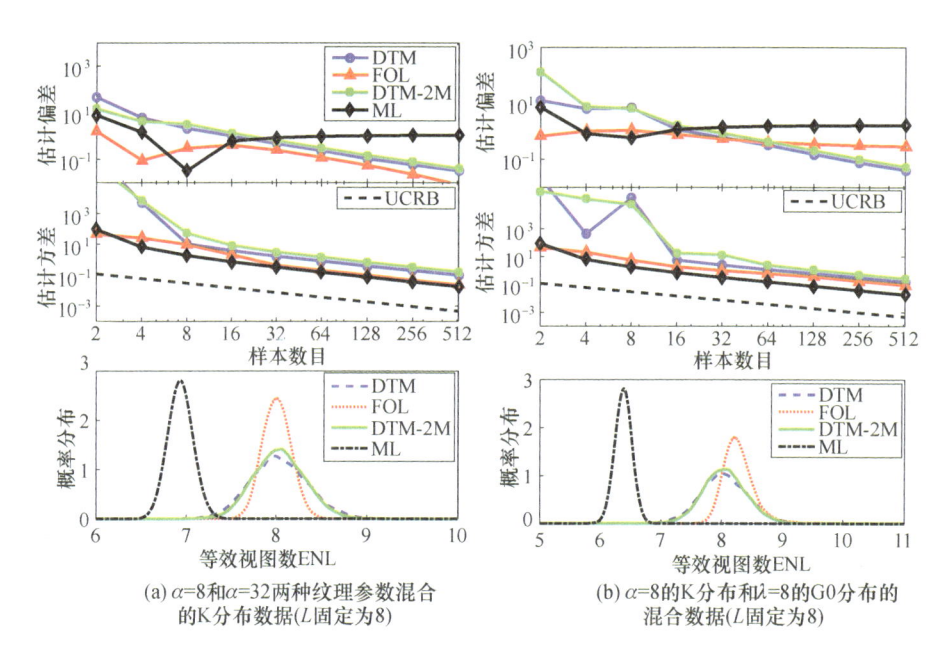

(a) $\alpha=8$和$\alpha=32$两种纹理参数混合
的K分布数据(L固定为8)　　　　　　(b) $\alpha=8$的K分布和$\lambda=8$的G0分布的
混合数据(L固定为8)

图 5.3　当区域中数据包含不同纹理参数时各估计方法的估计性能比较
（图中下方的子图对应样本数 512 时 ENL 估计结果的分布）

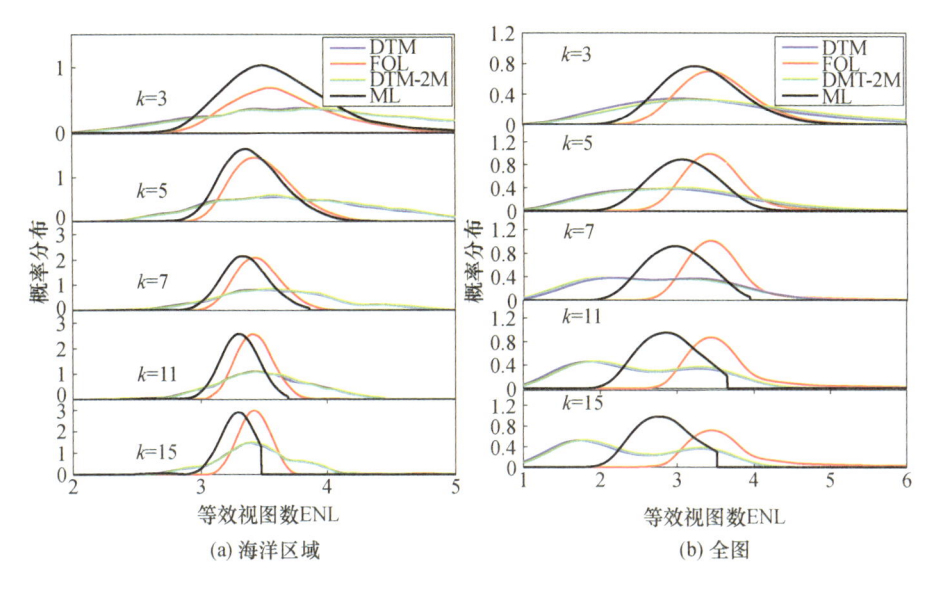

图 5.5 不同滑窗大小下的 ENL 估计结果

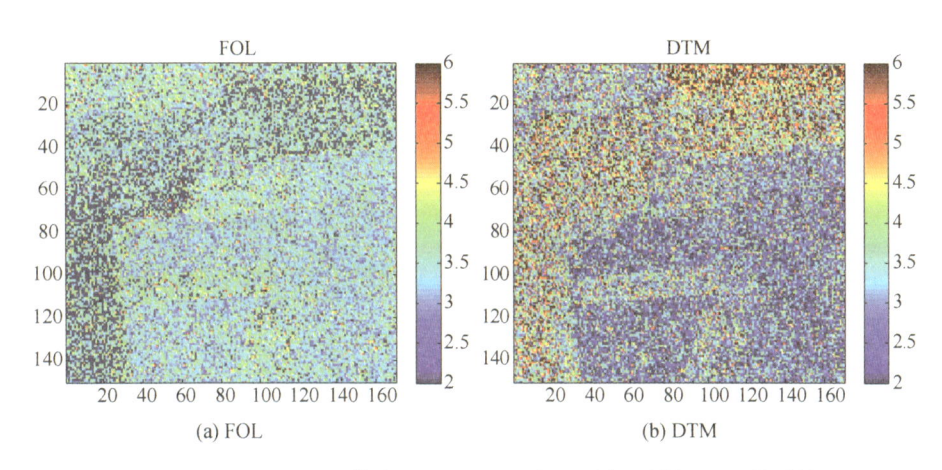

图 5.6 San Francisco 图像中 FOL 和 DTM 方法对各区域的 ENL 估计结果
（滑窗大小为 3×3）

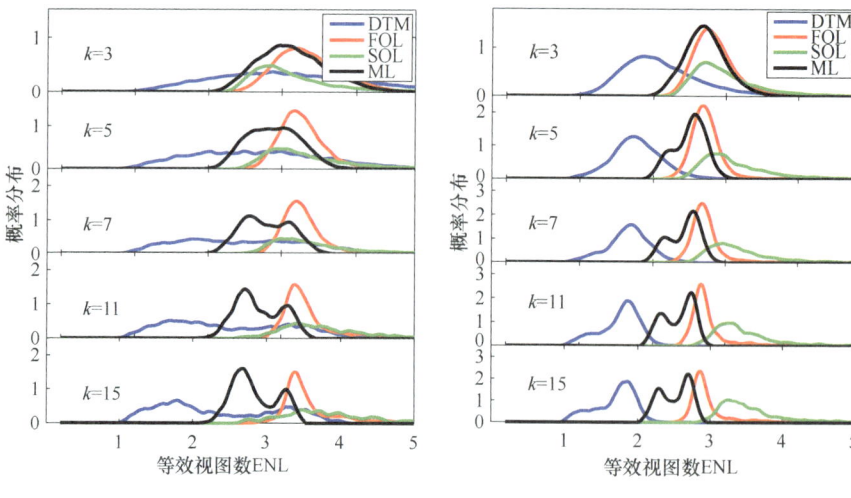

图 5.13 San Francisco 图像不同滑窗大小下的 ENL 估计结果

图 5.14 Oberpfaffenhofen 图像不同滑窗大小下的 ENL 估计结果

(a) K 分布 $\alpha=2$

(b) K 分布 $\alpha=8$

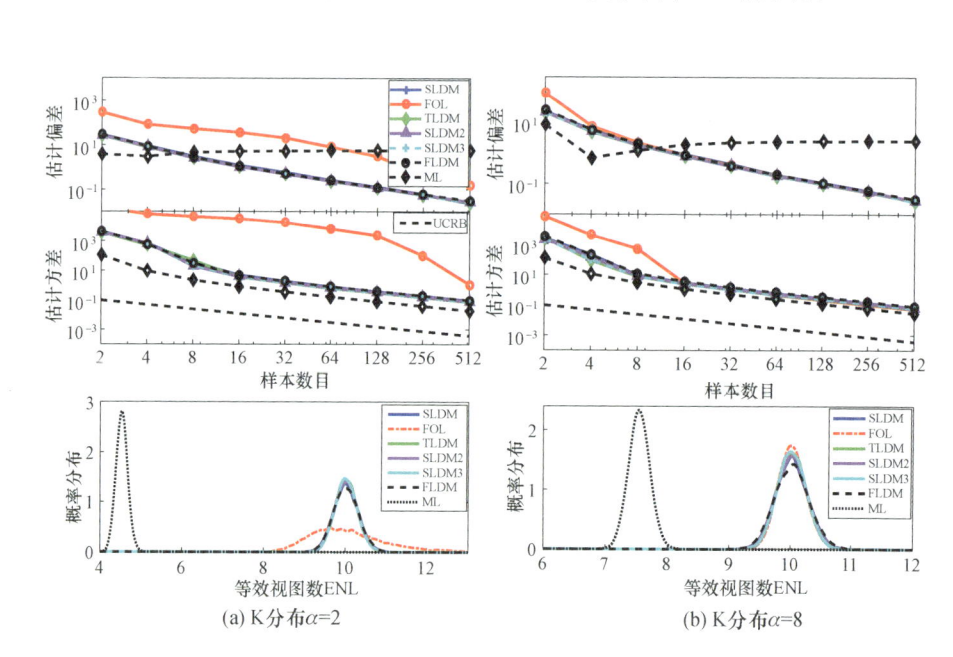

图 5.15 K 分布仿真数据下各估计方法的性能比较

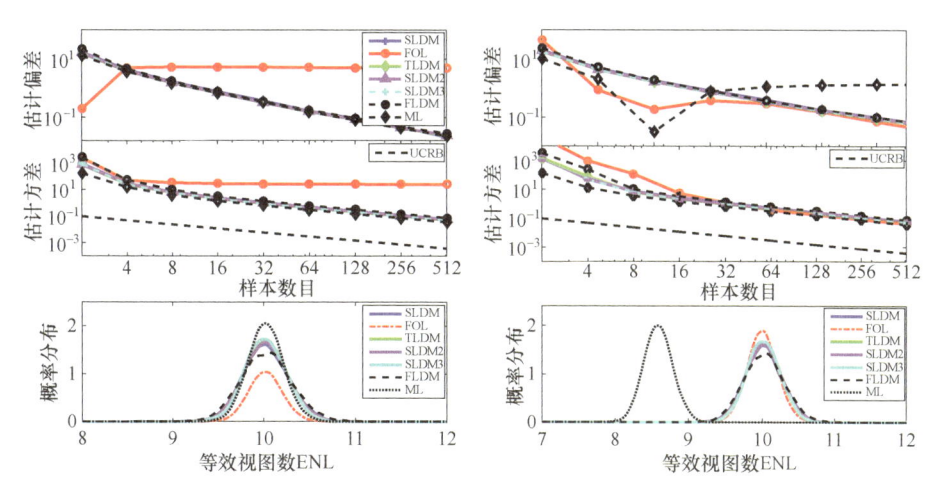

图 5.16　Wishart 分布仿真数据下各估计方法的性能比较

图 5.17　Wishart 分布与 K 分布 $\alpha=8$ 的混合数据下各估计方法的性能比较

(a) G0分布$\lambda=5$

(b) G0分布$\lambda=8$

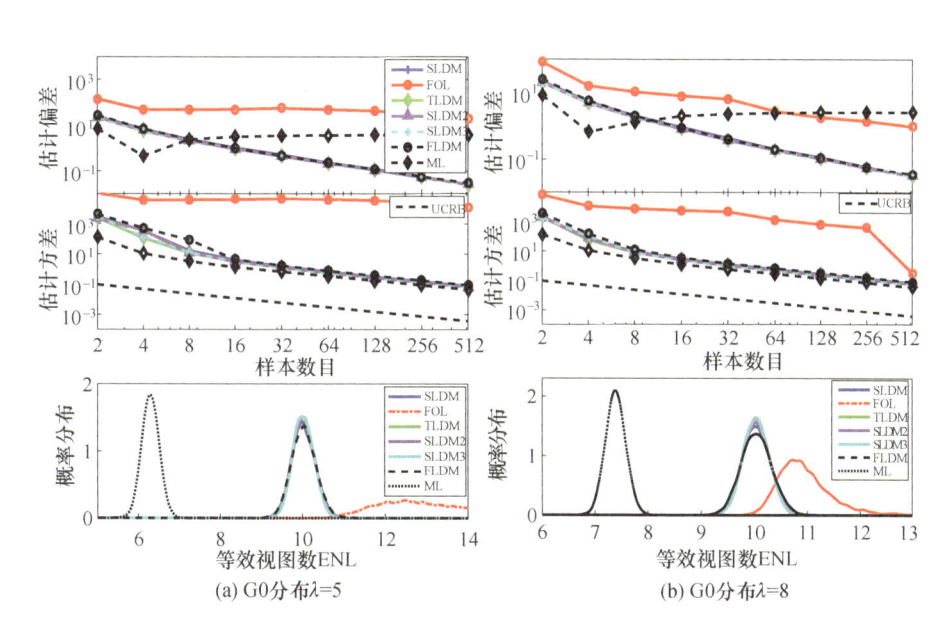

图 5.18　G0 分布仿真数据下各估计方法的性能比较

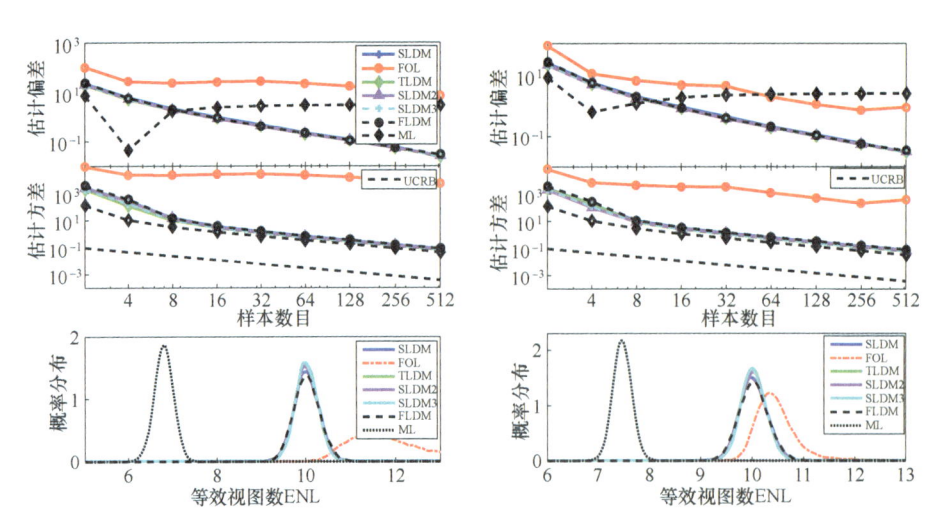

图5.19 G0分布 $\lambda=5$ 与 $\lambda=8$ 混合数据下各估计方法的性能比较

图5.20 K分布 $\alpha=8$ 与G0分布 $\lambda=8$ 混合数据下各估计方法的性能比较

(a) San Francisco

(b) Oberpfaffenhofen

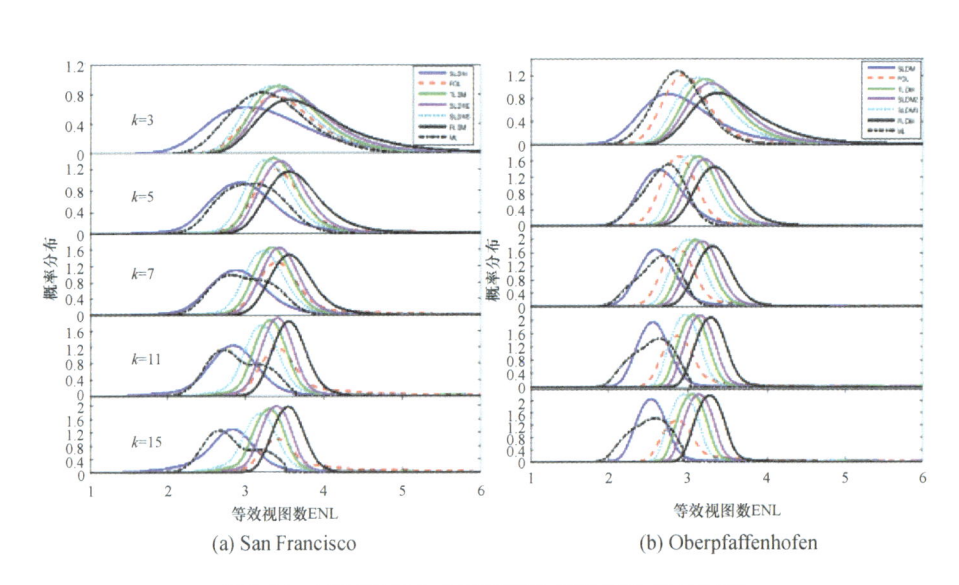

图5.21 不同滑窗大小下实测数据的ENL估计结果

(a) Google地图　　(b) FOL

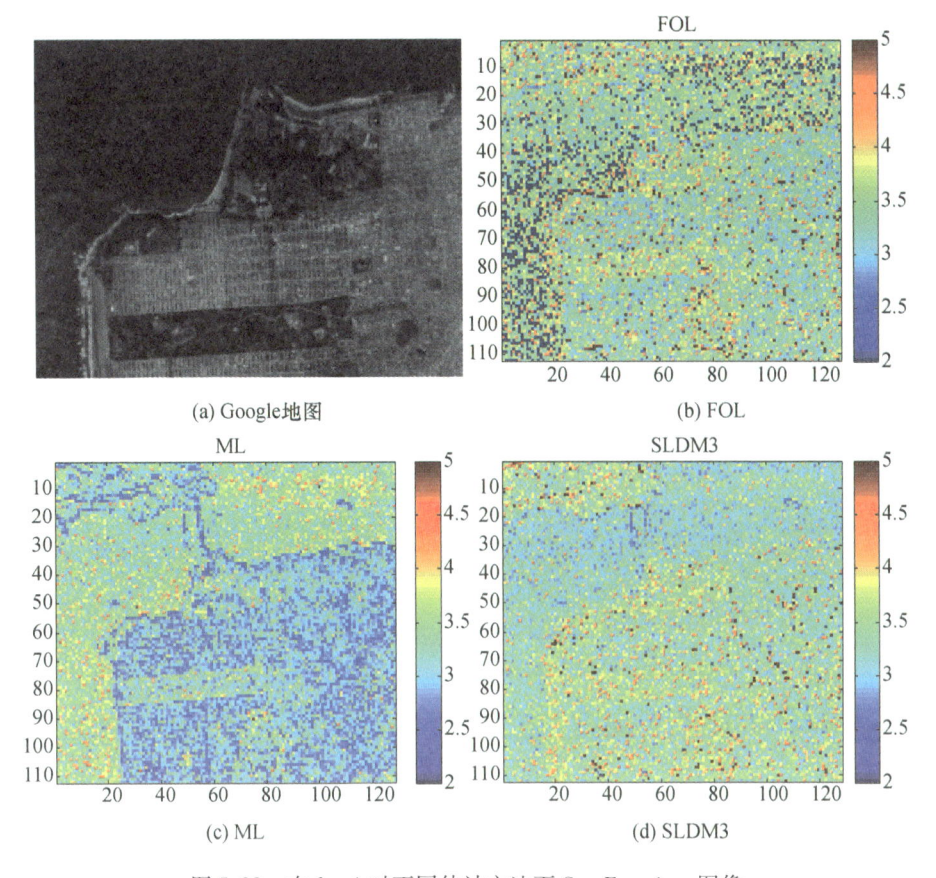

(c) ML　　(d) SLDM3

图 5.22　在 $k=4$ 时不同估计方法下 San Francisco 图像各区域的 ENL 估计结果

(a) Google 地图

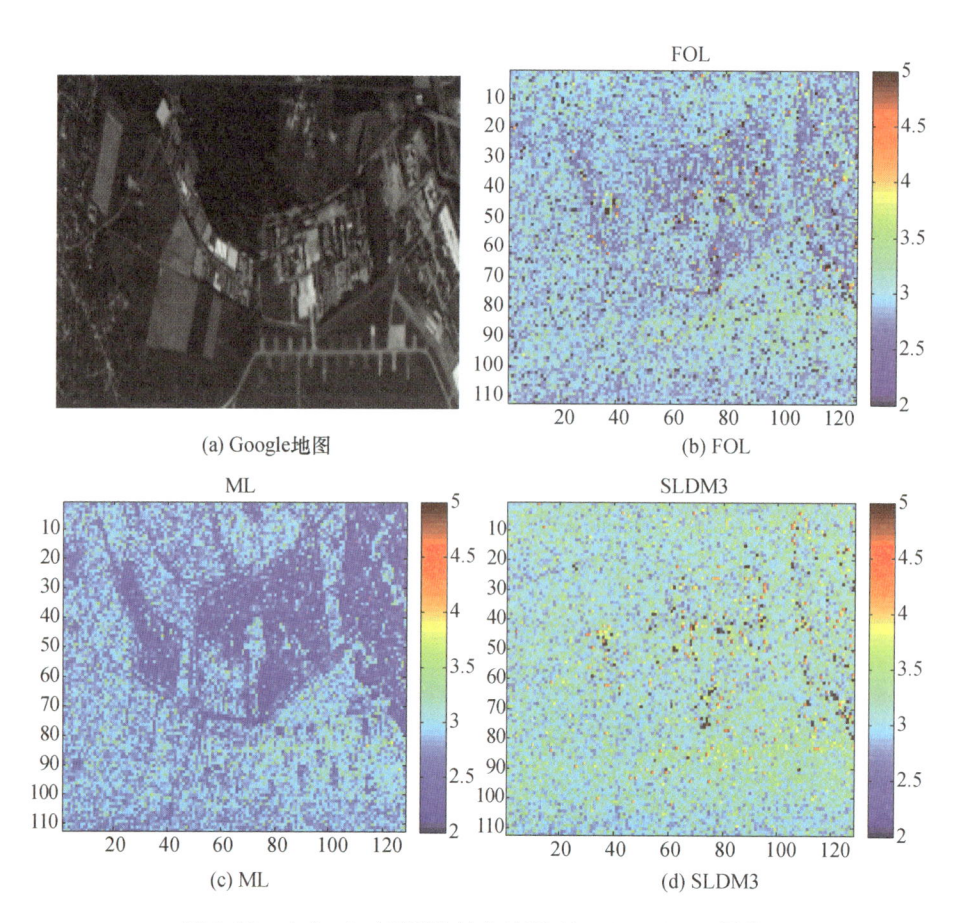

(b) FOL

(c) ML

(d) SLDM3

图 5.23　在 $k=4$ 时不同估计方法下 Oberpfaffenhofen 图像各区域的 ENL 估计结果

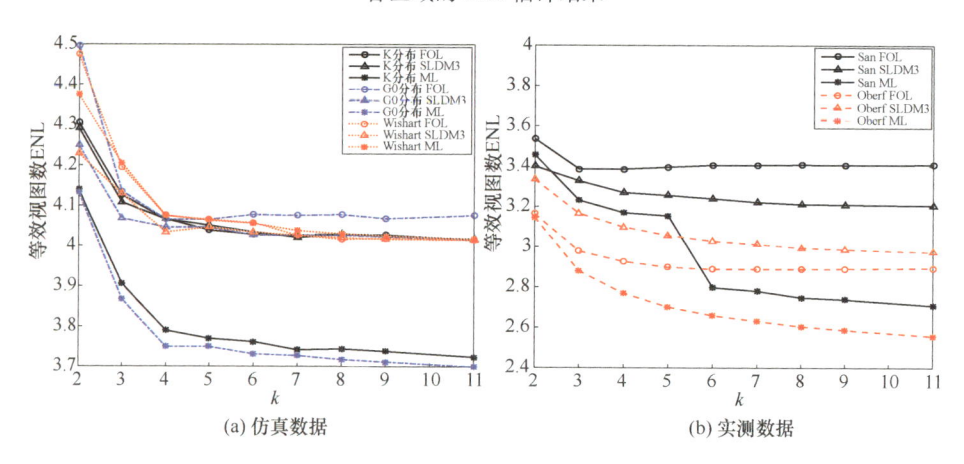

(a) 仿真数据

(b) 实测数据

图 5.24　不同滑窗下的全图 ENL 估计结果

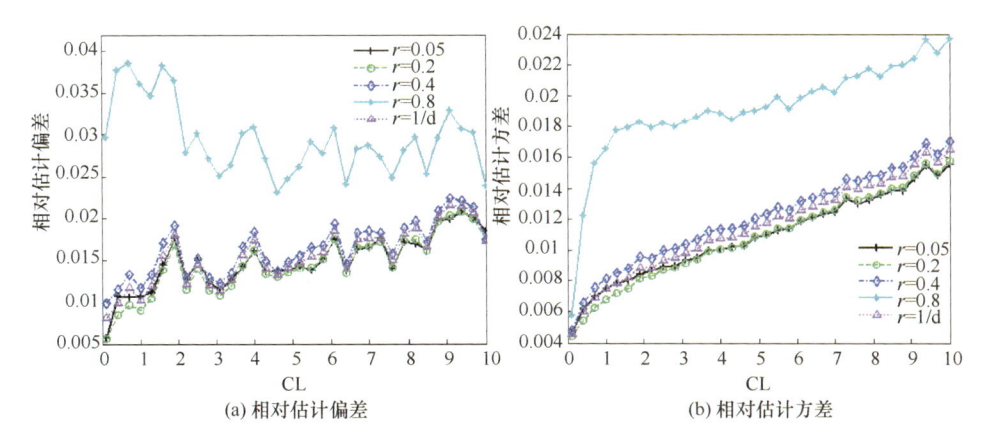

图 6.1 在不同的 α 取值下 ($\alpha \in [0.1,10]$),不同 r 值的 ZrLZ 方法在样本数为 512 时的相对估计偏差与相对估计方差(仿真次数为 10000 次)

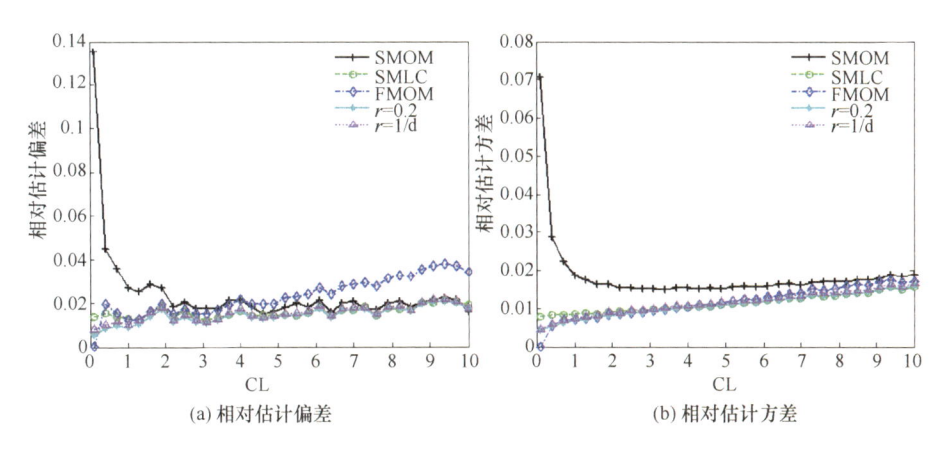

图 6.2 在不同的 α 取值下 ($\alpha \in [0.1,10]$),本节的估计方法与原有估计方法在样本数为 512 时的相对估计偏差与相对估计方差(仿真次数为 10000 次。这里 ZrLZ 方法取 $r=0.2$ 与 $r=1/d$)

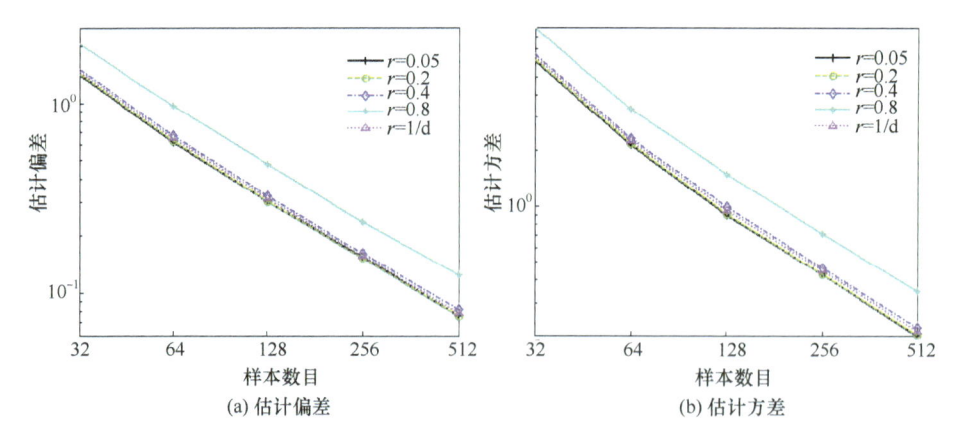

图 6.3 K 分布 $\alpha=6$ 的情形下,r 取不同值时 ZrLZ 方法在不同样本数下的估计偏差与估计方差(仿真次数为 10000 次)

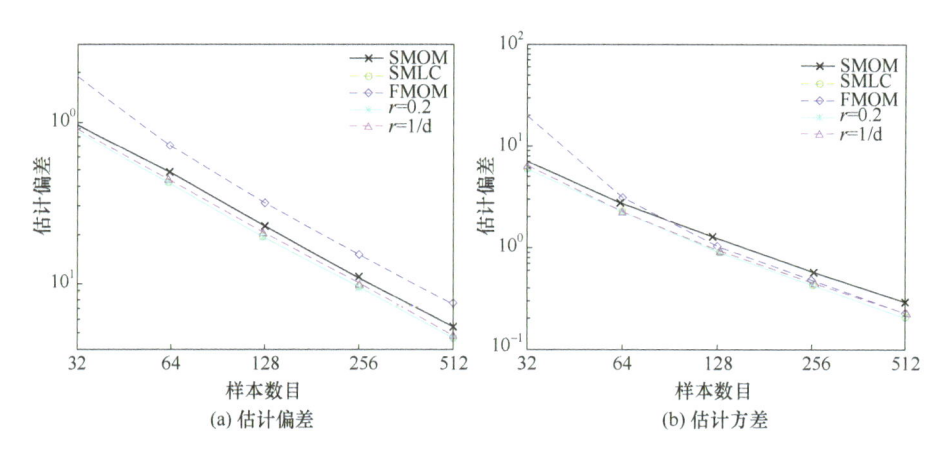

图 6.4 K 分布 $\alpha=6$ 的情形下,本节的估计方法与原有估计方法在不同样本数下的估计偏差与方差(仿真次数为 10000 次。这里 ZrLZ 方法取 $r=0.2$ 与 $r=1/d$)

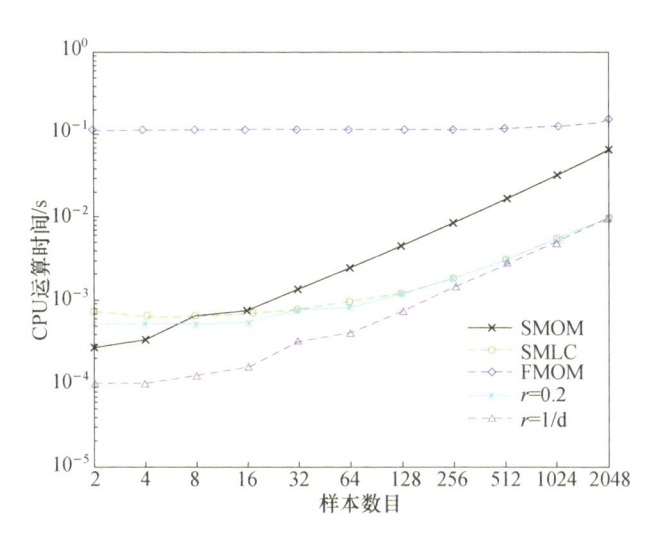

图 6.5　本节的估计方法与原有估计方法在不同样本数下的运算时间比较
（这里用的数据为 K 分布 $\alpha=6$）

(a) San Francisco 4 个区域

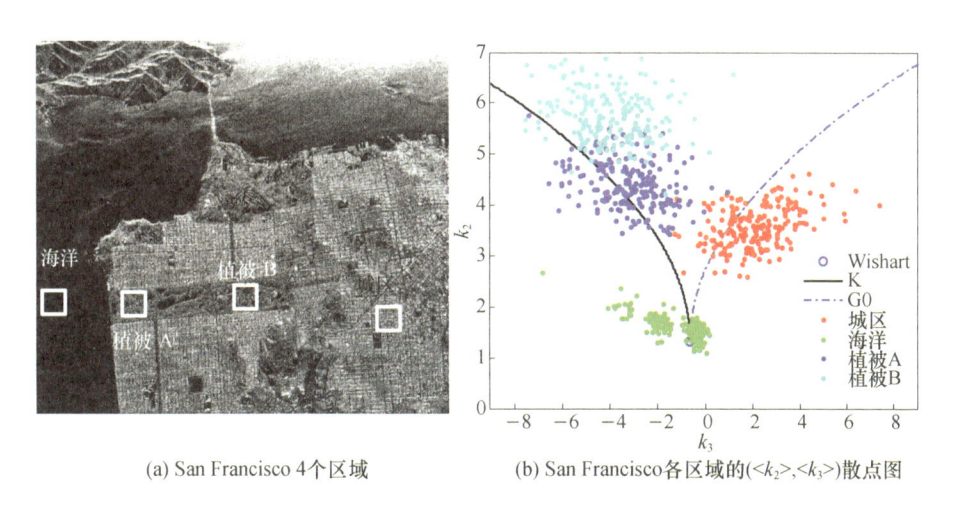

(b) San Francisco 各区域的 $(<k_2>,<k_3>)$ 散点图

图 6.6　San Francisco 区域选取及 MLC 散点图

(a) Oberpfaffenhofen 4个区域

(b) Oberpfaffenhofen 各区域的($\langle k_2 \rangle$,$\langle k_3 \rangle$)散点图

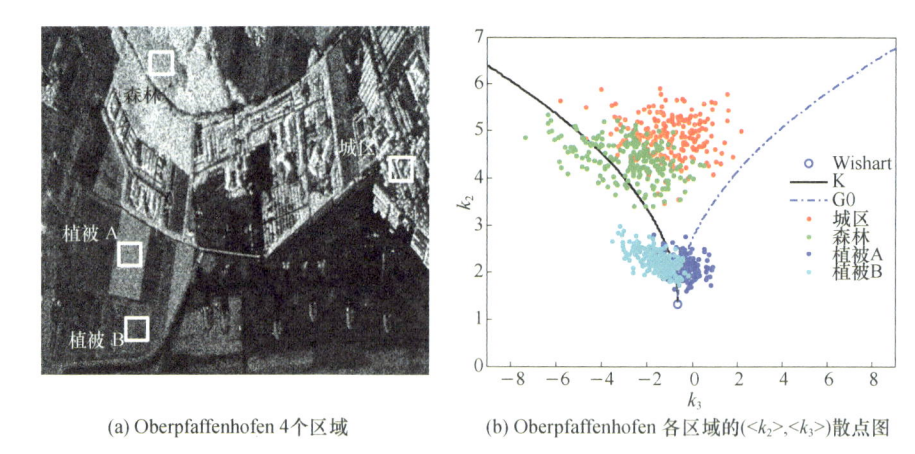

图 6.7　Oberpfaffenhofen 区域选取以及 MLC 散点图

(a) San Francisco 植被 A

(b) Oberpfaffenhofen 植被 A

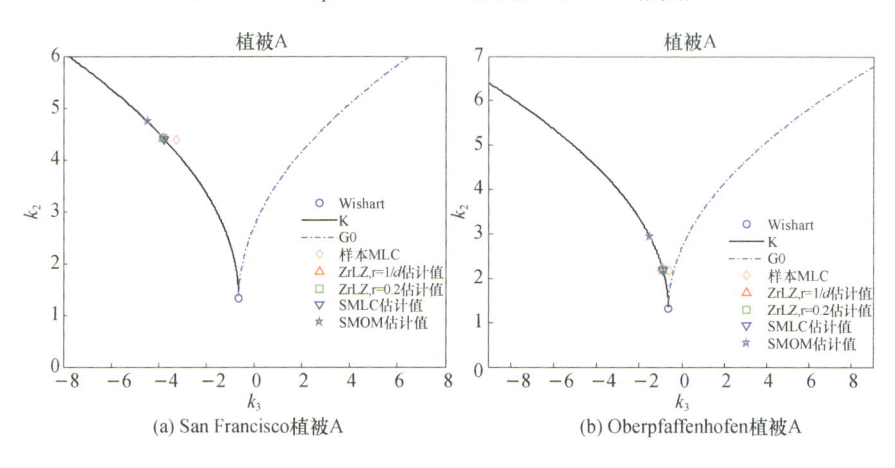

图 6.8　两幅图像中的植被 A 的 $\langle \boldsymbol{k} \rangle$ 与 $\boldsymbol{k}$ 的示意图

(a) 4个区域的示意图(Pauli RGB 图像)

(b) 4个区域的样本对数累积量 $\langle \boldsymbol{k} \rangle$

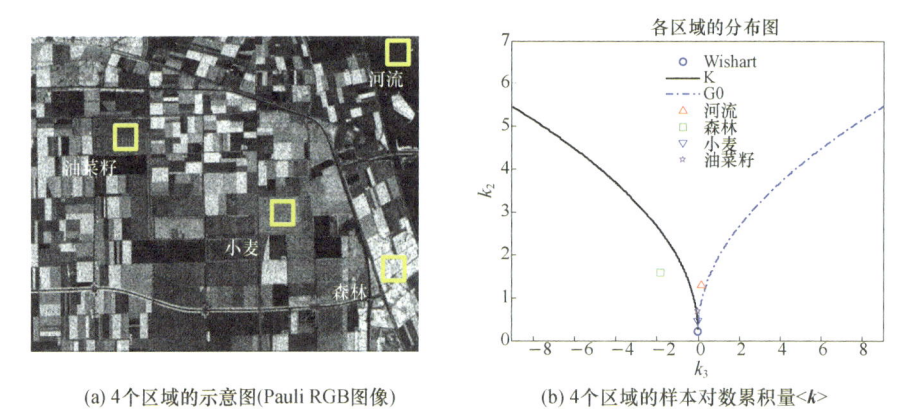

图 6.11　Flevoland 区域选取及各区域的样本对数累积量 $\langle \boldsymbol{k} \rangle$

(a) 4个区域的示意图(Pauli RGB图像)   (b) 4个区域的样本对数累积量⟨**k**⟩

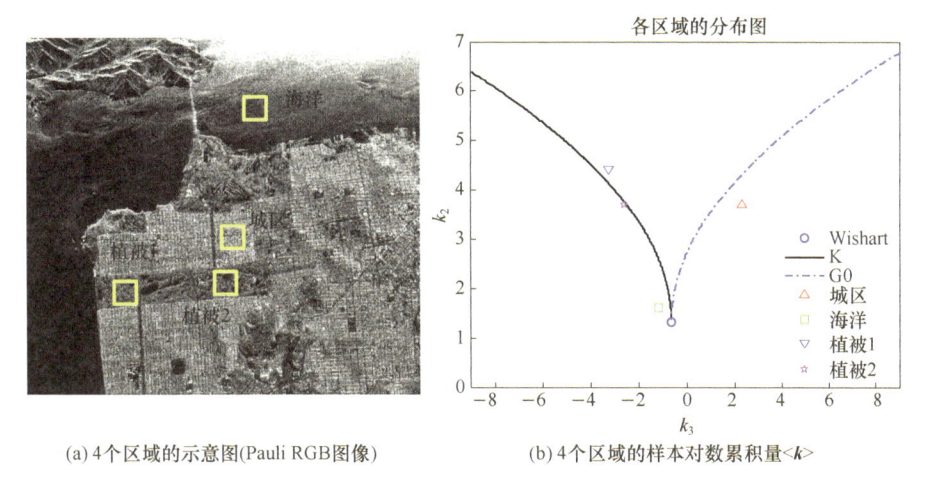

图 6.12　San Francisco 区域选取及各区域的对数累积量⟨**k**⟩

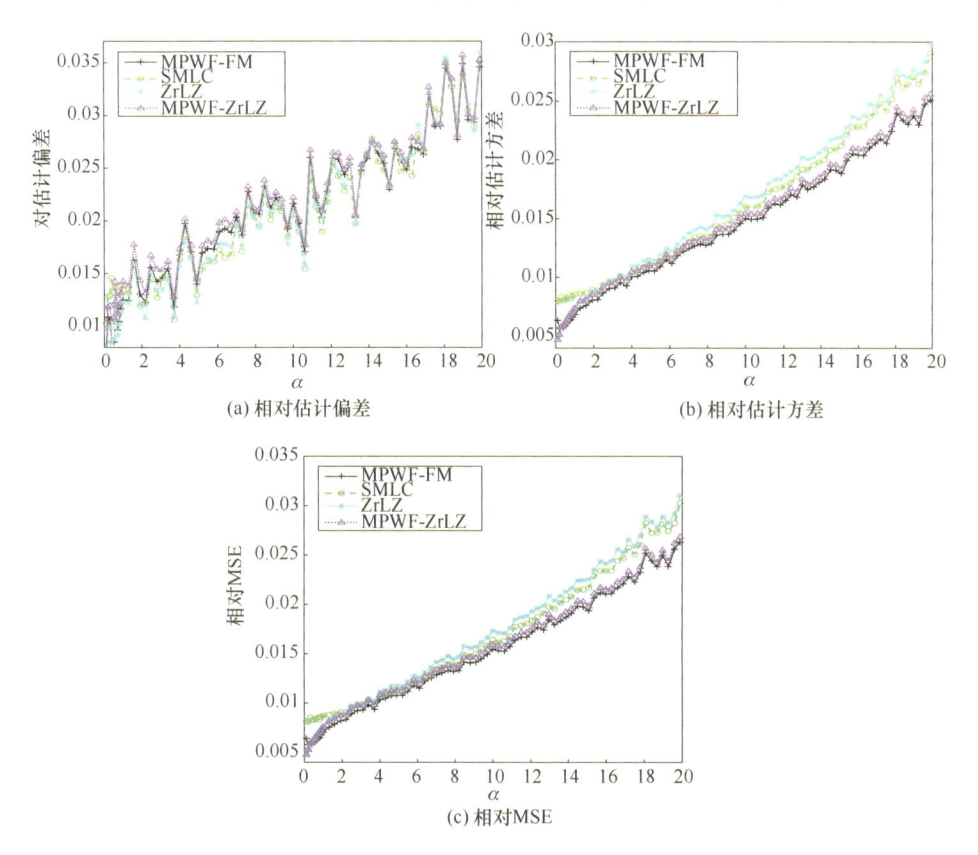

(a) 相对估计偏差

(b) 相对估计方差

(c) 相对MSE

图 6.13　K 分布情形下各估计方法的相对估计偏差、相对估计方差和相对 MSE 关于纹理参数 α 的变化

(a) 相对估计偏差

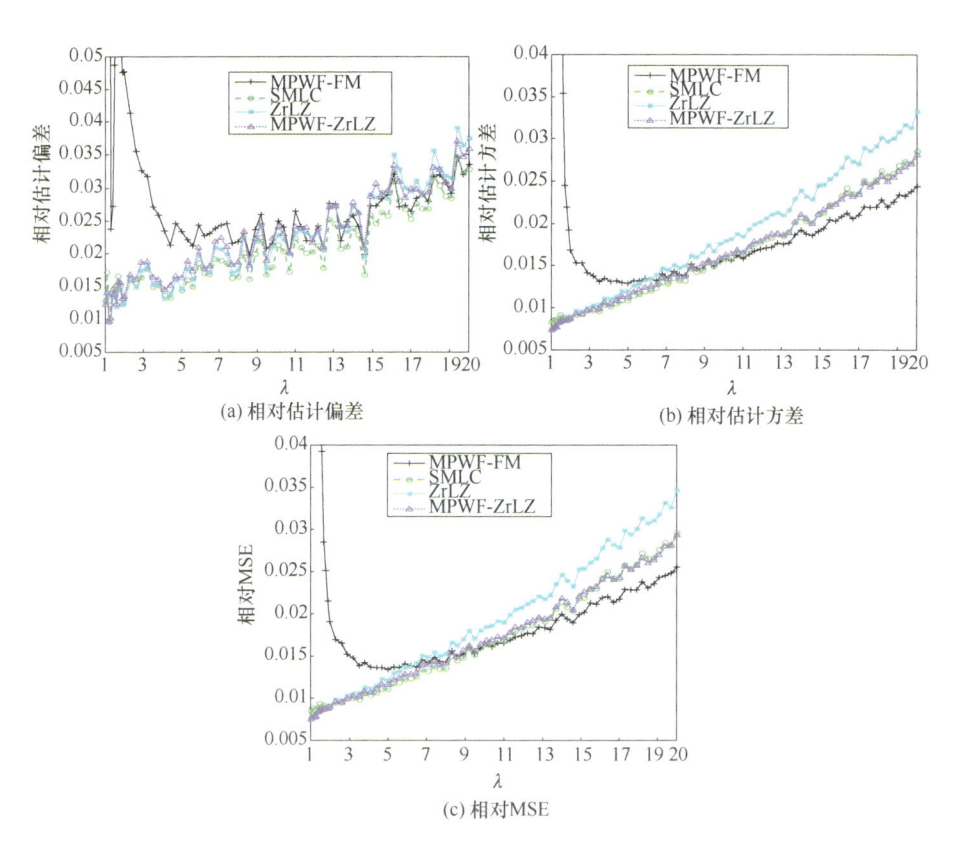

(b) 相对估计方差

(c) 相对MSE

图 6.14 G0 分布情形下各估计方法的相对估计偏差、相对估计方差和相对 MSE 关于纹理参数 λ 的变化

(a) San Francisco 图像

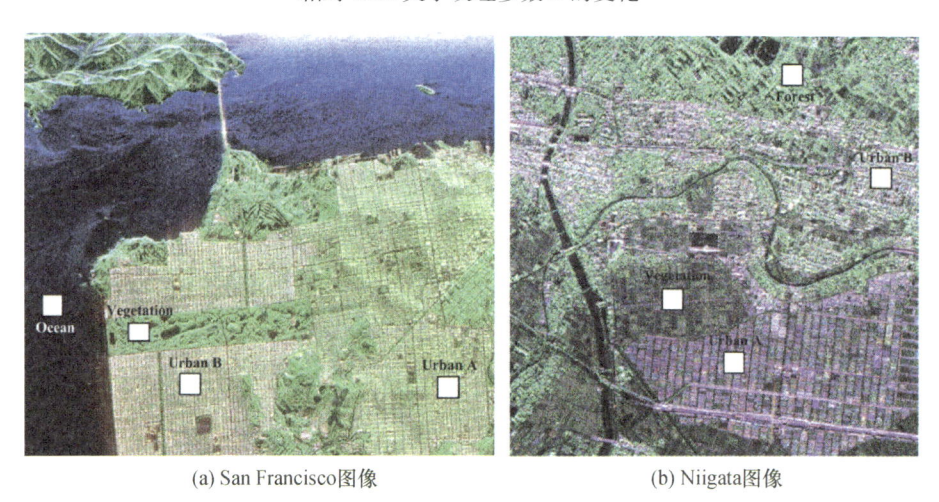

(b) Niigata 图像

图 6.16 样本区域选取示意图(Pauli RGB 合成图)

(a) San Francisco

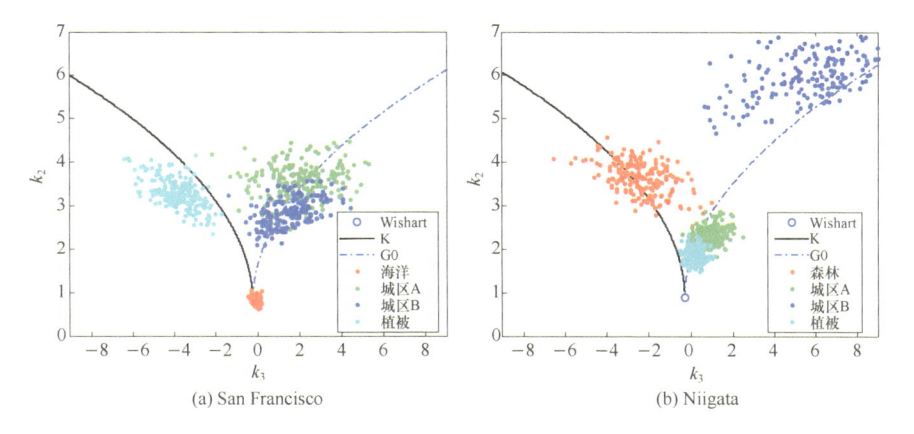

(b) Niigata

图 6.17 各区域的样本 MLC 散点分布图

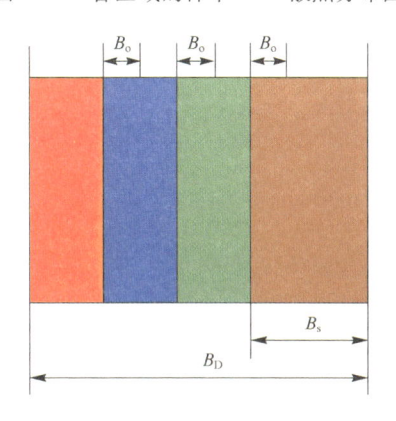

图 7.1 相邻子带重叠示意图

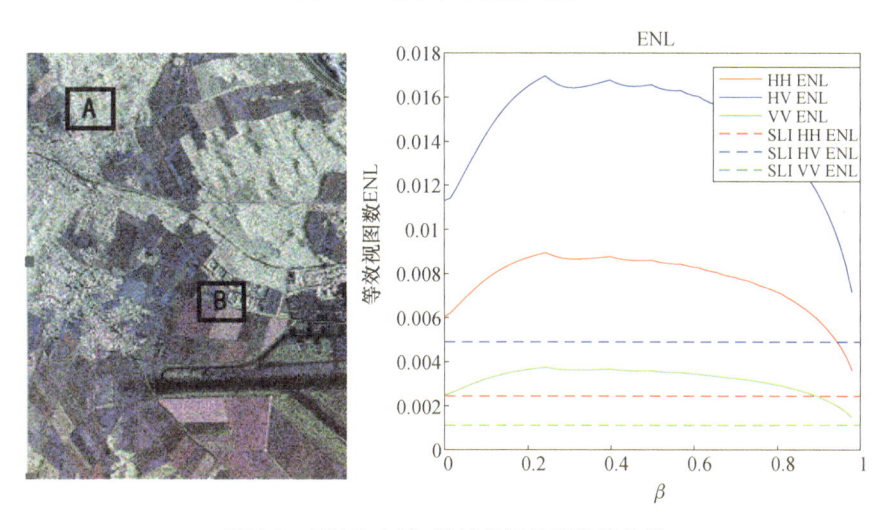

图 7.3 ESAR 空域、频域多视处理性能分析

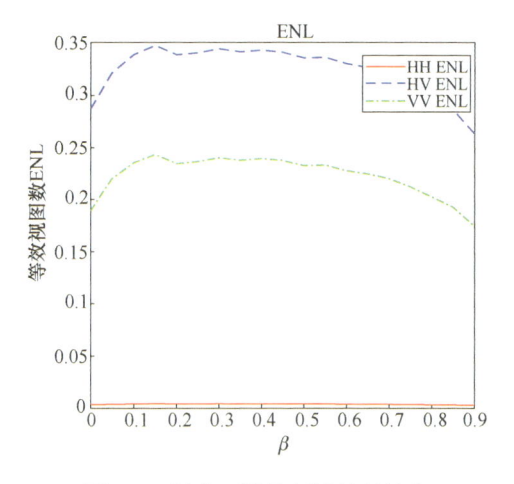

图 7.5　城市区域的频域处理性能

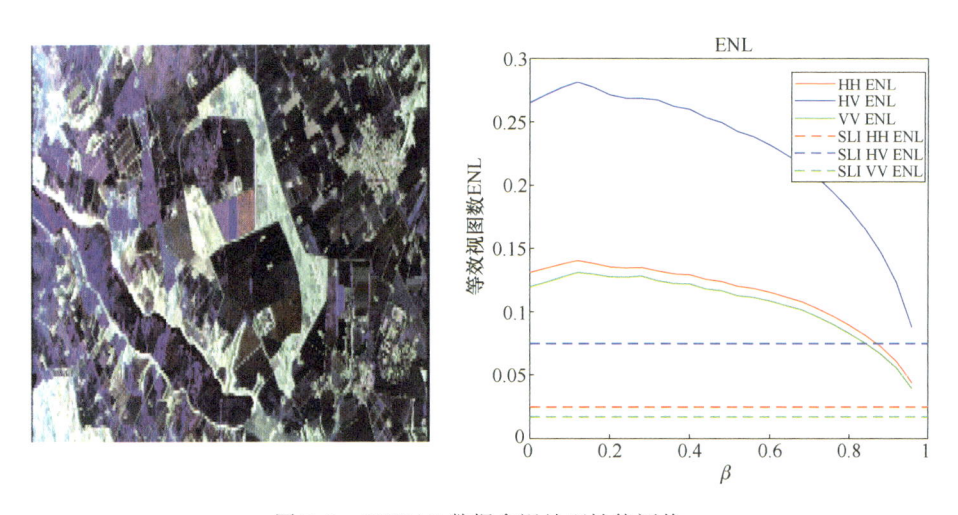

图 7.6　EMISAR 数据多视处理性能评价

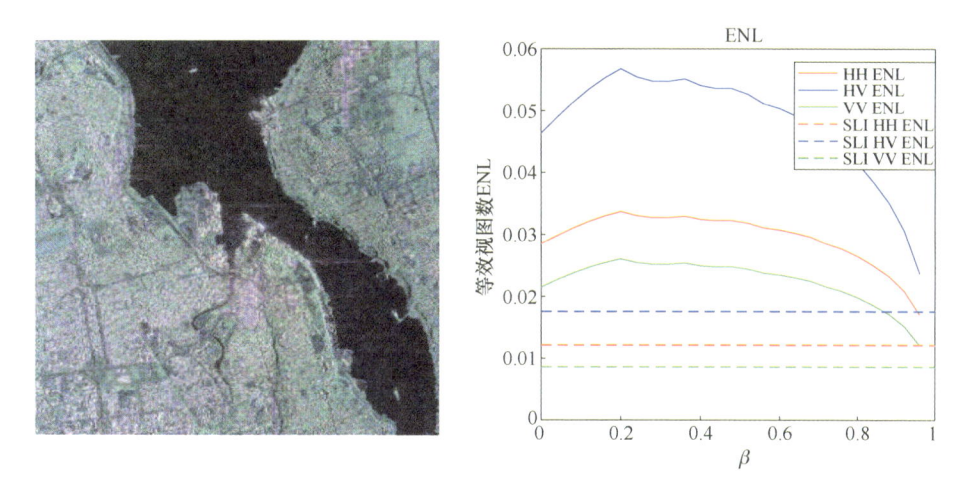

图 7.7　RADARSAT2 数据多视处理性能评价

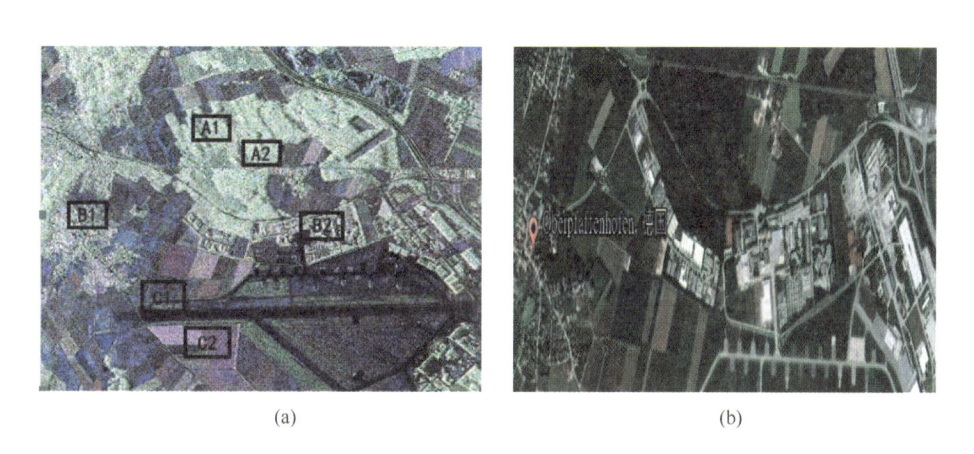

(a)　　　　　　　　　　　　　(b)

图 7.8　Oberpfaffenhofen 地区示意图

(a) 原始图像

(b) MPWF检测图

(c) MPWF检测彩图

(d) AMPWF检测图

(e) AMPWF检测彩图

图 7.14　MPWF 及 AMPWF 目标检测算法对比图

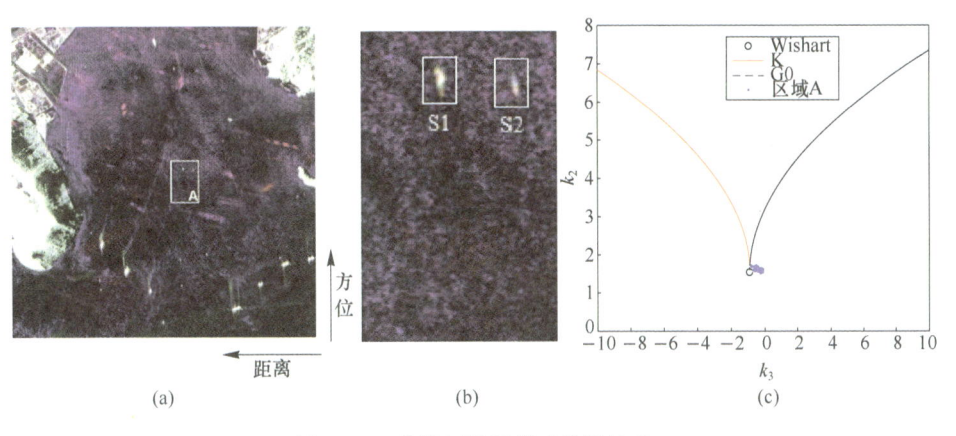

图 7.20 检测区域及模型辨识结果

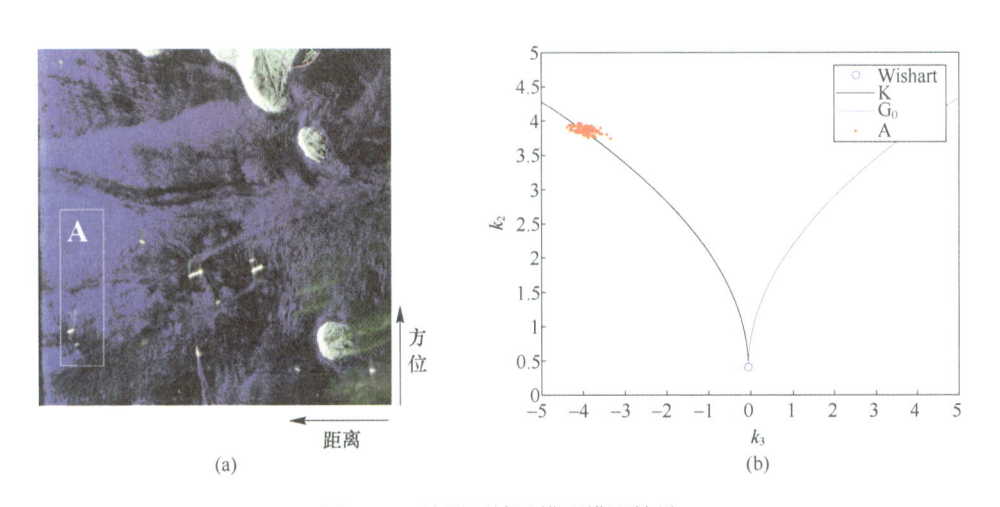

图 7.24 检测区域及模型辨识结果

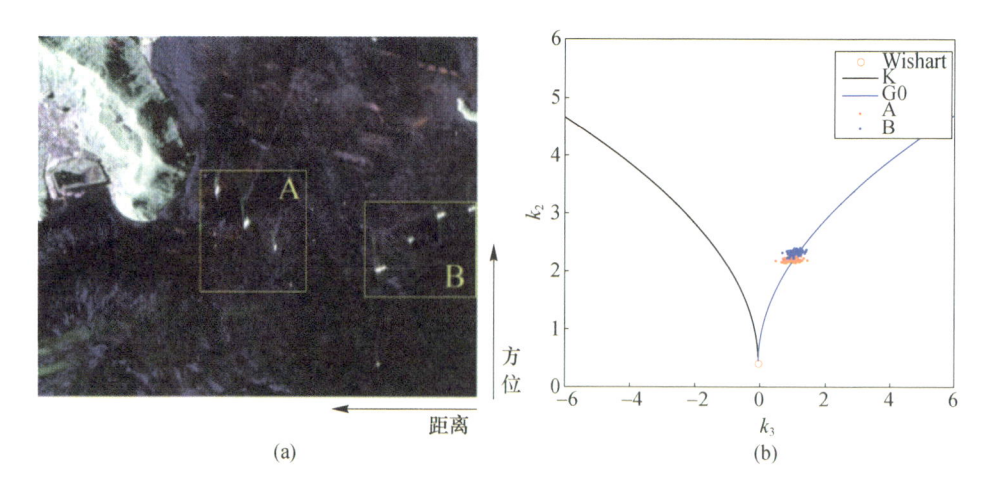

图 7.28 检测区域及模型辨识结果

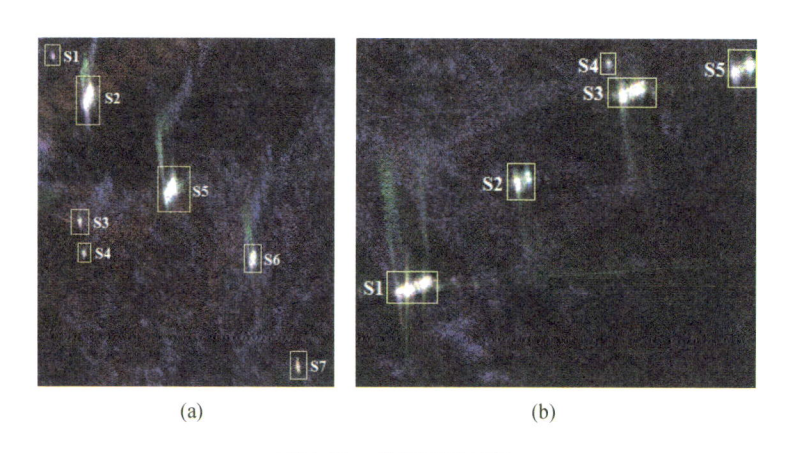

图 7.29 检测区域目标

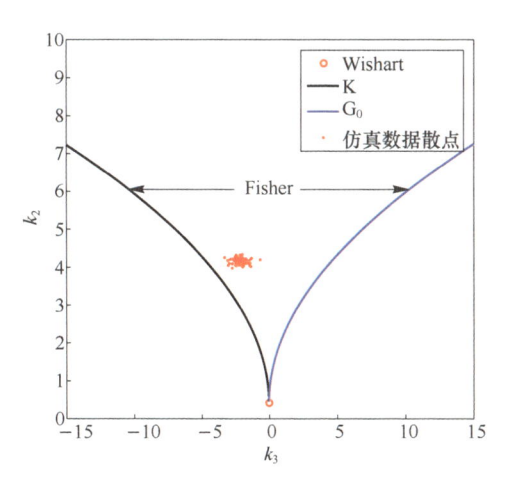

图 7.33 区域 A 模型辨识结果

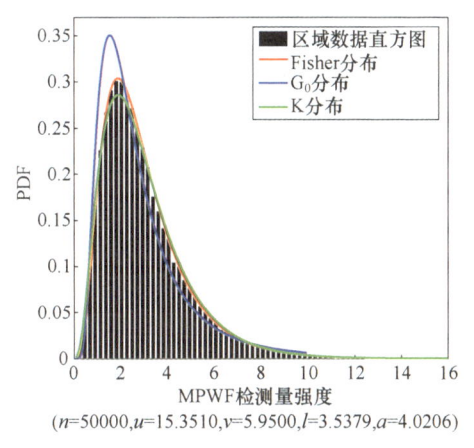

图 7.34 不同分布 PDF 拟合曲线
(n=50000, u=15.3510, v=5.9500, l=3.5379, a=4.0206)

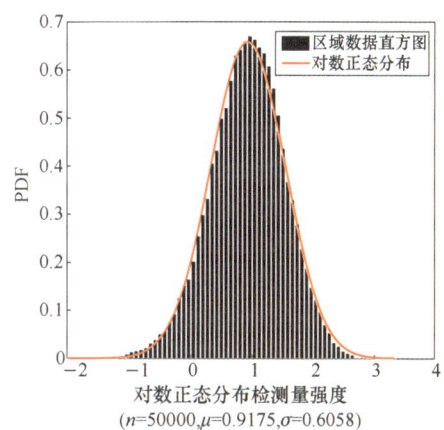

图 7.35 对数正态分布 PDF 拟合曲线
(n=50000, μ=0.9175, σ=0.6058)

图 7.38　CFAR 检测区域　　　　　图 7.39　区域 B 舰船目标

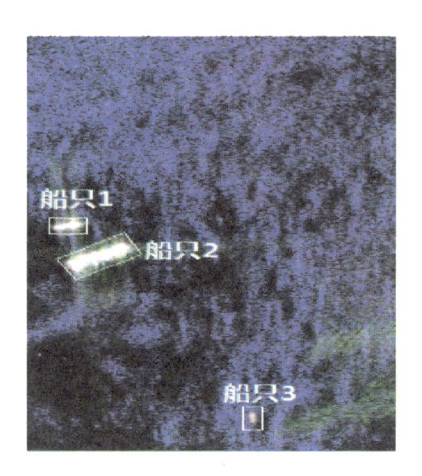